教育部高等学校电子信息类专业教学指导委员会规划教材

高等学校电子信息类专业系列教材

微电子技术创新与实践教程

（第2版）

陈力颖　编著

清华大学出版社

北京

内 容 简 介

本书内容包括第3代半导体材料、新型半导体器件、设计工具与设计方法、集成电路工艺技术等,涵盖了从半导体材料、器件、设计到工艺技术,立足微电子技术前沿的最新技术成果,以培养创新实践能力为主线,将专业教育与创新实践教育有机融合,以培养创新创业精神为核心,为微电子专业提供了最新的技术成果,是微电子专业的创新与实践的最佳指导书。

本书内容翔实,论述深入浅出,可作为职业院校和高等院校微电子技术相关专业的专科、本科和研究生的教材,也可作为电子制造工程师的参考书和电子企业教育培训的教材。

版权所有,侵权必究。举报: 010-62782989, beiqinquan@tup.tsinghua.edu.cn。

图书在版编目(CIP)数据

微电子技术创新与实践教程 / 陈力颖编著. -- 2版. -- 北京:清华大学出版社,2025.5.
(高等学校电子信息类专业系列教材). -- ISBN 978-7-302-68819-8

Ⅰ. TN4

中国国家版本馆CIP数据核字第2025AY1862号

责任编辑:赵 凯
封面设计:李召霞
责任校对:韩天竹
责任印制:刘 菲

出版发行:清华大学出版社
网　　址: https://www.tup.com.cn, https://www.wqxuetang.com
地　　址:北京清华大学学研大厦A座　　邮　编: 100084
社 总 机: 010-83470000　　邮　购: 010-62786544
投稿与读者服务: 010-62776969, c-service@tup.tsinghua.edu.cn
质量反馈: 010-62772015, zhiliang@tup.tsinghua.edu.cn
课件下载: https://www.tup.com.cn, 010-83470236
印 装 者:河北鹏润印刷有限公司
经　　销:全国新华书店
开　　本: 185mm×260mm　　印　张: 13　　字　数: 325千字
版　　次: 2020年9月第1版　2025年5月第2版　　印　次: 2025年5月第1次印刷
印　　数: 1~1500
定　　价: 69.00元

产品编号: 104381-01

第2版前言
PREFACE

近年来,微电子技术和集成电路工程领域迅猛发展,集成电路技术作为国家战略竞争力的重要标志,已经成为衡量一个国家科技水平的重要指标之一。集成电路器件与集成前沿技术的发展需要从"新器件-新材料-新工艺-新架构"等不同层次出发,解决相关领域的基础科学和前沿技术问题。通过建设产教融合集成电路平台,加强高校面向产业应用的人才培养,支撑企业基础研发。

本书第2版涵盖微电子技术和集成电路工程的最新技术成果,内容涉及半导体材料、新型半导体器件、集成电路设计工具与设计方法、集成电路工艺与封装技术等几部分,并增加近年涌现的新技术和新工艺。本书从工程技术角度结合课程思政,以培养创新实践能力为宗旨,围绕"新工科"人才培养要求,为微电子专业提供最新的技术成果,是微电子专业的创新与实践的最佳指导书。本书可作为职业院校和高等院校的微电子技术相关专业的专科、本科和研究生的教材,也可作为电子制造工程师的参考书和电子企业教育培训的教材。

在本书第2版编著过程中,非常感谢梁家铭协助内容的整理和审校工作。

微电子技术和集成电路工程发展日新月异,尽管竭尽一切可能保证本书内容的准确性,但仍难免出现各种疏漏,恳请各位读者批评指正。

编 者

2025年2月于工大泮湖

第1版前言
PREFACE

近年来,随着5G移动通信技术、计算机技术、互联网技术和数字多媒体技术的迅猛发展,微电子技术的发展也日新月异。我国各级政府对集成电路产业重要性的认识不断深入,多层次多角度全方位地支持集成电路产业发展。21世纪将是微电子和光电子共同发挥越来越重要作用的时代,是电子科学与技术飞速发展的时代,是技术创新和变革的时代。

本书围绕着微电子技术前沿的最新技术成果,内容涉及半导体材料、新型半导体器件、集成电路设计工具与设计方法、集成电路工艺与封装技术等几个部分,涵盖了从材料、器件、设计到封装制造的最新集成电路工具和技术,以培养创新实践能力为主线,将专业教育与创新实践教育有机融合,以培养创新创业精神为核心,为微电子专业提供最新的技术成果,是微电子专业的创新与实践的最佳指导书。可作为职业院校和高等院校的微电子技术相关专业的专科、本科和研究生的教材,也可作为电子制造工程师的参考书和电子企业教育培训的教材。

在本书编写过程中,非常感谢以下人员协助对本书内容的整理和审校工作:王焱、倪立强、谭康、张长胜、臧涛、胥世俊、汤勇、蔚彦龙。

微电子技术的发展一日千里,尽管竭尽一切可能保证本书内容的准确性,但仍难免出现各种疏漏,恳请各位读者批评指正。

陈力颖

2020年4月于英国坎特伯雷

目 录
CONTENTS

第1章　第三代半导体材料 ·· 1
- 1.1　第三代半导体材料概述 ·· 1
- 1.2　第三代半导体材料国内外技术现状与发展趋势 ······················· 2
- 1.3　第三代半导体在光电器件领域的应用 ···································· 2
  - 1.3.1　半导体照明 ·· 2
  - 1.3.2　短波长激光器 ··· 3
  - 1.3.3　光伏电池 ··· 3
  - 1.3.4　其他 ··· 4
- 1.4　ZnS半导体材料 ··· 4
  - 1.4.1　ZnS基本性质 ··· 4
  - 1.4.2　ZnS薄膜的制备方法 ·· 5
- 1.5　ZnS应用研究 ·· 6
  - 1.5.1　ZnS在太阳能电池方面的应用研究 ······························· 6
  - 1.5.2　ZnS在电致发光器件方面的应用研究 ···························· 8
  - 1.5.3　ZnS在透明电极方面的应用研究 ·································· 9
- 1.6　二硫化钼最新研究进展 ·· 9
  - 1.6.1　MoS_2的性质和结构 ··· 10
  - 1.6.2　MoS_2的价带结构和光学性质 ···································· 11
  - 1.6.3　MoS_2的制备方法 ··· 12
  - 1.6.4　基于MoS_2的场效应晶体管应用 ································· 13
- 1.7　小结 ··· 14
- 参考文献 ·· 15

第2章　半导体纳米材料 ·· 16
- 2.1　纳米材料 ·· 16
  - 2.1.1　纳米材料概述 ··· 16
  - 2.1.2　纳米材料的特性 ·· 17
  - 2.1.3　纳米材料的合成与制备 ··· 17
- 2.2　半导体纳米材料 ·· 18
  - 2.2.1　半导体纳米材料概述 ·· 18
  - 2.2.2　半导体纳米材料的特性 ··· 18
  - 2.2.3　半导体纳米材料的合成与制备 ···································· 19
  - 2.2.4　半导体纳米材料的应用 ··· 19
- 2.3　ZnO材料结构与特性 ·· 20
  - 2.3.1　ZnO晶体的物理性质和基本结构 ································· 20

2.3.2　ZnO 的能带结构 21
2.3.3　ZnO 的光学特性 21
2.3.4　ZnO 的电学特性 23
2.3.5　ZnO 的压电特性 24
2.4　纳米氧化锌复合材料在电化学生物传感器方面的应用 25
2.4.1　电化学生物传感器概述 25
2.4.2　电化学生物传感器的分类 25
2.4.3　基于氧化锌/金纳米复合材料的电化学传感器对抗坏血酸和尿酸的同时检测 26
2.5　ZnO 纳米材料在其他方面的应用 31
2.5.1　ZnO 纳米材料在发光器件中的应用 31
2.5.2　ZnO 纳米材料在太阳能电池中的应用 32
2.5.3　ZnO 纳米材料在探测器中的应用 33
2.5.4　ZnO 紫外探测器 34
2.6　石墨烯 36
2.6.1　石墨烯概述 36
2.6.2　石墨烯复合材料 38
2.7　石墨烯基复合材料的应用 38
2.8　石墨烯/硅光电探测器 40
2.8.1　石墨烯简介 42
2.8.2　石墨烯的制备方法 43
2.8.3　石墨烯在光电探测器中的应用 46
2.8.4　石墨烯/硅光电探测器的具体介绍 48
2.9　小结 53
参考文献 53

第3章　金属硒化物半导体纳米材料 56

3.1　CdSe 半导体纳米材料 56
3.1.1　CdSe 的基本性质 56
3.1.2　CdSe 纳米半导体薄膜的制备方法 56
3.1.3　CdSe 半导体纳米材料的应用 57
3.2　SnSe 半导体材料 59
3.2.1　SnSe 半导体材料简介 59
3.2.2　国内外 SnSe 材料研究现状 59
3.3　ZnSe 半导体纳米材料 64
3.3.1　ZnSe 半导体纳米材料简介 64
3.3.2　ZnSe 的性质、晶体结构及能带结构 64
3.3.3　ZnSe 纳米材料的制备方法 66
3.3.4　ZnSe 纳米材料的应用 67
3.4　小结 69
参考文献 70

第4章　碳化硅器件 72

4.1　SiC 简介 72
4.2　SiC 分立器件的研究现状 72
4.3　SiC 器件的分类 73

   4.3.1 SiC 肖特基二极管 ·· 73
   4.3.2 SiC 功率器件 ·· 73
   4.3.3 SiC 开关器件 ·· 74
   4.3.4 SiC 微波器件 ·· 74
  4.4 SiC 集成电路的研究现状 ··· 74
  4.5 SiC 材料的外延生长 ··· 75
  4.6 SiC 材料的特点与结构 ·· 77
  4.7 SiC 器件在高温环境中的应用 ·· 78
  4.8 小结 ·· 79
  参考文献 ·· 80
第 5 章 可控硅 ·· 81
  5.1 可控硅简介 ·· 81
  5.2 可控硅特性 ·· 81
  5.3 可控硅检测 ·· 82
   5.3.1 单向可控硅检测 ··· 82
   5.3.2 双向可控硅检测 ··· 82
   5.3.3 光控可控硅检测 ··· 82
  5.4 可控硅元件的使用原理 ··· 82
   5.4.1 可控硅的分类 ·· 83
   5.4.2 可控硅元件使用的注意事项 ·· 84
   5.4.3 可控硅元件的保护措施 ··· 85
  5.5 可控硅应用 ·· 86
  5.6 小结 ·· 86
  参考文献 ·· 86
第 6 章 绝缘栅双极型晶体管 ·· 89
  6.1 IGBT 原理 ·· 89
  6.2 IGBT 结构及分类 ·· 89
   6.2.1 IGBT 结构 ·· 89
   6.2.2 PT-IGBT 和 NPT-IGBT ·· 91
  6.3 IGBT 的工作原理 ·· 93
  6.4 IGBT 的特性分析 ·· 94
   6.4.1 IGBT 的静态特性 ·· 94
   6.4.2 IGBT 的动态特性 ·· 95
  6.5 小结 ·· 97
  参考文献 ·· 97
第 7 章 高电子迁移率晶体管 ·· 98
  7.1 HEMT 简介 ·· 98
  7.2 HEMT 原理 ·· 98
   7.2.1 MESFET ··· 98
   7.2.2 HEMT ··· 100
  7.3 HEMT 器件热特性 ·· 100
  7.4 AlGaN/GaN 高电子迁移率晶体管 ·· 101

    7.4.1 GaN 材料 …………………………………………………………… 101
    7.4.2 AlGaN/GaN HEMT 结构 …………………………………………… 102
    7.4.3 AlGaN/GaN HEMT 工作原理 ……………………………………… 103
  7.5 AlGaN/GaN 材料 HEMT 器件优化分析与 I-V 特性关系 ………………………… 107
    7.5.1 背景简介 …………………………………………………………… 107
    7.5.2 器件性能的优化分析 ……………………………………………… 108
  7.6 小结 ……………………………………………………………………… 109
  参考文献 ……………………………………………………………………… 109

第 8 章 新工具、新技术在微电子学中的应用 ……………………………………… 111
  8.1 人工神经网络 …………………………………………………………… 111
    8.1.1 人工神经网络概述 ………………………………………………… 111
    8.1.2 人工神经网络基础 ………………………………………………… 112
    8.1.3 人工神经网络在微电子学中的应用 ……………………………… 117
  8.2 智能优化算法 …………………………………………………………… 122
    8.2.1 概述 ………………………………………………………………… 122
    8.2.2 禁忌搜索算法 ……………………………………………………… 123
    8.2.3 模拟退火算法 ……………………………………………………… 124
    8.2.4 遗传算法 …………………………………………………………… 126
    8.2.5 遗传算法在集成电路设计中的应用 ……………………………… 126
  8.3 异步设计 ………………………………………………………………… 130
    8.3.1 异步设计的研究 …………………………………………………… 130
    8.3.2 异步控制器的实现 ………………………………………………… 133
  8.4 卷积神经网络 …………………………………………………………… 137
    8.4.1 卷积神经网络概述 ………………………………………………… 137
    8.4.2 基于 FPGA 的 CNN 图像识别加速与优化 ……………………… 141
    8.4.3 G-CNN …………………………………………………………… 143
  8.5 小结 ……………………………………………………………………… 144
  参考文献 ……………………………………………………………………… 144

第 9 章 集成电路的超低功耗设计 ……………………………………………………… 147
  9.1 硅基集成电路技术简介 ………………………………………………… 147
  9.2 集成电路的功耗分析 …………………………………………………… 148
  9.3 纳米尺度工艺的功耗趋势 ……………………………………………… 148
  9.4 超低功耗集成电路的工艺及器件结构 ………………………………… 149
  9.5 集成电路的低功耗设计技术 …………………………………………… 152
  9.6 小结 ……………………………………………………………………… 156
  参考文献 ……………………………………………………………………… 156

第 10 章 新型工艺 ……………………………………………………………………… 158
  10.1 半导体工艺 ……………………………………………………………… 158
    10.1.1 半导体工艺概述 ………………………………………………… 158
    10.1.2 半导体工艺发展现状 …………………………………………… 159
  10.2 7nm 工艺 ………………………………………………………………… 161
  10.3 FinFET 技术 …………………………………………………………… 165

10.3.1　FinFET 概述 …… 165
10.3.2　高 K 基 FinFET …… 166
10.4　GAAFET 技术 …… 169
10.4.1　GAAFET 简介 …… 169
10.4.2　GAAFET 发展状况 …… 170
10.5　小结 …… 171
参考文献 …… 171

第 11 章　微电子新型封装技术 …… 174
11.1　微电子封装技术 …… 174
11.1.1　微电子封装技术概述 …… 174
11.1.2　微电子封装技术发展及其方向 …… 175
11.2　MEMS 封装 …… 176
11.2.1　MEMS 封装技术 …… 176
11.2.2　键合技术 …… 181
11.2.3　倒装芯片封装技术 …… 182
11.2.4　多芯片封装技术 …… 183
11.3　叠层 3D 封装 …… 184
11.3.1　芯片叠层 …… 184
11.3.2　封装叠层 …… 185
11.3.3　晶圆叠层 3D 封装 …… 187
11.4　chiplet 封装 …… 191
11.4.1　chiplet 简介 …… 192
11.4.2　chiplet 封装结构 …… 192
11.5　小结 …… 193
参考文献 …… 194

第1章 第三代半导体材料

CHAPTER 1

1.1 第三代半导体材料概述

在推进高质量发展过程中,第三代半导体材料是继第一代半导体材料和第二代半导体材料之后近20年刚刚发展起来的新型宽禁带半导体材料。第三代半导体材料以氮化镓(GaN)、碳化硅(SiC)、氧化锌(ZnO)和氮化铝(AlN)等宽禁带化合物半导体为代表,其具有高击穿电场、高热导率、高电子饱和速率及高抗辐射能力等特点,因而更适合于制作高温、高频、抗辐射及大功率器件,在光电子领域和微电子领域相比前两代半导体更具优势。

第一代半导体材料以硅(Si)和锗(Ge)等元素半导体为代表,其典型应用是用于制造集成电路,主要应用于低压、低频、低功率晶体管和探测器中。在未来一段时间,硅半导体材料的主导地位仍不会动摇。但是硅材料的物理性质限制了其在光电子和高频功率器件上的应用,如其间接带隙的特点决定了它不能获得高的电光转换效率。且其带隙宽度较窄(1.12eV),饱和电子迁移率较低(1450cm^2/(V·s)),不耐高温、高频和高辐射。

第二代半导体材料以砷化镓(GaAs)和磷化铟(InP)为代表。砷化镓材料的电子迁移率是硅的6倍,具有直接带隙,故其器件相对硅器件具有高频、高速的光电性能,被认为是新一代的通信用材料。同时,其在军事电子系统中的应用日益广泛且不可替代。然而,其禁带宽度范围只涵盖了1.35eV(InP)~2.45eV(AlP),只能覆盖波长506~918nm的红色光和更长波长的光,无法满足中短波长光电器件的需要。由于第二代半导体材料的禁带宽度不够大,击穿强度较低,极大地限制了其在高温、高频率、高功率器件中的应用。另外,由于GaAs材料的毒性,第二代半导体的应用可能引起环境污染问题,对人类健康产生潜在的威胁。

第三代半导体材料以氮化镓(GaN)、碳化硅(SiC)、氧化锌(ZnO)和氮化铝(AlN)等宽禁带化合物半导体材料为代表。在电学性能上,宽禁带半导体材料具有击穿电压高、热导率高、电子饱和速率高及抗辐射能力强等特性,故能实现更高的输出功率,如功率密度可达到GaAs的10倍,最高工作电压达到30~100V甚至更高,可有效提高系统效率,因而更适合于制作高温、高频、抗辐射及大功率器件。另外,在光学性能上,以氮化物体系为例,其光学禁带宽度可由0.77eV(InN)到6.28eV(AlN)连续变化,做到从红外光到紫外光波段的完整覆盖。因而以第三代半导体为基础的光电器件理论上可以做到198~1610nm的光谱覆盖。

其典型应用是短波长激光器、白光 LED 和微波功率器件。在光电子领域和微电子领域，相比前两代半导体更具优势，广泛应用于半导体照明、电力电子及航空航天等领域。

第三代半导体具有优良的物理特性，并且其科研和工业生产水平正在朝着高端化、绿色化飞速进步。但有些问题也是显而易见的，由于材料制备难度较高，获得高质量的单晶结构非常困难，并且由于Ⅲ族氮化物的纤锌矿结构，其材料内部存在着强大的自发极化及压电极化场。由于Ⅲ族氮化物多有较大的光折射率，产生的光在界面处易发生全反射，难以反射到空气中。镁（Mg）掺杂的 p 型 GaN 的功函数高达 6.5eV，如何选择电极材料以制备优质的欧姆接触电极同样是一个难点，这些因素都加大了制备高效光电器件的难度。

正因为材料性能上的巨大优势和应用上的复杂问题，第三代半导体材料的性能及器件制作的巨大研究价值，对夯实科技基础有极大的促进作用。因而材料性质、器件性能的改造及优化、器件老化机制的研究及改进、器件应用的拓展，都是需要深入研究的领域，具有巨大的研究价值，对推动高质量发展，构建新发展格局具有重要的现实意义。

1.2 第三代半导体材料国内外技术现状与发展趋势

20 世纪 80 年代中后期，日本在 GaN 材料制备方面的突破性进展，美国国防高级研究计划局（Defense Advanced Research Projects Agency，DARPA）资助科锐（Cre）公司开展 SiC 材料研究，标志着发达国家拉开了重点攻关第三代半导体材料及器件的序幕。21 世纪初，美国、日本和欧洲部分国家启动了第三代半导体技术的国家级发展计划，从而进一步巩固了其在国际上的领先地位。

面对节能减排需求日益增长的今天，加快发展方式绿色转型，支持节能环保、推动绿色科技创新，促进绿色发展是重中之重，以保障科学技术沿着尊重自然、顺应自然、保护自然的内在要求发展。当前信息社会进入大数据时代以及移动信息时代，第三代半导体材料及器件迎来了良好的发展机遇，要准确判断科技突破方向，把握时代脉搏，夯实技术基础，坚定创新自信。第三代半导体材料及器件可广泛应用于照明、电力电子、高效光伏、电动混合汽车、高速列车等节能减排领域。第三代半导体材料也是后 4G 移动通信、微波通信、高速计算、微传感器、智慧城市、物联网、云计算等新一代信息技术的核心竞争力。特别是在航空航天、空间通信、紫外探测、遥感等国防领域的应用（国外对我国一直进行限制和禁运），对我国的信息安全和国防建设具有深远意义。

随着科学技术发展的高度交叉融合，微电子和光电子领域携手并进的时代即将到来。从技术战略与产业战略的角度，大力发展第三代半导体技术正在成为抢占下一代信息技术制高点的最佳途径。其研究与应用水平，是抢占事关长远和全局的科技战略制高点。

1.3 第三代半导体在光电器件领域的应用

1.3.1 半导体照明

半导体照明技术及其产品正向着更高光效、更低成本、更可靠、更多元化领域和更广泛应用的方向发展。新型衬底上外延高效率 GaN-LED 正是突破蓝宝石衬底外延瓶颈的发展趋势。SiC 是除了蓝宝石之外，作为 GaN 外延衬底使用最多的材料。但是，目前 SiC 衬底的市场主要被Cre公司垄断,导致其市场价格远高于蓝宝石,所以SiC衬底的应用还远没有蓝宝石那样广泛。

Cre公司依靠其掌握的SiC晶体制备和LED外延等关键技术,逐步实现了从SiC衬底到LED外延、芯片封装、灯具设计的完整照明器件产业链,垄断了整个SiC衬底LED照明产业。2013年,Cre公司报道的LED发光效率已经超过276lm/W。Cre公司的LED照明产业的年产值达到了12亿美元,市场规模增长迅速。由此可见,SiC衬底LED在照明产业中占据的市场规模不容小觑,表现出很强的市场竞争力和技术竞争力。

另外,采用自支撑GaN衬底制备LED可以最大程度地降低LED外延结构的晶格失配和热失配,实现真正的同质外延,可以大幅降低由异质外延引起的位错密度。美国加州大学圣塔芭芭拉分校(UCSB)的研究人员在2012年报道自支撑GaN衬底上同质外延LED的发光效率已经超过160lm/W,并且在较高电流密度下,光输出依然没有饱和,且反向漏电流极低。在高注入电流条件下,GaN同质衬底外延技术表现出蓝宝石外延技术所没有的性能优势。

1.3.2 短波长激光器

大功率、低成本的短波长激光器一直是激光技术研究的重点和难点,而Ⅲ族氮化物材料体系的光谱特性决定了其将在短波长固态激光器领域大显身手。

氮化物半导体激光器具有结构简单、体积小、寿命长、易于调制等特点,有助于实现更高的亮度、更长的寿命和更丰富的色彩。信息科技的发展迫切需要功率密度更高、发光波长更短的激光器。

由于绿色光在水下的损耗较小,绿光半导体激光器可用于深海光无线通信,其具有抗干扰、保密性好的优点。蓝色和紫外光激光器由于其波长短、能量高,能实现更大的存储密度(单张单层蓝光光盘的存储密度最少为25GB,是普通DVD光盘的5倍),在信息领域将对数据的光存储产生革命性的影响。

近年来,绿光激光器的重点突破是基于GaN衬底的高In组分同质外延和二次外延技术,实现InGaN材料中In组分超过35%,激射波长达到510~530nm的绿光激光器。紫外光激光器的重要突破是ALN模板(低成本)与ALN衬底(高性能)互补结合,实现高质量、高Al组分AlGaN材料的外延制备技术,实现发光波长280~300nn、室温光泵浦发光的紫外激光器。

1.3.3 光伏电池

第三代半导体在新能源领域同样具有重要应用前景,有利于增强创新自信,推动绿色科技创新,促进绿色发展,实现高水平科技自立自强,促进科技文化建设。GaN材料体系中的InGaN(铟镓氮)太阳能电池的光学带隙可连续调节,特别适合于制作多结叠层太阳能光伏电池,实现全太阳可见光谱能量的吸收利用,提高光伏电池的转换效率。其理论转换效率可达70%,远远超过其他材料体系。同时,InGaN的抗辐射能力远强于目前常用的Si、GaAs等太阳能电池材料,更适合应用于存在强辐射的外太空环境中,如为外太空航天器提供动力的太阳帆,因此InGaN太阳能电池在航空航天等领域也有广泛应用。

1.3.4 其他

第三代半导体材料在光显示、光存储、光照明等领域的广泛应用,已经预示着光电信息时代乃至光子信息时代的来临,第三代半导体在光领域的发展推动了绿色科技创新,促进了绿色发展,为建成创新型国家,实现高质量发展,建设世界科技强国提供了强有力的支持。

因此,以 GaN 为代表的第三代半导体材料被誉为 IT 产业发展的新引擎。此外,第三代半导体材料在其他特殊技术领域也有着一定的应用前景。

基于 GaN 基可见光 LED 的可见光通信技术可用于航空、医院、汽车工业、交通信息管理、办公室互联网接入、数字家庭、仓储管理和军事敏感区域的无线通信。可见光通信技术的优点包括无须频谱认证、保密性好(可见光沿直线传播,遮挡住光线就不会被窃听)、无电磁辐射、信息容量大(利用 LED 照明无处不在的优势)等。光学无线智能家居集成系统是可见光通信技术的典型应用之一,克服了基于无线射频和电力载波通信技术的家居系统的缺点,在电器终端接入方式方面具有划时代的意义,实现节能减排与绿色健康生活的有机结合。

基于氮化物材料的光探测器具有驱动消耗低、输出能量大的特点,可在很大程度上提高探测器的准确性及隐蔽性,所以可以应用于军事领域。尤其是基于高 Al 组分 AlGaN 材料的太阳盲区深紫外探测器,其利用太阳光谱中 280nm 以下波段紫外光由于被大气臭氧层强烈吸收而无法到达地面,从而使得探测的深紫外光信噪比高的原理,可广泛应用于空载、舰载或地面探测预警系统,特别是可探测来自 6000km 高度内的导弹尾焰,误报率极低。

1.4 ZnS 半导体材料

ZnS 作为最早被发现的半导体材料之一,它是Ⅱ-Ⅵ族化合物中带隙能量最大的半导体,具有多功能性,在发光二极管、激光器、平板显示器、红外窗口、薄膜太阳能电池、生物标记、光催化等领域都有广阔的应用前景。因而,近年来针对 ZnS 材料方面的研究引起了人们极大兴趣。

1.4.1 ZnS 基本性质

ZnS 属于Ⅱ-Ⅵ族宽带隙化合物半导体,有两种稳定的结构:纤锌矿型结构(Wurtzite)和闪锌矿型结构(Zincblende),如图 1.1 所示。闪锌矿型的晶格参数:$a=b=c=0.541$nm,$Z=4$;纤锌矿型的晶格参数:$a=b=0.382$nm,$c=0.626$nm,$Z=2$。闪锌矿型 ZnS 在低温下处于稳定状态,当温度升高到约 1023℃时,晶体结构会发生改变,向纤锌矿型结构转变。闪锌矿型和纤锌矿型 ZnS 的禁带宽度分别为 3.6eV 和 3.8eV。表 1.1 列出了半导体类型 Zn 化合物的性质,从表中可以看出,ZnS 的带隙能量最大,所以在可见光范围内 ZnS 有高的光透

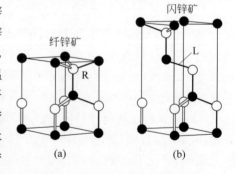

图 1.1 ZnS 的两种结构示意图

过率；其折射率较高，为 2.4。室温下，ZnS 的激子结合能为 38meV，而室温热能为 26meV，因而可以实现室温下的激子发光，是制备高效发光器件的理想材料。ZnS 的线性热膨胀系数为 7.8×10^{-6}/K，对于半导体单晶纳米线而言，热膨胀性质对它们在电子以及光电子应用方面有着重要的影响。

表 1.1 Ⅱ-Ⅵ族化合物半导体材料的性质（Zn 的化合物）

性 质		ZnO	ZnS		ZnSn		ZnTe	
			纤锌矿	闪锌矿	纤锌矿	闪锌矿	纤锌矿	闪锌矿
密度/($\times10^{-3}$ kg·cm^{-3})			4.10	4.09	5.26	5.26	5.70	5.70
晶体结构		纤锌矿	纤锌矿	闪锌矿	纤锌矿	闪锌矿	纤锌矿	闪锌矿
晶格常数/nm		a0.32496 c0.52065	a0.3814 c0.6257	0.5406	a0.400 c0.654	0.5667	a0.427 c0.699	0.6101
熔点/℃		2000	1850		1515	1295	1238	
折射率		2.2	2.4	2.4		2.89		3.56
介电常数		7.9	8.3	8.3	8.1	8.1	10.1	9.7
迁移率/(cm^2·V^{-1}·a^{-1})	电子	180		140	530	100	530	530
	空穴			5	16	16	900	900
有效质量 (m_0)	电子	0.32	0.28	0.39	0.15~0.17	0.17	0.20	0.15
	空穴	0.27	>1(//c) 0.5($\perp c$)		0.60	0.60	0.10~0.30	
禁带宽度/eV		3.2	3.8	3.6	2.67	2.58	2.26	2.28
温度系数/($\times10^{-4}$eV·K^{-1})		-9.5	-3.8	-5.3		-7.2		-5

1.4.2 ZnS 薄膜的制备方法

纳米级 ZnS 在太阳光的作用下，具有良好的光催化性能，可以有效地应用于降解有毒污染物，如偶氮类染料或其他有机物，减少环境污染。ZnS 的光催化活性与其结构、形貌、掺杂以及制备方法有关。可以通过增加 ZnS 的比表面积、提高 ZnS 对可见光的吸收等方式来提高其光催化效率。正是因为 ZnS 具有较多的优点以及优异的性能，在很多领域得到了广泛的研究和应用，使 ZnS 成为最有发展前景的光电材料。

随着 ZnS 的制备方法以及实验参数的改变，都会使得制备出的 ZnS 样品在结构、形貌、光学性质等方面有所差异。薄膜质量的好坏与制备方法有着密切关系。随着科技的发展以及对高质量薄膜的需求，研究人员开发出多种薄膜的制备方法，其中很多方法已经应用到工业生产中，主要分为物理方法和化学方法。其中，物理方法包括热蒸发、溅射、离子束、分子束外延生长等，化学方法包括化学气相沉积、化学浴沉积、电镀等。以下简要介绍溅射和化学气相沉积。

1. 溅射

溅射镀膜是一种常用的物理气相沉积技术，是指在真空腔体内，用高能离子轰击靶材，靶材表面的粒子经碰撞后离开靶材，沉积到衬底上形成薄膜。溅射镀膜的方法具有沉积速率快、膜附着力强、可大面积生产的优点。溅射镀膜的方法有多种，主要包括直流溅射、磁控溅射、射频溅射。

目前,使用最多的是磁控溅射。磁控溅射可以采用直流电源或射频电源,可进行反应溅射。磁控溅射过程中,由于靶材附近存在磁场,使得高能离子以及靶产生的二次电子被束缚在靶材附近,从而增加了离子轰击靶材的效率。采用磁控溅射制备 ZnS 薄膜时,大多数实验方案是直接采用 ZnS 陶瓷靶或掺杂的 ZnS 靶。如 Gayou 等在射频磁控溅射系统中,通过溅射 ZnS 陶瓷靶,在 GaAs 衬底上沉积得到 ZnS 薄膜,并通过 AFM、XRD 对薄膜进行了表征。基于 ZnS 作为 CIGS 太阳能电池的缓冲层研究,DongHyunHwang 等通过对 ZnS 陶瓷靶进行磁控溅射,在不同生长温度下沉积得到 ZnS 薄膜,350℃制备的 ZnS 薄膜禁带宽度为 3.79eV,在可见光范围内光透过率高达 80%。但是溅射采用的 ZnS 陶瓷靶制作成本较高,且靶材在高温下易开裂,制备的薄膜成分不可控。为了改善薄膜质量,有学者用 Zn 靶在硫气氛中进行反应溅射制备 ZnS 薄膜。采用金属靶进行溅射可以更好地控制薄膜成分,且金属靶导电性以及导热性良好,不会出现靶材开裂的情况。如 Wakeham 等在 H_2S 气氛中溅射 Mn 掺杂的金属 Zn 靶,H_2S 为反应气体,制备出 ZnS:Mn 薄膜,将局部激光退火后的 ZnS:Mn 荧光层合成到完整的 EL 器件中,发现局部退火可以增强 EL 特性。

2. 化学气相沉积

化学气相沉积是指气态物质发生化学反应,在衬底表面沉积生成固态薄膜的方法。化学气相沉积具有覆盖性好、纯度高、速率快、可大面积生产等优点。化学气相沉积包括热化学气相沉积、光化学气相沉积、等离子体增强化学沉积等。如 Meng-WenHuang 等在不使用催化剂的前提下,通过热化学气相沉积在 Si(100) 上制备出单晶的 ZnS 纳米线,但实验过程中会产生有害气体 CO。化学气相沉积法制备的 ZnS 在工程应用方面是一种很有前景的材料,特别是广泛应用于长波红外 $8\sim12\mu m$ 的高速窗口。但是这种方法制备的 ZnS 强度很低,当速度增加到一定值时,ZnS 不能承受机械和气动荷载而损伤。

一般而言,化学溶液方法可以实现低温、价廉的薄膜沉积,但是制备过程中产生的废水需要处理,否则会造成环境污染,CVD 方法也会使用一些有毒有害的前驱气体。而磁控溅射方法具有膜附着性好、膜致密、沉积速率快、可大面积化等优点。

1.5 ZnS 应用研究

1.5.1 ZnS 在太阳能电池方面的应用研究

为了消除化石能源燃烧引起的雾霾,减少温室气体排放,彻底解决能源危机,世界各国都非常关注太阳能电池、氢能源等绿色能源与技术。随着不可再生能源的不断消耗,以及全世界对环境污染问题的高度重视,改变能源结构和开发新能源成为当今社会的首要任务。太阳能作为一种可再生能源,具有无污染、无地域限制等特点。太阳能资源的利用成为被日益关注的课题,迄今为止,对于太阳能光伏发电的研究和利用已有一百多年的历史。如今,太阳能电池已逐渐进入日常生活的使用当中,用以缓解能源的快速枯竭,太阳能光伏技术已发展成为一个具有极大潜力的产业,但是有关太阳能电池的研究和应用仍需进一步深入。

太阳能电池主要是利用半导体中的 P-N 结或不同材料组成的异质结,将太阳能转变成电能的半导体元件。当太阳光入射到含有 P-N 结的半导体上时,入射光中光子能量大于半

导体带隙能量 E_g 的光子激发价带中电子跃迁,同时产生空穴,从而在半导体中形成电子-空穴对。半导体内的势垒电场,导致光子激发所产生的电子和空穴不断向 N 区和 P 区积累,若与外电路接通,就会产生电流(图 1.2)。

薄膜太阳能电池主要分为非晶硅薄膜太阳能电池、化合物半导体薄膜太阳能电池、有机薄膜型太阳能电池等。目前,CIGS、CIS、CZTS 薄膜太阳能电池由于转化效率高、成本低、性能稳定,成为最有发展前景的太阳能电池。但把薄膜太阳能电池投入大规模的商业生产中,仍存在很多问题需要解决,特别是提高电池对光的转化效率。

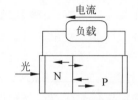

图 1.2 太阳能电池原理示意图

最近,薄膜光伏技术的研究进展主要在于光吸收层的改善,Cu(In,Ga)(S,Se)$_2$(CIGSSe)基器件的商用效率超过了 20%。在 CIGS 薄膜太阳能电池中,玻璃基片上沉积得到的吸收层最高的转化效率可以达到 20.3%。在众多太阳能薄膜电池中,CIGS 基太阳能电池的转化效率最高,被认为是最有前景的薄膜太阳能电池之一,其典型结构是 Al/MgF$_2$/ZnO/CdS/CIGS/Mo/Glas。

除了电池中吸收层的影响外,在 P 型吸收层和 N 型窗口层之间插入缓冲层对典型的光电池性能同样有着关键影响。采用 CdS 作为缓冲层较为普遍,其具有较高的转换效率,禁带宽度为 2.42eV。波长与能量之间的关系是

$$E = hc/\lambda \tag{1-1}$$

式中,E 为能量;h 为普朗克常数;c 为真空中的光速。

由式(1-1)可知,CdS 的禁带宽度所对应的波长约为 520nm,则波长低于 520nm 的光将不能被传递至吸收层,从而降低对短波长光的转化利用。为了能够较好地利用光能,需要找到更加适合作为缓冲层的材料。高质量的缓冲层可以显著减少太阳能电池中的界面复合,ZnS 的禁带宽度比 CdS 要大,能够提高太阳能电池的蓝光响应。ZnS 作为缓冲层,可以和不同半导体材质的吸收层匹配,更好地让太阳光透过,相对于有毒的 CdS 而言,不仅绿色环保,而且对光的转化效率也较高。Hariskos 等总结了前人有关 CIGS 缓冲层的研究,将 ZnS、ZnSe、ZnO、(Zn,Mg)O、In(OH)$_3$、In$_2$S$_3$、In$_2$Se$_3$、InZnS$_x$、SnO$_2$ 和 SnS$_2$ 分别沉积在不同阶段的吸收层上,并与传统的 CdS 缓冲层作比较。其中,由 NREL 和 AGU 通过化学浴沉积制备出的 ZnS 作为缓冲层效果最好,电池效率高达 18.6%,电池结构如图 1.3 所示。

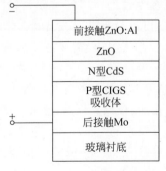

图 1.3 CIGS 太阳能电池结构

ZnS 在太阳能电池中除了用作缓冲层外,还可以应用在光伏电池的其他方面。半导体材料如 GaAs 和 Si 等具有较高的反射率(30%~40%),若采用这类半导体材料制备太阳能电池,会对其产生有害影响,并降低光利用率。为了减少反射,增强太阳能电池的效率,通常会在光电池表面沉积抗反射涂层。抗反射涂层常用在光学器件上,以增强光透过率,减少反射。在太阳能电池实际应用中,从可见光区域到近红外范围较宽,需要有较低的反射。为了达到这个目标,可以在电池表面沉积多层抗反射涂层。多层抗反射涂层通常会采用多种材料来制备,以获得低反射。由于 ZnS 具有较高的折射率,常与其他材料一起制备成复合薄膜,用作太阳能电池表面的抗反射涂层。

1.5.2　ZnS 在电致发光器件方面的应用研究

ZnS 不仅具有良好的光传导性,还具有优异的电致发光和光致发光的特性,因而被广泛应用于发光二极管、电致发光器件、光学器件等。但是研究发现,纯的 ZnS 发光特性、稳定性等性能都非常有限。对 ZnS 进行掺杂改性,可以获得独特的磁性或发光特性,从而扩大 ZnS 的应用范围。近年来,在 ZnS 薄膜中通过离子注入、共溅射等方法掺入 Cu^+、Ag^+ 或其他金属离子,使得 ZnS 的结构和性能得到较大改善。

在信息化时代,电子信息产业规模不断发展壮大,显示器已经成为传达信息的重要介质。近年来,液晶显示器(LCD)、电致发光显示器(ELD)、光发射二极管显示器(LED)、等离子体显示器(PDP)等发展迅速。其中,薄膜电致发光显示器(TFELD)相对于一般复杂的平板显示器,具有显示精度高、全固化、低成本、响应快、轻薄等优点。电致发光的现象是将电能直接转变为光的物理过程,其过程为:①将电子注入发光层。②电子在电场中加速运动,成为过热电子,过热电子能量的分布可用 Baraff 函数表示:

$$f(\varepsilon) = \varepsilon^{-a+0.5} \exp^{-b\varepsilon} \tag{1-2}$$

式中,$a = \dfrac{E_0 - eE\lambda}{2E_0 + eE\lambda}$;$b^{-1} = \dfrac{2}{3}eE\lambda + \dfrac{1}{3}\dfrac{(eE\lambda)^2}{E_0}$;$E_0$ 为光学声子的能量;E 为外加电场;λ 为电子的平均自由程。③过热电子碰撞发光中心,使发光中心被激发或者被离化等,产生发光效应。

1983 年,日本开始薄膜电致发光显示器的批量生产。TFEL 器件的结构如图 1.4 所示,双绝缘层之间是发光层,其中发光层多采用Ⅱ-Ⅵ族化合物,在绝缘层外是电极层。

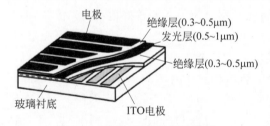

图 1.4　TFEL 器件的结构简图

目前,以 ZnS 为基体的掺杂型半导体是一种重要的电致发光材料。与其他硫化物相比,ZnS 化学性质更加稳定。将金属离子或稀有金属离子掺入 ZnS,可以得到 TFELD 制备所需的光色。特别是 ZnS:Cu 具有优异的发光性能,可以发出蓝、绿光,在一些样品的光致发光光谱中可以同时观察到两种光对应的发射峰。由于 ZnS:Cu 的蓝光发光特性可以解决 TFELD 中存在的蓝色发光问题,因而得到较大的关注和广泛的研究。此外,对于 ZnS 其他掺杂发光特性也进行了相关研究,并应用到 TFELD 中,如 ZnS:Mn 可以得到橙黄色发光,ZnS:Te 可以得到蓝色发光等。如今,单色 TFELD 得到了广泛的研究和应用,已发展成熟,而全色 TFELD 仍需要进一步的探索。

ZnS 作为电致发光材料,不仅可以应用于 TFELD,还可以应用于其他电致发光器件上,如发光二极管(LED)。发光二极管具有发光效率高、寿命长、低耗能、环保等优点,已被广泛应用到人们的日常生活中。发光二极管中最主要的部分就是电致发光的 LED 芯片,它是由半导体材料制成,主要依赖其中的 P-N 结。常用的单色 LED 有红光、黄光、绿光二极管。近几年,白色发光二极管(WLED)的固态照明应用引起了人们的极大兴趣。WLED 成为最有希望替代常规光源的选择,并在大范围内得到应用,包括普通照明、背光照明、车灯等。WLED 的制备方法有两种,一种是将多种单色光混合形成白光,如红光、绿光以及蓝光芯片混合发出的光；另一种方法是将蓝光 LED 芯片与含有黄色发光荧光粉 $Y_3Al_{15}O_{12}:Ce^{3+}$（YAG:Ce）的聚合物相结合。

YAG:Ce 基的 WLED 由于缺少绿色和红色发光元件，所以显色较差。第一种方法中的红、绿、蓝光可由单一紫外发光二极管（UVLED）输出后进行混合。

直接带隙的(In)AlGaN 带隙能量可以在 3.4eV(GaN)到 6.2eV(AlN)内变化，成为 UV 光源有前景的候选材料。但是这种材料的照射功率和效果非常差，特别是获得高质量的(In)AlGaN 非常困难，阻碍了(In)AlGaNLED 实现高效率发光。目前，有关 UVLED 的研究主要是提高二极管的光输出功率以及发光效率。为了达到该目的，需要提高材料的结构性能、优化 LED 设计以及扩大发光有效面积。有学者发现，ZnS 和 MgF_2 可以提高光的透过率，从而提高 LED 效率。有报告显示，ZnS/MgF_2 多层结构在 440～520nm 范围的光透过率可以达到 90%。如 MathewStupca 等基于 UV 基白光固化 LED 照明，对 ZnS:Ag、ZnS:Cu、Au、Al、纳米粒子组成的混合物进行色温检测。

1.5.3　ZnS 在透明电极方面的应用研究

透明电极具有高透光率和低电阻，可以应用于平板显示器、太阳能电池、有机发光二极管等，因而被广泛研究。以 In_2O_3、ZnO 或 SnO_2 为基体的透明导电氧化物（TCO）非常普遍。但是，随着科技的发展，先进设备需要获得比先前电极更低的电阻率和更好的光学性能。研究发现，将半导体、介电材料、金属组合成多层结构作为透明电极，可以改善电极的光电性能，如 ITO/Ag/ITO、AZO/Ag/AZO、ZnS/Ag/ZnS 等。此结构中，由于存在非常薄的金属层，因而可以提高电极的导电性。半导体或介电层沉积在金属薄膜两侧，可以抑制金属对光的反射，增加透明度。ZnS 制备的透明电极 ZnS/Au/ZnS 或 ZnS/Ag/ZnS(ZAZ)不仅具有低电阻率和高光透过率，还具有化学和热稳定性，ZAZ 中的 Ag 是金属中电导率最高的，因此对 ZAZ 的研究非常有意义。

1.6　二硫化钼最新研究进展

自从 2004 年英国曼彻斯特大学 Novoselov 等成功剥离获得石墨烯以来，石墨烯得到了广泛的研究。但是由于石墨烯天然的零带隙，极大地限制了石墨烯在集成电路（IC）方面的应用，虽然能够人工制造带隙，但需要花费巨大的精力。除了石墨烯外，其他二维材料也引起了广泛的关注和研究，例如过渡族金属二硫化物，其中二硫化钼（MoS_2）受到特别关注。MoS_2 不同于硅材料的三维结构，具有二维的层状结构，能够制造出体积更小、性能更高的器件，被认为是一种能够延续摩尔定律的材料，比传统的硅材料在纳米电子器件中更具有优势。自 20 世纪 60 年代开始，MoS_2 在电池、润滑和催化等领域有着广泛的研究。近年来，层状的二维 MoS_2 的半导体特性使其在纳米电子方面有着广泛的研究前景。单层的 MoS_2 是两层硫原子夹着一层钼原子的"三明治"夹心结构，层与层之间靠范德华力结合在一起，每层之间的距离约为 0.65nm。MoS_2 有着独特的夹带结构，随着层数的减少，带隙越来越大，当单层时，MoS_2 从间接带隙变成直接带隙。本节综述了二维 MoS_2 的性质、几何结构、能带结构、光学性质、制备方法及其在场效应晶体管方面的应用，并展望了应用前景。

美国北卡罗来纳州立大学研究人员最近表示，他们开发出制造高质量原子量级半导体薄膜(薄膜厚度仅为单原子直径)的新技术。该技术能将现有半导体技术的规模缩小到原子量级,包括激光器、发光二极管和计算机芯片等。研究人员研究的材料是二硫化钼,它是一种价格低廉的半导体材料,电子和光学特性与目前半导体工业界所用的材料相似。然而,二硫化钼又与其他半导体材料有所不同,因为它能以单原子分层生长形成单层薄膜,同时薄膜不会失去原有的材料特性。

在新技术中,研究人员将硫粉和氯化钼粉放置于炉内,并将温度逐步升高到850℃,此时两种粉末出现蒸发(汽化)并发生化学反应形成二硫化钼。继续保持高温,二硫化钼能沉积到基片上,形成薄薄的二硫化钼膜。该技术成功的关键是寻找到了新的二硫化钼生长机理,即自限制生长,通过控制高温炉中分压和蒸气压来精确地控制二硫化钼层的厚度。分压通过调节高温炉内氯化钼的量来控制,炉内钼的量越多,分压则越高。利用该技术,他们每次都获得了芯片大小、原子直径厚的二硫化钼单层薄膜。同时还可以通过改变分压获得 2~4 个原子直径厚的二硫化钼薄膜。

半导体薄膜越薄,在纳米电子器件中就越受欢迎。北卡罗来纳州立大学此次能制备出厚度仅为单原子直径的半导体薄膜,关键在于其选用的材料。二硫化钼的层状结构与众不同,单层二硫化钼则具有直接带隙,与传统硅材料相比,其体积更小、介电常数也更小,这就意味着其晶体管也能比传统型更省电。因而,一个全新的二硫化钼生长机理的出现,可以弥补一直以来单层二硫化钼在工艺制备方法上的不足,进而打开这扇应用领域的大门。

1.6.1 MoS_2 的性质和结构

在微电子学上,MoS_2 的重要性在于,不仅只有原子层厚的石墨烯材料随着层数的变化,具有 0~500meV 的带隙,而且多层原子层厚的 MoS_2 材料层也具有新颖的电学性质,即随着材料原子层数的减少,其体材料从间接带隙过渡到直接带隙。只有单层的 MoS_2 才具有直接带隙,单层 MoS_2 还具有较强的发光性能。

半导体材料 MoS_2 的体材料具有较宽的间接带隙(1.29~1.90eV),只有单层材料才具有直接带隙(约为 1.80eV);迁移率为 $200cm^2/V$,其物理特性还包括:在各个晶向都能完全解理,呈黑色、铅灰和灰色,有金属光泽,硬度为 1~1.5,密度为 $4.9g/cm^3$ 等,其材料性质如表 1.2 所示。

表 1.2 二硫化钼性质

分子量 (2H)	颜色	密度 ρ/ $(g \cdot cm^{-3})$	熔点 (加压)/℃	硬度	晶体结构	电导率 γ(天然单晶 2H, 300K,与表面垂直)/$(S \cdot cm^{-1})$
160.08	铅灰或黑色	4.9	1700	1~1.5	六角、菱形	1.58×10^{-4}

MoS_2 属于过渡族金属二硫化物(TMDC),TMDC 的化学式为 MX_2,其中 M 来自元素周期表的Ⅳ族(Ti、Zr、Hf 等)、Ⅴ族(V、Nb、Ta)和Ⅵ族(Mo、W 等),而 X 代表 S、Se、Te。在二维的 TMDC 中,包括三种性质:金属性、半金属性和半导体性,如图 1.5 所示。MoS_2 拥有半导体性,二维的 MoS_2 在光电子和纳米电子器件的应用中有着巨大的潜力。

块状的 MoS_2 是六方晶系的层状结构,层和层之间通过较弱的范德华力结合,这种结构和范德华力使得 MoS_2 和石墨烯一样可以通过机械剥离的方法获得。每一层 MoS_2 分子由三层原子层组成,如图 1.6 所示,两层的硫原子层夹着一层钼原子层的"三明治"夹心结构,

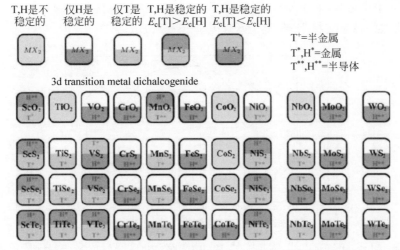

图 1.5 44 种 MX_2 化合物的金属性和 1T 型、2H 型稳定性总结

每一个钼原子周围分布着 6 个硫原子,每一个硫原子周围分布着 3 个钼原子,它们之间通过较强的共价键结合,每一层 MoS_2 厚度约为 0.65nm。MoS_2 有三种晶体结构:1T 型 MoS_2,2H 型 MoS_2 和 3R 型 MoS_2,其中 1T 型 MoS_2 是金属性,而 2H 型 MoS_2 是半导体性。1T 型结构特点:新合成的 1T 型 MoS_2 是八面体配位,单层 MoS_2 中钼原子也是八面体配位,配位数为 6,一个钼原子构成一个晶胞。2H 型结构特点:钼原子为三棱柱六配位,2 个 S-Mo-S 单位构成一个晶胞。3R 型结构特点:钼原子为三棱柱六配位,3 个 S-Mo-S 单位构成一个晶胞。只有 2H 型是稳定态,1H 和 3R 是亚稳定态,1T 型和 3R 型在加热退火的情况下会转化成 2H 型。在大多数的块状 MoS_2 的微机械剥离中使用 2H 型作为前驱物。图 1.7 所示为 MoS_2 的三种晶体类型的示意图。

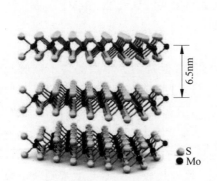

图 1.6 MoS_2 的三维结构图

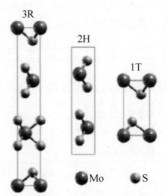

图 1.7 MoS_2 的三种晶体类型

1.6.2 MoS_2 的价带结构和光学性质

图 1.8 是 MoS_2 在第一布里渊区的展开图,$\varGamma$ 是布里渊区中心,其他的高对称点是 H、K 和 $\varLambda$。v_1 和 v_2 是两条价带,c_1 是导带。A 和 B 是直接跃迁,I 是间接跃迁。E_g' 是间接带隙,E_g 是直接带隙。MoS_2 的价带结构随着 MoS_2 层数的不同而变化,从单层、多层到体材料都有禁带。体材料的 MoS_2 的带隙是 1.29eV,随着层数的逐渐减少,带隙逐渐变大,单

层的 MoS_2 的带隙最大（1.8eV）。而且除了单层 MoS_2 是直接带隙，电子跃迁是竖直跃迁外，双层到块状的都是间接带隙，电子跃迁是非竖直跃迁。

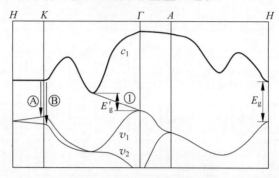

图 1.8　MoS_2 的价带结构

在体材料 MoS_2 的 K 点也有直接带隙，但是有激子吸收，光致发光却不存在。随着层数的减少，由于量子限制效应，间接带隙逐渐变大，到单层时变成直接带隙，为 1.9eV。这种层数决定价带结构是因为晶体 c 轴的量子限制。薄膜的带隙变化可以由

$$\Delta E_g = \frac{h^2 \pi^2}{2ma^2} \tag{1-3}$$

决定，其中 a 为薄膜的厚度，膜厚的降低造成了极大的量子限制。MoS_2 的能带结构由 Mo 原子的 d 轨道和 S 原子 pz 轨道杂化决定。Mo 原子 d 轨道决定 K 点的电子态，层数变化不能引起 d 轨道改变。Γ 点电子态受到 Mo 原子 d 轨道和 S 原子 pz 杂化轨道影响，层数降低会引起层间耦合变化而导致 Γ 点电子态变化。MoS_2 的带隙变化和特殊的几何结构，使得它在荧光、光吸收等方面有着独特的物理性质，从而在光电应用方面有着极大的潜力。体材料的直接带隙结构没有特征吸收峰，而单层的 MoS_2 的紫外吸收光谱在 620nm 和 670nm 有吸收峰。光致发光光谱有两个特征激子峰，分别在 1.92eV 和 2.08eV。

1.6.3　MoS_2 的制备方法

长久以来，虽然已经发现了层状堆叠晶体的存在，但是认为单层晶体不能够稳定存在，所以缺乏研究的意义。直到 2004 年 Novoselov 等通过胶带剥离的方法获得了单层的石墨、石墨烯，人们对于单层材料才进行了广泛的研究。此后，对于二维材料的剥离获取发展到了氮化硼、二硫化钼等。

通过机械剥离获得的 MoS_2 晶体结构好，有较高的载流子迁移率。但是采用这种方法获得 MoS_2 的效率太慢，产量不高，重复性差，而且尺寸比较小只有几微米到几十微米。

使用阳极键合机械剥离的方法可以获得更高的产量和更好的层数控制。首先将 MoS_2 前驱物放置在玻璃衬底上，然后在它们之间接通键合极的两个电极，在 130～200℃下加热几分钟，接着在电极之间加 200～1500V 电压以获得键合，最后用胶带剥离键合物质以获得单层或者多层的 MoS_2。

溶液化学超声剥离是较新的方法，Coleman 等报道了这一方法。该方法操作简单，适用于规模生产，获得了单层和多层的 MoS_2。由于使用的 MoS_2 粉状是 2H 型的，所以获得的 MoS_2 有着半导体性的结构。将 MoS_2 粉状放入 NMP 中，然后进行超声获得层状的 MoS_2，

获得的片状 MoS_2 可以喷洒沉积到衬底上。可用水和表面活性剂代替有机溶剂。这种方法的缺点是剥离程度低、效率低、单层的产量较低,并且 MoS_2 片状的浓度也不高。

1986 年,Joensen 等首先报道使用锂离子插层法获得了单层的 MoS_2,如图 1.9 所示。该方法最基本的原理是通过锂离子插入 MoS_2 的层之间,然后产生气体以增大 MoS_2 层与层之间的距离。首先,锂离子插层嵌入 MoS_2 粉状中,形成插层化合物,然后加入水,开始剧烈反应生成氢气,氢气使得层与层分开,增大层与层之间的距离。这种方法耗时较长,通常反应时间为 3 天,而且会导致 2H 型 MoS_2 转化成 1T 型 MoS_2,这种转变是在电子器件的制作中不希望的。

图 1.9 锂离子插层法

如图 1.10 所示,Zeng 等改进了锂离子插层法,主要是应用了电化学的原理,用块状 MoS_2 作为阴极,锂箔作为阳极,锂箔的作用一是提供 Li^+ 插入到 MoS_2 的层与层之间,二是和水反应生成氢气,对 MoS_2 层与层之间进行分离。这种方法耗时更短,只有几个小时,而且单层 MoS_2 的产量达到 92%。直接在 Si/SiO_2 衬底上滴入 MoS_2 片状溶液制成了单层的 MoS_2 的 FET,呈现 P 型。另外制成了薄膜晶体管,对 NO 探测的浓度达到 4~5ppm。通过 300℃ 退火的方法可以将 1T 型的 MoS_2 转化成为 2H 型的 MoS_2。化学剥离方法获得的 MoS_2 很难直接用于电子器件的制造,不过通过沉积所获得的片状 MoS_2,使其在传感器等方面有着巨大的应用前景。

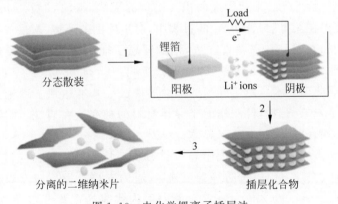

图 1.10 电化学锂离子插层法

1.6.4 基于 MoS_2 的场效应晶体管应用

基于 MoS_2 的 FET 理论上电流开关比能够达到 10^8,电子迁移率达到数百,这使得它在未来的电子器件中有着广阔的应用前景。低的接触电阻能够使得 MoS_2 金属界面的肖特基势垒较低,使用低功函数的金属 Sc 构建的 FET 在高 k 介质下电子迁移率达到了 $700cm^2/(V \cdot s)$。迄今为止,没有报道合适的金属和 MoS_2 形成欧姆接触。Kang 等使用 Mo 作为接触金属构建了 10nmMo/100nmAu 单层和 4 层 MoS_2 的 FET,接触电阻低至 $2k\Omega \cdot \mu m$,电子迁移率

为 $27cm^2/(V \cdot s)$。对于大多数的基于 MoS_2 的 FET，由于费米能级靠近导带而呈现 N 型。Chuang 等使用 $30nmPd/30nmMoO_x$ 接触在 SiO_2/Si 上构建了 P 型 FET，电流开关比达到 10^8。

此外，使用石墨烯和 1T 型 MoS_2 作为电极的 FET 也有报道，分别能降低肖特基势垒和接触电阻。在基于 MoS_2 的 FET 中，高 k 介质比如 Al_2O_3、HfO_2 的使用能够极大地提高电子迁移率，有时能够提高一个数量级，这是因为高 k 介质能够降低库仑散射从而提高 FET 通道的电特性。不过对于高 k 介质的沉积还是一个很大的挑战。使用原子层沉积方法沉积高 k 介质会因为此二维材料表面无悬挂键而不能处理高质量的介质层，尤其是在 10nm 以下沉积更为困难，从而不利于器件的小型化。通过 $UV-O_3$ 方法能够沉积 5nm 的介质层，对于基于 MoS_2 的 FET 会有着显著的作用。掺杂也是提高 FET 性能的手段，它能够降低接触电阻和肖特基势垒。不过，由于 MoS_2 极薄，这就限制了传统离子注入方法的应用。新的掺杂手段例如分子注入相对于离子注入有一些优势，但是也会和离子注入一样随着时间延长而降低掺杂的效果。卤族元素掺杂是 MoS_2-FET 中的主流，Yang 等把机械剥离的 MoS_2 片状浸没在 1,2-二氯甲烷 12h，然后使用丙酮和异丙醇清洗 30min，以完成卤族元素的掺杂，掺杂后的接触电阻率降低至 $0.5k\Omega \cdot \mu m$。

1.7 小结

二维材料 MoS_2 因为其特殊的结构引起了人们极大的关注。它没有石墨烯零带隙的缺点，由于 MoS_2 是天然的半导体，在 FET、光电器件、传感器等方面有着显著的应用优势。对层状 MoS_2 的应用，首先必须获得大面积高质量的层状 MoS_2，层状 MoS_2 只有零点几到几纳米的厚度，使得在获得层状 MoS_2 的过程中，对于周围的环境、衬底等有着极高的要求。各种合成方法（例如 CVD 等）和剥离方法（例如锂离子插层法等）都需要进一步研究，从而适应大规模的工业生产。但目前影响器件性能的因素还不是很清楚，需要充足的各种实验和理论研究来发展此项技术。由于硅基的微纳器件已经基本达到了理论上的极限，所以对于新型的能够满足未来微纳器件制作的半导体材料的探究迫在眉睫，而层状 MoS_2 自身显著的优势就是能够满足这种要求的半导体材料。

而第三代半导体材料拥有前二代半导体材料所不具有的优异性能，应用前景广阔；并且已经渗透进能源、交通、信息、国防等重要领域，有力支撑了发达国家以低能耗、绿色环保为核心理念的产业升级。以 ZnO、GaN、金刚石等为代表的宽禁带半导体材料具有禁带宽度大、击穿电压高、热导率大、电子饱和漂移速度高、介电常数小、抗辐射能力强、良好的化学稳定性等独特的性能，使其在光电器件、高频大功率、高温电子器件等方面备受青睐，被誉为发展前景十分广阔的第三代半导体材料。目前，阻碍第三代半导体技术大规模取代传统半导体的首要问题是成本。前二代半导体技术多年的发展和完善，其材料成本和技术成本持续走低。相比而言，第三代半导体材料的成本依然较高。但是，历史的经验也昭示着随着技术的完善和应用市场的推广，第三代半导体技术的成本下降是必然的。另外，市场需要一定的时间（根据不同的行业，2~5 年）去验证全新技术的可靠性。不过，这些都是时间问题，第三代半导体产业的崛起已不存在绝对的阻碍。

参 考 文 献

[1] 王军喜,刘喆,魏同波,等.第三代半导体材料在光电器件方面的发展和应用[J].新材料产业,2014(03):18-20.
[2] 张仁刚,卓雯.ZnS半导体薄膜材料可控制备与性能研究[D].武汉:武汉科技大学,2015.
[3] 田民波,李正操.薄膜技术与薄膜材料[M].北京:清华大学出版社,2011.
[4] Varley J B,Lordi V. Electrical properties of point defects in CdS and ZnS[J]. Applied Physics Letters,2013,103(10):102-103.
[5] Hariskos D,Spiering S,Powala M. Buferlayer sinCu(In,Ga)Se_2 solar cels and modules[J]. Thin Solid Films,2005,480-481:99-109.
[6] Philip D Rack,Paul H Holoway. The structure, device physics, and material properties of thin electroluminescent displays[J]. Materials Science and Enginering,1998,21:171-219.
[7] Kryshtab T,Khomchenko V S,Andraca-Adame J A,et al. Preparation and properties of thin ZnS:Cu filmsphosphors[J]. Thin Solid Films,2006,515:513-516.
[8] Ju Yeon Woo,Kyung Nam Kim,Sohe Jeong,et al. Thermal behavior of aquantum dotnanocomposite as a colorconverting material and its application to white LED[J]. Nanotechnology,2010,21(49):495-704.
[9] Hui Huan Guan,Pei-De Han,Yu-Ping Li,et al. Optimization of high performance of ZnS/MgF_2 ultravioletlight-emitingdiodes[J]. Optik,2013,124(3):198-203.
[10] 顾品超,张楷亮,冯玉林,等.层状二硫化钼研究进展[D].天津:天津理工大学,2015.
[11] Ataca C,Sahin H,Ciracis Frictional figures of merit for single layered nanostructures[J]. Physical Review Letters,2012,108(12):126/03.
[12] Redisavljevic B,Redenovic A. Brivio J,et al. Single-layer MoS_2 transistors[J]. Nature Nanotechnology,2011.6(3):147-150.

第 2 章 半导体纳米材料

CHAPTER 2

2.1 纳米材料

2.1.1 纳米材料概述

纳米科技与材料,是 20 世纪八九十年代创建的具有特色且交叉的最新科学。纳米材料技术和材料科学的强劲发展势头,除了引发科学知识新思维高潮外,也必定会在 21 世纪促使当今包含的所有技术领域内产生一次跨时代的富有全新意义和价值的变革。迄今为止,全世界范围内,几乎所有的发达国家,其政府和大小企业都在对纳米材料以及纳米科学技术的研发进行系统性的规划与建设,为此投入了相当多的财力物力以及人力,旨在新时代的科学技术领域占有一席之地。因此,对纳米科学技术和材料的最新动向和发展持以不间断的关注和投入,尽早开展并实施我国在该领域的研究与建设,是我们当前努力发展并深入研究以此来促进高质量发展的目标。

纳米材料,通常来说,其尺寸大小在 1~100nm,很多新型材料都是基于它们作为最基础的结构单元构成。所以,纳米科技的基本内容主要是分析与探究 1~100nm 范围内的原子、分子的变化规律或运动特点。"纳米材料"这个概念形成于 20 世纪 80 年代中期,尺寸大小为纳米量级的材料一律称为纳米材料或者纳米相材料。比如由纳米微粒组成的细小原料,其粒径大小处于 1~100nm 范围内的晶体或非晶体,处于大颗粒物质和原子簇接壤的空间中。根据甄别微观物体和宏观物体的一般标准,如此非常规的系统是一类非典型性微观,同时也非典型性宏观的系统。科研工作者把宏观上的物质粉碎后,做成纳米级的具有微小尺寸的颗粒。这些细小的微粒,表面上看,虽然没有发生化学反应转化为其他物质,但物质微粒在很多方面的理化性质与宏观物质的相比,均有本质的变化。

纳米科技和材料从本质上使得物质材料的构造发生了变化,推动了科技创新,促进了高质量发展,构建了新发展格局,并且被当作新时代最拥有成长前景的科技与运用领域之一。纳米科技的发展及其多方面领域的广泛应用,贯彻了新发展理念,颠覆了传统领域中人们对科技的局限以及思维方式,把对微观领域的认识以及发展推向了一个新的层面以及层次。

纳米材料是所有其科技的源泉和焦点。从广义上来说,纳米科技和材料范畴内的生物、电子、光以及磁等科研规模的成长都与纳米原料的进展和探究直接相关。此外,在其他领域,它也有着相当宽广的远景。发展纳米材料为促进高质量发展取得新突破,对科技自立自

2.1.2 纳米材料的特性

纳米材料最为基础的性质与其组成的基本单位的特性紧密联系,处于1~100nm范围内的纳米颗粒系统构成一种全新的结构条理时,出现了多种非同寻常的规律以及产生这些规律的基本性质,例如:①宏观量子隧道效应;②小尺寸效应;③表面效应;④量子尺寸效应等。

宏观量子隧道效应:指微小尺度的微粒有能力穿透势阱的现象。研究过程中,科研工作者们发现并探究了一些宏观的物质和它们的理化性质。比如磁化强度,具有铁磁特性的磁铁,当该种物质的粒子尺寸降低到纳米级别时,便由铁磁性质变为顺磁性或是软磁性。

小尺寸效应:当纳米材料的波长、大小尺度或者透射长度等特性尺度相同或较小,就破坏了晶体的界限,同时也降低了非晶体微粒表层邻近的密度,从而使得一些理化性质产生了某种变化,这种效应称为小尺寸效应。

表面效应:纳米材料的表面效应是指纳米微粒表层的原子个数与所有的原子个数的比值会随着微粒粒径的慢慢降低而逐渐扩大,从而造成纳米材料理化特征上的变化。例如,粒径为5nm的铝纳米颗粒的表面原子的比例为45%,但是当铝纳米颗粒的粒径减小到2nm时,其表层的原子比例增大了85%,其表层的原子个数虽上升了不少,但表层原子的配位数则不足,存在一定数量的不饱和化学键,进而使得纳米颗粒的表面存在非常多的缺陷,非常容易和其他原子结合从而生成稳定状态,因此才具有独特的化学活性。这种表面效应,一方面使得纳米颗粒表层的传输和结构形态发生一定的改变,另一方面还改变了纳米颗粒的表层电子。

量子尺寸效应:在一定程度上,降低纳米微粒的大小时,费米能级附近的电子能级逐渐从半连续转换为离散能级的特性。当一般能量小于该能级改变的幅度时,会使得纳米微粒的特性发生非常显著的变化,这种现象即为量子尺寸效应。

综上所述,纳米材料的特性可以由以上几种效应表现出来。除此之外,表面缺陷、介电限域效应、量子隧穿等特性也使得纳米材料展现了极少的非常态现象,这些独特现象引起了人们极大的探求兴趣。因此,探索发现纳米材料的新性能,制备纳米材料级别的新器件以及研究因纳米材料的奇异特性所带来的创新力量,必将会为人类的文明带来新的发展天地。

2.1.3 纳米材料的合成与制备

纳米材料,指的是粒径1~100nm的晶体或者非晶体物质。纳米材料的外形和状态决定了其理化性能、催化氧化性能。因此,类型各异的纳米原料,表现出各异的用途和特点。

纳米材料的制备方法:化学法、物理法和综合法。化学法包括水热法、沉淀法、相转移法以及界面法等,其优点为制备的材料大小均匀、适合批量生产、成本低等;缺点是精度略低,且合成困难。物理法包括电弧法、惰性气体蒸发法、球磨法等,其优点是合成率高;缺点是产率低、成本高等。综合法结合了前面两种方法,包括微波法、超声沉淀法和激光沉淀法等。

2.2 半导体纳米材料

2.2.1 半导体纳米材料概述

在整个纳米材料体系中,半导体纳米材料是极其重要的一种类型,拥有较多出众的特性,使得很多种功能性器件均依赖于该材料。研究发现,诸如微粒形状、外貌、粒径大小和分布、晶体构造等纳米材料的属性和特点深刻影响着纳米材料的催化氧化特性、机械特性以及光学特性等。特别是对能够自我控制结构和外貌的半导体纳米材料,不止在一般特性上要优于其他材料,还在其他的领域里表现出更加优秀和耐用的性能。所以,当前国内外科研人员所要探究的重中之重在于如何掌控不同类型的半导体纳米材料,探究其内在的物理化学属性,以及对应的作用范畴。

一般而言,纳米材料可以分为如下几种类型:①按组成成分划分为高分子、陶瓷、金属等;②按形态划分为薄膜、纳米棒、球体型、柱体型以及丝状;③按相结构划分为多相和单相。作为纳米科技范畴内不可或缺的构成成分,对该材料的探究包括了多个领域的研究。众多学者和研究人员也因为其出众的理化特性对之倾注了大量的热情和关注,其也成为很多领域专家探索和钻研的重点和热点。新一代纳米材料的建设以及扩展是在对现有纳米材料的深入钻研和基础上逐步建造而成的。所以,若想深刻认识纳米材料根本性的结构,应该从其当前的研究进展以及成果入手。纳米结构材料具有极其特殊的性质,当然,也有着与常规材料不尽相同的属性或特性。从体积作用到理化作用,开辟了崭新的纳米材料市场;表面效应通常指其具有不一般的光催化性质、还原性、强氧化性等;其宏观量子隧道作用,可以较合理地解释微电子小型化的最值;另外,催化性质、光学性质、化学反应性质等,对比传统材料拥有的属性,有了一定程度和范围上的延伸。针对研究的纳米材料,所探究的范畴集中在如下领域:①研究纳米结构材料的制备与合成方法、特性、结构特点以及谱学特性,科研工作者试图探究纳米结构材料的通性,从而得出较新成果,使纳米科技与材料体系更加完善和丰富;②研究并发展最新型的纳米结构材料并尽快实现应用。

2.2.2 半导体纳米材料的特性

对比导体,半导体的导电性较弱;对比绝缘体,则其导电性较强。但是,当半导体材料的尺寸大小减小到纳米级别,其理化性质将会发生显著的变化。近年来,随着科技日益快速的进步,纳米科技的基础得以不断成长和壮大,借助于纳米科技领域空前快速的崛起,半导体纳米材料含有很多材料以及单一化分子的特性,如非微观量子隧道作用、量子相关作用、表层作用、量子尺寸作用、微尺寸作用等,使得它广泛应用于多个领域内,获取了全新的机遇和挑战。

半导体纳米材料拥有的特性,表现在以下三点:①由于半导体纳米材料的尺寸为1~100nm,为电子、空穴等载流子提供了德布罗意波长量级的人造势垒,通过针对材料的修改以及设计,可以随意地控制载流子在各种维度上的量子效应;②半导体纳米材料所表现出的良好的力学特性,为纳米半导体的设计提供了非常好的思路以及素材;③随着半导体纳米材料的问世,使量子力学的概念走出了学术的范畴,并且在医疗诊断、纳米测量、光通信等不同领域表现出非常好的应用前景。

2.2.3 半导体纳米材料的合成与制备

半导体纳米材料有如下两类基本生长方式：①自上而下；②自下而上。但是实际应用过程中，需要根据具体半导体纳米材料的类型和生长过程之间的关系以及对半导体纳米材料生长结构的性能要求等，选择相对应的实验制备与合成方法。

自上而下的制备与合成方法，在实验上多采用图形刻蚀技术。通常采用化学或者光学刻蚀来实现制备。现在的光刻制备技术，主要原理是利用对电子或者光敏感的化学材料作为刻蚀试剂（光刻蚀），光或者电子束的能量到达刻蚀试剂的表面时，这些刻蚀试剂的溶解度发生一定变化，通过擦除或保留刻蚀试剂，最终完成对材料表层的修饰。

目前应用较多的半导体外延生长方法分为三种：分子束外延生长（MBE）、金属化学气相沉积（MOCOD）、液相外延沉积（LPE）。

随着新材料工艺的不断提高，纳米材料的地位逐步攀升。半导体纳米材料为传感器的探索注入了崭新力量。得益于其较大的表面积、优良的活性、奇特的理化性，半导体纳米材料对外界的多种成分异常敏感。当外界环境发生改变时，纳米材料表面或界面电子传递也会发生改变，电子变化会影响电阻值，可根据这一特点制备新型的传感器。有多种制备工艺用于合成纳米半导体原料。用不同的方法可以制备获取不同形貌、不同粒径、不同表面性质的纳米颗粒。

2.2.4 半导体纳米材料的应用

随着纳米科技与材料研究的逐步深入和完善，半导体纳米材料的运用也越来越普及。目前获取半导体纳米材料工艺的原理已经实现的作用有催化作用、传感作用、激光作用、发电作用以及太阳能电池。下面就以上几种应用作进一步的阐述和说明。

催化：半导体纳米材料的表面特性和体系结构非常独特，这就使得它相对于其他催化剂具有催化活性强、选择性好以及灵敏度高等优异特点，很容易做成高效催化剂，其中半导体催化剂使用范围最广泛。半导体催化剂的能隙与太阳光谱相匹配，溶液中的每一个半导体纳米粒子都可看作一枚微型电池。当半导体纳米材料的能带隙较小或等于照射到半导体纳米微粒分散体系中光的能量时，光能被半导体纳米微粒吸收，生成两种载荷子，然后在电力场作用下，两种载荷子分开，分别散布在纳米微粒表层的任意部位，随后进行反应，并逐步降解有机污染物。

传感器：由于纳米材料独特的理化特性，使得其电学性能对环境异常灵敏。新式的纳米材料传感器与以往的传感器相比，拥有较小的体积、较低的能量消耗、高选择性以及高灵敏性，所以使得传感器的响应时间极大地减小，进而实现高通量的实时检测分析，在环保、医学及安全检测等方面有着相当重要的作用与地位。Jing 及其团队用于测定 NO_2 和 NH_3 的气敏传感器是由单壁碳纳米管制作的。实验得出结论，当合成的传感器处于 NO_2 和 NH_3 气氛中，随着气体量的不同，电阻值也会有所不同。最近，作为传感器领域的一个热门，各种纳米传感器通常都是由一维半导体纳米材料（如 ZnO，In_2O_3，SnO_2，Ga_2O_3）制备的。一维半导体纳米材料有着其他纳米材料不能相比的特性，比如其长径比较大、表面积较大等，正因为这些优良的性质，使得其电导会随着外在因素的变化而变化。

纳米激光器：20 世纪 60 年代造出第一台具有跨时代的激光器以来，其发展一直在进行。2001年,Yang及其团队合成出第一台纳米尺寸的激光器。紧接着,Lieber及其团队改进了激发源,研制成功电流激活的纳米激光器。

纳米发电机:与人类息息相关的方方面面,都凸显出了使用纳米材料制取的器件空前的大好远景。但是,绝大多数的纳米器件要想正常发挥其功能,都必须依靠外在的电源驱动,所以,科研工作者最想实现的目标就是如何解决这些纳米器件的自身供电问题。2006年,Wang带领自己的科研团队通过对氧化锌进行特定晶面可控生长的操作,最终得到一系列具有不同晶体表面的纳米带,这些纳米带具有微型化发电的作用。

2.3 ZnO 材料结构与特性

2.3.1 ZnO 晶体的物理性质和基本结构

氧化锌晶体有三种结构:六边纤锌矿结构、立方闪锌矿结构,以及比较罕见的氯化钠式八面体结构。纤锌矿结构在三者中稳定性最高,因而最常见。立方闪锌矿结构可由逐渐在表面生成氧化锌的方式获得。在两种晶体中,每个锌或氧原子都与相邻原子组成以其为中心的正四面体结构。八面体结构则只曾在 10^{10} Pa 的高压条件下被观察到。纤锌矿结构、闪锌矿结构有中心对称性,但都没有轴对称性。晶体的对称性质使得纤锌矿结构具有压电效应和焦热点效应,闪锌矿结构具有压电效应。在半导体材料中,锌、氧多以离子键结合,是其压电性高的原因之一。

氧化锌(ZnO)的硬度约为4.5,是一种相对较软的材料。氧化锌的弹性常数比氮化镓等Ⅲ-Ⅴ族半导体材料要小。氧化锌的热稳定性和热传导性较好,而且沸点高,热膨胀系数低,在陶瓷材料领域有用武之地。在各种具有四面体结构的半导体材料中,氧化锌有着最高的压电张量。该特性使得氧化锌成为机械电耦合重要的材料之一。在室温下,氧化锌的能带隙约为3.3eV,因此,纯净的氧化锌是无色透明的。高能带隙为氧化锌带来击穿电压高、维持电场能力强、电子噪声小、可承受功率高等优点。氧化锌混入一定比例的氧化镁或氧化镉,会使能带隙在3~4eV变化。没有掺入任何其他物质,氧化锌具有N型半导体的特征。N型半导体特征曾被认为与化合物原子的非整比性有关,而对纯净氧化锌的研究则呈为一个反例。使用铝、镓、铟等第Ⅲ主族元素或氯、碘等卤素可以调节其N型半导体性能。而要将氧化锌制成P型半导体则存在一定的难度。可用的添加剂包括锂、钠、钾等碱金属元素,氮、磷、砷等第Ⅴ主族元素,铜、银等金属,但都需要在特殊条件下才具有效用。

ZnO晶体的三种结构中,立方闪锌矿结构只能在立方相衬底上稳定生长,立方岩盐矿结构是一种在10GPa条件下形成的高压亚稳相,在常温常压下,最常见的结构为纤锌矿结构,其稳定性最高,结构如图2.1(a)所示。纤锌矿结构的 ZnO 属于 P63mc 空间点群,其晶格点阵常数为 $a=3.2496$nm, $c=5.2065$nm, $c/a=1.602$,稍小于理想的六方密堆积结构的 $\sqrt{(8/3)}=1.633$。在 ZnO 纤锌矿结构中,每一个 Zn 原子周围会有4个 O 原子按四面体结构排布,此结构也可以看成两套四配位的 Zn^{2+} 和 O^{2-} 离子晶格沿着 c 轴交替排列而成。Zn^{2+} 和 O^{2-} 离子的四面体配位,使得 ZnO 具有非中心对称的极性晶体结构,这种极性是导致 ZnO 呈现压电性、热电性以及自发极化等特性的主要原因,同时也是 ZnO 生长、刻蚀和缺陷生成过程中的一个关键因素。ZnO 晶体不同晶向的生长速率大小关系为:V(0001)>

$V(0011) > V(0111) > V(1111)$,其各晶面生长速率的不同导致了 ZnO 晶体的形貌不一,正是由于 ZnO 在[0001]方向生长速率最大,最终导致可观察到的 ZnO 纳米结构和薄膜都是择优生长的。图 2.1(b)为纤锌矿结构 ZnO 的晶面结构示意图。

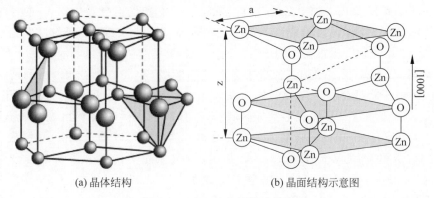

图 2.1　ZnO 六方纤锌矿结构

2.3.2　ZnO 的能带结构

半导体材料的能带结构从根本上决定了材料的光学性能和电学性能,是决定其是否具有潜在应用性能的关键。图 2.2 为理论上 ZnO 材料的能带结构示意图。在纤锌矿结构的 ZnO 材料中,布里渊区的 Γ 点上都为能带的极值。因此其等能面公式为

$$E = A(K_X^2 + K_Y^2) - B \cdot K_Z^2 \pm C \cdot (K_X^2 + K_Y^2) \tag{2-1}$$

由式(2-1)可以看出,在价带极大值和导带极小值附近,等能面都为椭球面,并以 c 轴为主轴。ZnO 材料的导带底(Conductive Band,CB)主要是由 Zn^{2+} 的未被电子占据的 4s 态或者反键 sp^3 杂化态形成,而价带主要来源于 O^{2-} 被电子占据的 2p 轨道或键合 sp^3 轨道,其价带在自旋轨道耦合和晶体势场的共同作用下分成了 A、B 和 C 3 个子带。通常 ZnO 材料都表现为 N 型导电类型,原因为非故意掺杂物质进入以及材料本身存在氧空位和锌间隙的本征缺陷。

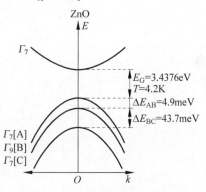

图 2.2　ZnO 的能带结构示意图

2.3.3　ZnO 的光学特性

ZnO 独特的光学特性,是其能够在紫外发光器件和紫外探测器等光电子领域具有应用潜力的基础。作为一种宽禁带直接带隙半导体材料,ZnO 最引人注目的特性是其室温下高达 60meV 的激子束缚能,是室温下分子热离化能(26meV)的 2.3 倍,因此能够在室温甚至更高的温度下得到稳定的激子受激辐射,理论上可以使激子-激子碰撞诱发的受激辐射在 700K 稳定存在,这使得 ZnO 在紫外受激辐射时有较低的激射阈值,同时具有较高的能量转换效率和光学增益、较高的光响应以及受激辐射单色性。

通常对半导体材料光学特性的研究采用光激发的形式,即光致发光(Photoluminescence,

PL)。光致发光谱是一种非常重要的分析方法,通过 PL 谱可得到半导体材料的晶体质量、禁带宽度等多方面信息。

半导体材料的光发射一般可以分为以下几类:带间跃迁发光、激子复合发光及能带与缺陷能级之间的跃迁发光。对于 ZnO 材料,带间跃迁发光是指电子由 ZnO 的导带跃迁回价带时所伴随的发光,由于 ZnO 材料室温下的禁带宽度高达 3.37eV,其带间跃迁引起的发光波长都在 375nm 以下,处在紫外光波段上。激子复合发光的能量一般应在 $3.20 \sim 3.37eV$。另外,ZnO 中很多缺陷在禁带中具有缺陷能级,能带与缺陷能级之间或缺陷能级与缺陷能级的电子跃迁也会产生光的发射发光,ZnO 在可见光区的发光主要属于这一类。室温下本征 ZnO 的典型 PL 谱包括紫外区域的带间跃迁发光和可见光区域的缺陷发光峰。

图 2.3 为块体 ZnO 单晶的低温光致发光光谱。从图中可以看到,ZnO 单晶表现出了激子(自由激子 FX 和束缚激子 BX)、施主受主对 DAP(纵光学波声子伴线 LO)和深能级发射。在低温(4.2K)下 ZnO 单晶的自由激子发射峰位于 3.377eV,对应于 ZnO 材料的禁带宽度;而其束缚激子发射峰位于 $3.353 \sim 3.367eV$。位于可见光区的深能级发射的发射机制较为复杂,通常认为是由 ZnO 的本征缺陷引发,如氧空位(V_O)、锌空位(VZ_n)、氧填隙(O_i)、锌填隙(Zn_i)、锌替氧(Zn_O)及氧替锌(O_{Zn})等。图 2.4 是基于 FP-LMTO 能带模型计算的 ZnO 本征缺陷能级的位置示意图。一般认为,如果 ZnO 的结晶质量较好,则其禁带边发射就会较强,而与缺陷相关的深能级发射就会较弱,因此,可以通过 ZnO 的发光光谱,间接衡量其结晶质量。

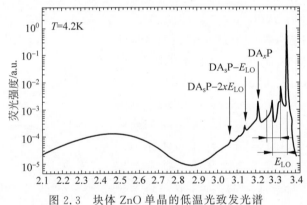

图 2.3 块体 ZnO 单晶的低温光致发光谱

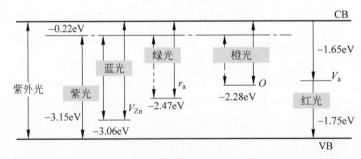

图 2.4 基于 FP-LMTO 能带模型计算的 ZnO 本征缺陷能级

此外,光吸收和透过特性是衡量一种材料能否应用于紫外探测器件的重要指标。图 2.5 为 ZnO 薄膜典型的透射光谱,可以看到 ZnO 在可见光区的透射率很高,达到 80% 以上,而对紫外光波段有强烈的吸收,这一特性决定了 ZnO 在紫外光探测领域有着巨大的应用潜力。

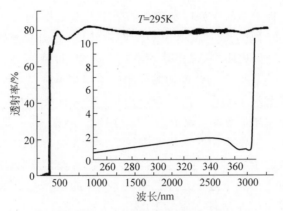

图 2.5 ZnO 薄膜典型的透射光谱

2.3.4 ZnO 的电学特性

电学性质是决定器件性质的重要因素。本征的 ZnO 通常是高阻材料,电阻率高达 $10^{12}\Omega \cdot cm$,但由于存在间隙 Zn 与 O 空位等缺陷,实验中得到的 ZnO 薄膜通常呈现 N 型导电性。但是这种因缺陷产生的载流子并不稳定,通过进行适当的热处理,氧空位和锌间隙原子的浓度会降低,导致载流子浓度降低,电阻率上升。

ZnO 的载流子浓度、导电类型、迁移率及电阻率等电学性质通常可以用霍尔效应来测量得到。此外,从变温霍尔效应测试结果还可以定量地得到样品中杂质、缺陷、均匀性和散射机制等信息。对于 N 型半导体,霍尔系数和电阻率遵循以下关系:

$$R_H = \frac{r_H}{ne} \tag{2-2}$$

$$\mu_H = \frac{R_H}{\rho} \tag{2-3}$$

式中,R_H 为霍尔系数;r_H 为霍尔散射因子;n 为电子浓度;e 为电子元电荷;μ_H 为霍尔迁移率;ρ 半导体的电阻率。

通过实验测量出霍尔系数,就可以计算出半导体材料的各种电学参数。Look 等用气相输运法制备了 ZnO 块体单晶,并用霍尔效应测试其室温电子迁移率和载流子浓度分别约为 $205 cm^2/(V \cdot s)$ 和 $6.0 \times 10^{16} cm^{-3}$。随着温度从 400K 降低到 15K,ZnO 的电子迁移率先逐渐升高后快速降低,并在温度为 50K 时达到一个峰值约 $2000 cm^2/(V \cdot s)$,如图 2.6 所示。但是由于存在 LO 声子的散射作用,与 ZnO 块体单晶相比,ZnO 外延薄膜的室温迁移率则要低得多。

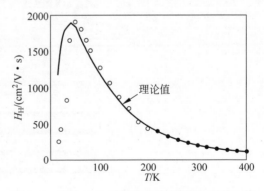

图 2.6 块体 ZnO 单晶实验值(圆圈)和理论值(实线)霍尔迁移率随温度变化的曲线

众所周知,半导体的 N 型和 P 型掺杂是制备同质 P-N 结器件的重要前提。目前,ZnO 的 N 型掺杂技术研究相对充分,常见的 N 型掺杂主要分为两种,一种是以ⅢA 族金属元素代替晶格中的 Zn,另一种是以ⅦA 族卤素代替晶格中的 O。当 M3+(Ga,Al,In)进入 ZnO 晶格并取代 Zn^{2+} 的位置,或 X-(F,Cl)取代 O^{2-} 的位置后,会引入一些施主能级,进而产生大量自由电子,降低 ZnO 的电阻率,优化其导电性。其中,Ⅲ族的 Al 元素是研究得最为充分、也是最为有效的 N 型掺杂剂。Al 掺杂的薄膜的电阻率可降至 $10^{-4}\Omega\cdot cm$,适用于制作太阳能电池的透明电极和显示器件。然而,ZnO 的掺杂具有极强的单极性:一方面很易实现优良的 N 型导电,另一方面极难实现稳定良好的 P 型导电。其主要原因是:①ZnO 中含有大量的会对受主产生自补偿作用的本征施主缺陷;②受主杂质在 ZnO 中的固溶度低,无法产生足够多的自由载流子,而且受主产生的能级较深,在室温下很难电离;③掺入的受主杂质可能产生自补偿效应。经过近十几年的努力,ZnO 的 P 型掺杂取得了一些进展,但目前为止还没有可以比较简单地制备高质量 P 型 ZnO 的方法,ZnO 的 P 型掺杂技术依然是一项国际性的难题,这也是制约 ZnO 同质结器件发展的主要因素。

2.3.5 ZnO 的压电特性

ZnO 是一种具有压电和光电特性的半导体材料。六方纤锌矿结构的 ZnO 在 c 轴方向存在明显的各向异性,锌离子与相邻的氧离子组成以阳离子为中心的正四面体结构。这种非中心对称的结构单元,在受到外力作用下发生形变,阳离子和阴离子的电荷中心发生偏移,产生电极化现象。晶体中所有单元产生的偶极矩叠加后会在宏观上产生沿应力方向的压电势分布,这就是 ZnO 在受外力作用下自然表现出的压电效应,当外力撤除后,晶体又恢复到电中性的状态,如图 2.7(a)所示。当不考虑 ZnO 纳米材料中的掺杂和缺陷时,沿 c 轴生长的 ZnO 纳米线受外力作用时的压电势分布可以利用 Lippman 理论计算得到,如图 2.7(b)所示。对一根沿 $+c$ 轴方向生长,长度为 1200nm、横截面六角边长为 100nm 的 ZnO 纳米线,施加 80nN 的拉伸应力时,纳米线两端产生的压电势差可达到约 0.4V,$+c$ 端的压电势为正。当应力变为同样大小的压缩应变时,两端之间的电势差仍为 0.4V,但是极性相反。

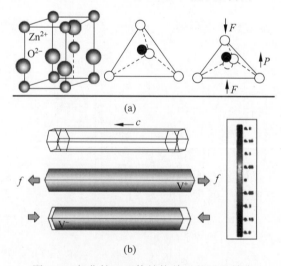

图 2.7　氧化锌四面体结构单元的压电效应

2.4　纳米氧化锌复合材料在电化学生物传感器方面的应用

2.4.1　电化学生物传感器概述

人或动物的各项感知器官(眼、耳、鼻等)就好像一个精确度高、相互协调工作的复杂传感系统,能够捕捉到自然界的各种变化,比如气味、压力、温度、湿度等。为了更好、更快捷、更广泛地获取所需要的信息并转化为人们可以读懂的方式,于是发明了传感器装置。生活中的传感器无处不见,如用于自动报警、声控灯、语音识别等。相对应地,与人类息息相关的传感器,被称为生物传感器。

电化学生物传感器是依据换能装置的区别进行分类产生的一个分支,工作原理如图2.8所示,在电极的表层修饰上生物分子,电极将分子间的特异性识别信号转换为电信号,将电信号输出,通过电信号来分析与测定目标物。

图2.8　电化学生物传感器的工作原理示意图

电化学传感包括两个环节,即识别和信号传导。在识别环节中,分析物的分子选择性地与受体分子或位点之间相互作用,引起其中化学参数或者物理参数的变化。传导装置则更进一步将接收的信号通过光、电或质量的形式,传递到电子系统进行放大或转换并输出。最终,通过智能系统转变为可以分析的信息,通过数据处理,得出样品中的待测物浓度。

近年来,随着纳米科技和结构材料的快速发展和日新月异的开发利用,纳米生物传感器也逐渐成为该领域研究热点之一。广义上,在纳米尺度范围内发挥着生物传感功能的天然的或者人工制作的器件都可以称为纳米生物传感器。比如,生物体内各种纳米尺寸的天然传感器以及人工设计的分子信标、各种纳米结构材料参与合成的生物传感过程等。狭义上说,纳米生物传感器指的是由纳米结构材料和纳米生物材料共同完成识别、换能、信号定量输出过程的器件。

电化学生物传感器通常定义为可以把生物体相应信息地转换为可以测量和可以处理的信号分析装置。1960年末,Hicks和Updike提出的葡萄糖酶传感器是最早的生物电化学传感器,人体内糖分的测定就是由该传感器获得。经过一代又一代科研工作者的研究、发展以及改进,葡萄糖氧化酶传感器至今仍然被广泛使用。

2.4.2　电化学生物传感器的分类

电化学生物传感器是将生物性要素和理化要素结合来进行分析和测定的装置。其特点是准确性高、检测响应快、体积小、样品无须预处理等。这种类型的传感器能够使用细胞、组织、抗体、抗原、酶等大分子物质作为其使用的材料。而在上述活性物质中,酶是用得最多的。因为酶具有很多其他活性物质所不具有的特性,比如酶的高灵敏性、高选择性、催化氧化效率高等优点。

电化学生物传感器依据输出的特征理化信息的不同，一般分成亲和型和生物催化型。亲和型电化学生物传感器的工作原理是依据生物辨认元件和目标物质相互结合而设计实现的。生物催化型电化学生物传感器的工作原理是其感受器元件通过特异性识别目标分子的酶、组织或细胞等物质并催化其底物生成电活性物质，常见的实例有血糖仪。依据生物灵敏元件的不同辨识属性，电化学生物传感器又可以分为电化学微生物型以及电化学分子印迹型等传感器。

2.4.3 基于氧化锌/金纳米复合材料的电化学传感器对抗坏血酸和尿酸的同时检测

作为一种典型的贵金属氧化锌纳米材料，氧化锌/金纳米复合材料（ZnO/Au-NP）由于具有高催化活性、光学灵敏性、安全的生物相容性以及高度的化学稳定性等特性而吸引了科研人员的广泛关注。

等离子体溅射法是一种用于制造各种物质薄膜的技术，这种技术已被证实是一种高效且具有吸引力的纳米颗粒合成的工艺技术。等离子体溅射法制备纳米颗粒的主要优点：反应时间短、化学样品使用量小、原位聚合、简单且产物纯度高等。此外，这种制备方法允许在非常独特的条件下来制备金纳米颗粒，比如在没有氯存在的情况下。因此，以等离子体溅射为基础的方法在这方面更具有吸引力。然而，目前对利用等离子体溅射法在原位制备氧化锌/金纳米复合材料方法的研究和探索仍然是十分有限的。此外，等离子体溅射协助时间长短对所得的金纳米颗粒的尺寸效果仍然是未知的。

抗坏血酸（AA）是针对各种疾病常用的抗氧化剂。而尿酸（UA）是与糖尿病、癌症和各种肝脏疾病相关联的嘌呤代谢中的主要产物。它们对于生物体的生理机能具有重大的作用以及影响力，并且通常都存在于生物的基质中。因此，在分析应用和诊断研究中同时检测抗坏血酸和尿酸是至关重要的。在各种针对抗坏血酸和尿酸的检测方法中，电化学技术由于其反应速度快、检测灵敏度高、成本低而受到越来越多的关注。但是由于传统电极检测两种物质产生的氧化峰会出现重叠现象，极大地限制了对抗坏血酸和尿酸的同时检测。为了解决这个问题，开发用于传感器电极的新型材料至关重要。

在不添加任何表面活性剂和还原剂的情况下，可以利用一种包含有水热合成过程的等离子体溅射方法在原位制备氧化锌/金纳米复合材料，如图2.9所示。同时，研究了功能性合成时间对纳米材料表面金纳米颗粒的形成、尺寸大小和表面密度的影响。由于具有优异的催化氧化以及理化特性，将氧化锌/金纳米复合材料用作一种全新的纳米复合材料来修饰电极，测定抗坏血酸和尿酸的电化学性质。氧化锌/金纳米复合材料修饰电极所具备的灵敏度高、选择性好、特异性强等优点，展现出氧化锌/金纳米复合材料会在未来的实际应用中具

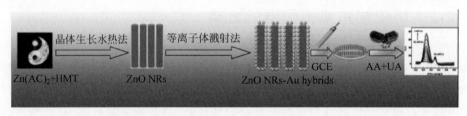

图2.9 氧化锌/金纳米复合材料和生物传感器合成的原理示意图

有良好的发展前景。

采用等离子体溅射法制备可以合成氧化锌/金纳米复合材料,使用扫描电子显微镜、透射电子显微镜、高分辨透射电子显微镜等对该纳米材料进行理化特性的表征,同时又用该纳米材料修饰电极作为三电极系统的工作电极,对抗坏血酸和尿酸两种物质进行了一系列电化学测定。

1. 氧化锌/金纳米复合材料的表征

扫描电子显微镜图像用来研究氧化锌/金纳米复合材料的离子体在溅射后的形态变化。图 2.10(a)显示了氧化锌纳米材料的一个典型图像,清晰地展示了平均直径为 300nm 和平均长度为 3.5μm 的棒状材料结构的形成。经等离子体溅射处理后,可以观察到尺寸在 10nm 大小的黑色颗粒物特异性地黏附在氧化锌纳米材料上[图 2.10(b)]。此外,其详细的原子结构可以通过 TEM 和 HRTEM 图像展现出来,如图 2.10(c)和图 2.10(d)所示。如图 2.10(c)所示,TEM 表明,金纳米颗粒均匀地附着在氧化锌纳米材料的表面。此外,还研究了氧化锌纳米材料和金纳米材料的晶格间距,如图 2.10(d)所示。据观察,氧化锌纳米材料和金纳米之间的间距为 0.235~0.52nm,可以牵引到纤锌矿的原子平面(001)和金的原子平面(111)。此外,EDX 分析显示制备的混合材料包括锌元素、金元素以及金/锌的摩尔比为 0.054 的氧元素[图 2.10(f)]。因此,从以上结果可以得出结论,即通过等离子体溅射法制备的氧化锌/金纳米复合材料测得的电化学表征结果表明制备的材料性能优越。

(a) 氧化锌纳米材料的扫描电子显微镜图像

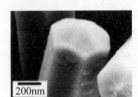
(b) 氧化锌/金纳米复合材料的扫描电子显微镜图像

(c) 氧化锌/金纳米复合材料的透射电子显微镜图像

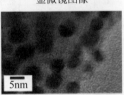
(d) 氧化锌/金纳米复合材料的高分辨传递电子显微镜图像

(e) 氧化锌/金纳米复合颗粒的能量色散X射线光谱图像

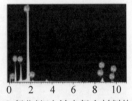
(f) 氧化锌/金纳米复合材料的能量色散X射线光谱分析图像

图 2.10 电子显微镜下的表面图像

2. 氧化锌/金纳米复合材料合成参数的优化

在目前的工作中,一种简易的基于合成制备的等离子体溅射方法用于制备氧化锌/金纳米复合材料,而不需要额外的金前驱物质。经过初步分析,该制备过程中需要注意的主要参数是等离子体的电流和等离子体溅射时间。实验结果表明,等离子体电流并不影响氧化锌/金纳米复合材料的结构。然而,等离子体溅射时间在电子储存方面起到了非常关键的作用,正因如此,在氧化锌纳米材料的表面才生成了金纳米颗粒。在显微镜图像中,可以非常清晰地看到在氧化锌纳米材料的表面金纳米颗粒的形成。

为了研究氧化锌/金纳米复合材料形成的最佳条件,通过 SEM 图像并在不同等离子体溅射时间的条件下获取金纳米材料的形态演变过程。

通过 SEM 观察金纳米颗粒在不同等离子体溅射时间的形貌演变,可以探究氧化锌/金纳米复合材料形成的最优条件。图 2.11 展示了采用等离子溅射方法制备,并经过不同的溅射时间(20,40,60,80,100,120,140 和 160s)后,获取得到的氧化锌/金纳米复合材料的 SEM 图像。结果显示,在氧化锌纳米材料(ZnO-NP)表面生长的金纳米颗粒(Au-NP)的尺寸大小和密集程度会随着等离子溅射时间的增加而变大和变得致密。除了研究获取的 SEM 图像外,也在不同等离子体溅射时间的情况下研究获取的 TEM 图像。图 2.12 展示了采用等离子溅射方法制备,并经过不同的溅射时间(20,80,100,120 和 160s)后,获取得到的氧化锌/金纳米复合材料的 TEM 图像。结果显示,在氧化锌纳米材料上生长的金纳米材料的尺寸大小和密集程度都随着等离子体溅射时间的增加而增大。所有上述现象表明,在等离子溅射反应中,通过等离子体溅射时间能够很好地控制金纳米颗粒的大小和表面覆盖率。

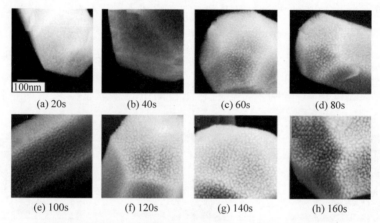

图 2.11 不同等离子体放电时间情况下获得的氧化锌/金纳米复合材料的 SEM 图像

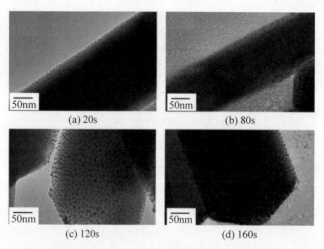

图 2.12 等离子体放电时间不同的情况下制备的氧化锌/金纳米复合材料的 TEM 图像时间

3. 氧化锌/金纳米复合材料修饰电极对抗坏血酸和尿酸的电催化行为

为了研究氧化锌/金纳米复合材料的实用性,研究了基于氧化锌/金纳米复合材料的电化学生物传感器对抗坏血酸和尿酸的电化学理化特性的测定。采用裸电极、氧化锌纳米材料修饰电极以及氧化锌/金纳米复合材料修饰电极进行对比。图2.13(a)显示的是在含有1mM抗坏血酸的0.1MPBS(pH=7.0)溶液中,裸电极、氧化锌纳米材料修饰电极和氧化锌/金纳米复合材料修饰电极的循环伏安曲线,它们都具有氧化峰,并且氧化锌/金纳米复合材料修饰电极的氧化峰比裸电极和氧化锌纳米材料修饰电极的氧化峰都要窄。裸电极、氧化锌纳米材料修饰电极和氧化锌/金纳米复合材料修饰电极的氧化峰电流值分别为11.65μA、9.22μA和13.46μA。此外,氧化锌/金纳米复合材料修饰电极的电势在0.117V,比其他两个电极的都要低。这些都表明了抗坏血酸在氧化锌/金纳米复合材料修饰电极上的电子转移速度比在裸电极和氧化锌纳米材料修饰电极上的更快一些。

针对尿酸的实验内容[图2.13(b)],尿酸在裸电极和氧化锌纳米材料修饰电极中的氧化峰电流值分别是2.11μA和3.54μA,氧化锌/金纳米复合材料修饰电极的氧化峰电流值是3.85μA。这也证实了尿酸在氧化锌/金纳米复合材料修饰电极的电化学催化氧化特性要优于在裸电极和氧化锌纳米材料修饰电极中的电化学催化氧化特性。

此外,还研究了含有抗坏血酸和尿酸的混合溶液在裸电极、氧化锌纳米材料修饰电极和氧化锌/金纳米复合材料修饰电极中的循环伏安曲线,如图2.13(c)所示。在裸电极上,出现了一个小、宽且有重叠的氧化峰,在氧化锌纳米材料修饰电极上可以观察到在电位0.211V和0.333V上有两个小的氧化峰。然而,氧化锌/金纳米复合材料修饰电极在0.099V和0.325V处得到两个非常明确而显著的氧化峰,它们的峰距为0.226V,这比裸电极的要宽。这些实验结果表明,氧化锌/金纳米复合材料修饰电极相比裸电极和氧化锌纳米材料修饰电极,具有显著的电催化性能和良好的选择性。这种现象可能是由氧化锌/金纳米复合材料修饰电极较大的表面积引起的。

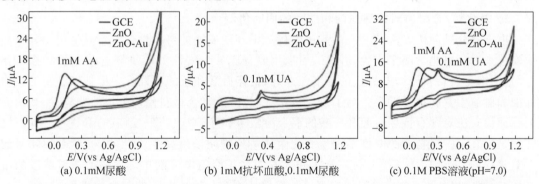

图2.13 裸电极、氧化锌纳米材料修饰电极和氧化锌/金纳米复合材料修饰电极的循环伏安曲线

4. 扫描速率的影响

此外,在不同扫描速率下,对比在含有1mM抗坏血酸和0.1mM尿酸的0.1M的PBS(pH=7.0)溶液中氧化锌/金纳米复合材料修饰电极的循环伏安曲线,研究抗坏血酸和尿酸的动力学问题。如图2.14(a)和图2.14(c)所示,抗坏血酸和尿酸的峰电流值都随着扫描速率的增加而增大。如图2.14(b)和图2.14(d)所示,扫描速率20~200mV/s范围内,峰值电流(I)与扫描速(V)之间具有一定的线性关系。这种现象可能是因为氧化锌/金纳米复合材料修饰电极具有最高的电极面积,因此具有氧化锌纳米颗粒和金纳米颗粒的尺度。接下来在峰电流值和扫描速率之间建立了一个线性关系,扫描速率范围为20~200mV/s,

如图2.14(b)和图2.14(d)所示。这些表明了抗坏血酸和尿酸在氧化锌/金纳米复合材料修饰电极的表面所发生的电化学反应是由材料的吸附作用所控制的。

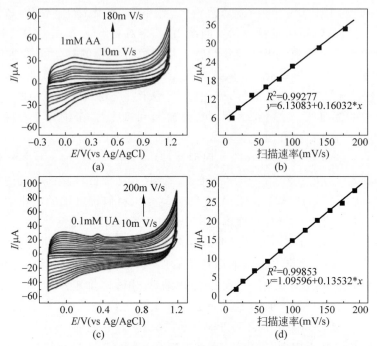

图2.14 氧化锌/金纳米复合材料修饰电极在含有抗坏血酸
(a)和尿酸(c)的PBS中不同扫描速率的循环伏安曲线图；
(b)和(d)显示的是峰电流值相对于扫描速率的关系曲线

5. 氧化锌/金材料对抗坏血酸和尿酸的同时检测

由于差分脉冲伏安法(DPV)的敏感性优于循环伏安法的灵敏性(CV)，通常用差分脉冲伏安法来进行电化学测定实验。同样，可以用差分脉冲伏安法测定抗坏血酸和尿酸在氧化锌/金纳米复合材料修饰电极上的浓度。此外，抗坏血酸和尿酸可以在中枢神经细胞的细胞外液和血清中共同存活下来。为了研究氧化锌/金纳米复合材料修饰电极的特异性，利用差分脉冲伏安法对含有抗坏血酸和尿酸的混合溶液进行了测定。图2.15(a)和图2.15(c)描述的是当其中一种物质的浓度不发生变化而另一种物质浓度发生变化时，抗坏血酸和尿酸在氧化锌/金纳米复合材料中的差分脉冲伏安曲线。峰值电流随抗坏血酸或尿酸浓度的不断增加而增加，而另一个物质的峰电流值基本保持不变。抗坏血酸的浓度变化范围为$0.1\sim 4$mM，尿酸的浓度变化范围为$0.01\sim 0.4$mM，且它们的峰值电流和抗坏血酸或尿酸的浓度均呈现一定的线性关系，如图2.15(b)和图2.15(d)所示。此外，其相关系数的平方分别为0.995和0.993。抗坏血酸和尿酸的检测极限分别为$4.699\mu m$和$2.3745\mu m$($S/N=3$)。以上这些实验结果都非常好地表明了氧化锌/金纳米复合材料修饰电极对于同时测定抗坏血酸和尿酸的方法是相当适合的。同时，也表明了抗坏血酸和尿酸在氧化锌/金纳米复合材料的表面发生的电化学反应主要与吸附效应有关。

6. 小结

在不添加任何表面活性剂和还原剂的条件下，通过原位等离子体溅射法制备氧化锌/金纳米复合材料，然后采用SEM、HRTEM、EDX和EELS等研究氧化锌/金纳米复合材料的

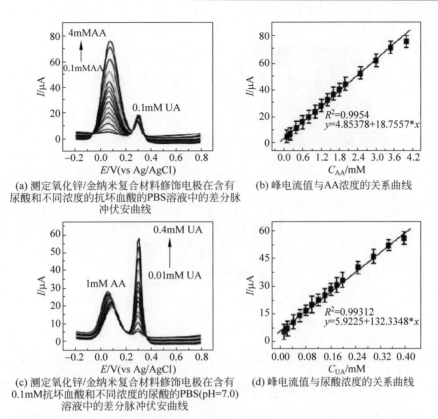

图 2.15　当其中一种物质的浓度不发生变化而另一种物质浓度发生变化时，抗坏血酸和尿酸在氧化锌/金纳米复合材料中的差分脉冲伏安曲线

形态结构和理化性能。结果表明，金纳米颗粒均匀地附着在氧化锌纳米材料的表面。此外，修饰时间对金纳米颗粒的形成、尺寸大小以及纳米材料表面密度存在影响。实验制备的氧化锌/金纳米复合材料由于金纳米颗粒具有良好的电化学性能和氧化锌纳米材料具有十分显著的理化特性，被证实其对抗坏血酸和尿酸具有十分优异的催化活性，可以用来做成同时检测抗坏血酸和尿酸的电化学传感器的新型电极材料。

2.5　ZnO 纳米材料在其他方面的应用

2.5.1　ZnO 纳米材料在发光器件中的应用

在三基色中，最难实现的就是蓝光 LED。而 ZnO 基材料在室温的禁带宽度为 3.37eV，因此可以用 ZnO 基材料来实现蓝光 LED。因为 ZnO 纳米线具有大的比表面积等优点，而且制备的灵活性大，所以采用 ZnO 纳米材料一般会在 LED 中获得更大的发光强度并能降低生产成本。2008 年，清华大学的研究小组首先在硅衬底上通过超声雾化热解的方法制备出 N-In 共掺的 P 型 ZnO 薄膜，然后再通过热水浴的方法在 P 型 ZnO 薄膜上生长出 ZnO 纳米线从而制成同质 P-N 结 LED，其结构如图 2.16 所示。通过 I-V 曲线可以看出其具有很好的整流特性，以及通过电致发光测试可以发现阈值电压大约为 9V，从而实现了基于 ZnO 纳米线的 LED 发光。

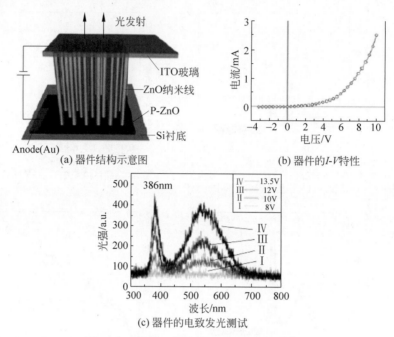

图 2.16　同质 P-N 结 LED 结构及相关特性

2.5.2　ZnO 纳米材料在太阳能电池中的应用

ZnO 纳米结构具有很高的迁移率,能够快速收集和传输电子,而且 ZnO 材料来源丰富,价格低廉,因此,可以采用 ZnO 纳米结构构成太阳能电池的 N 型电极。

2005 年,Mat Law 小组在 Nature Materials 介绍了采用取向竖直的 ZnO 纳米线阵列代替传统的纳米薄膜制作太阳能电池的阳极。由于 ZnO 纳米线较大的比表面积,能为器件中光生电子的传输提供了一个快速的通道,因此采用 ZnO 纳米线制备的太阳能电池的效率达到了 1.5%。此研究小组的器件的结构如图 2.17 所示。

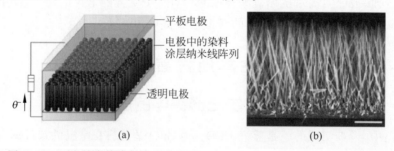

图 2.17　ZnO 纳米线染料太阳能电池示意图及 ZnO 纳米线阵列的 SEM 图

到目前为止,有机的太阳能电池的效率都没有达到理想的效果,而对于有机和无机复合的太阳能电池则得到更深入的研究。ZnO 纳米结构因为具有独特的性质而成为无机材料的一个重要选择。Chen 等的研究小组利用电化学方法制备出 ZnO 纳米棒,利用 ZnO 纳米棒的高折射率使光在器件传输的过程中损耗降低从而提高器件效率的方法使 $Cu(In,Ga)Se_2$ 型太阳能电池的效率提高到 16.3%;Akshi 等利用 ZnO 纳米线的透明传导等特性,使 $ZnO/CdS/Cu(In,Ga)Se_2$ 结构的太阳能电池效率提高到 14%。

2.5.3 ZnO 纳米材料在探测器中的应用

因为 ZnO 纳米结构具有大的比表面积和大的光增益,而且由于禁带宽度很大的缘故,一般具有很强的抗辐射能力和稳定性,所以基于 ZnO 纳米结构的探测器受到广泛的关注。

在探测器研究中,光响应是一个重要的参数。Soci 等在 Nano Letters 上介绍了基于 ZnO 纳米线的紫外探测器,其光增益能达到 8 个量级。他们是在 925℃下通过 CVD 的方法生长出直径为 150~300nm,长度为 10~15μm 的纳米线,然后把纳米线转移到镀有 SiO_2 的硅衬底上,并通过光刻的方法刻出 Ti/Au 叉指电极,器件的形貌如图 2.18(a)所示。图 2.18(a)表明在不同的光照强度(390nm)下器件的 I-V 特性;在 390nm 光照的情况下,通过改变光强强度从 $6.3\mu W/cm^2$ 到 $40mW/cm^2$,光电流增加了 2~5 个数量级,如图 2.18(b)所示。

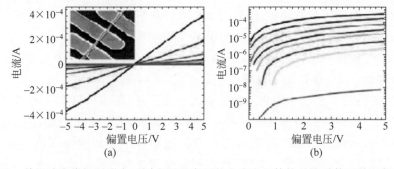

图 2.18 单根纳米线探测器在不同光照强度下的电流电压特性及取对数后的电流电压图

对于如此大的光增益,他们是采用 ZnO 纳米线具有大的比表面积,能够吸附和脱附氧负离子进行解释的。具体原理如图 2.19 所示。

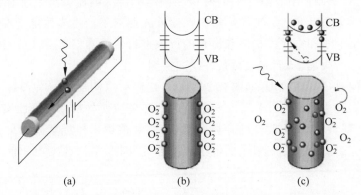

图 2.19 纳米线光导示意图及 ZnO 纳米线分别在黑暗和紫外光照射下的束缚和光导机制

一般来说,ZnO 纳米线的表面态强烈影响纳米线的传输和光导特性。在黑暗的情况下,ZnO 纳米线的表面缺陷态就会吸附氧负离子,并且在纳米线的表面形成一个耗尽层,从而导致纳米线的光导性降低,如图 2.19(b)所示;当用大于禁带宽度的光照射 ZnO 表面时,产生大量的电子和空穴,其中的空穴就会在电场的作用下与负氧离子结合而使 O_2 释放出去,从而使 ZnO 纳米线的光导性增强,提高了器件的响应度。其原理如图 2.19(c)所示。

2.5.4 ZnO 紫外探测器

目前,人们普遍把波长在 10~400nm 范围的电磁辐射定义为紫外线。紫外线虽然不会引起人们的视觉(即可见盲),却是一种高度电离的辐射,可以激活很多化学反应过程,对人们的生活有着重要的影响。太阳辐射是自然界中最重要的紫外线来源,按照紫外线对生物圈的影响,紫外光谱可以分成四个波段:近紫外(UVA,320~400nm)、中紫外(UVB,280~320nm)、远紫外(UVC,200~280nm)和真空紫外(VUV,10~200nm)。其中,真空紫外线在到达地球大气层外围时就被完全吸收,因此只存在于大气层以外的空间。远紫外线和绝大部分的中紫外线,由于大气中臭氧、水蒸气、氧气和二氧化碳的吸收作用,也无法到达地表,只有近紫外线和小部分的中紫外线能够到达地表。这部分紫外线会对人们的日常生活和工农业生产产生巨大的影响,如过多的紫外线会引起皮肤和免疫系统方面的疾病,还会影响农作物产量以及加速建筑老化等,因此对紫外线的探测有着十分重要的意义。

一直以来,高灵敏度紫外探测多采用对紫外线敏感的光电倍增管类的真空器件和以紫外增强型硅光电二极管为代表的固体探测器。相对固体探测器而言,真空器件存在体积大、工作电压高等缺点;而硅器件由于其禁带宽度很小,对可见光有响应,所以需要配备光学滤色片,其灵敏度受滤色片透过率和光阴极量子效率的限制,且体积和重量大、工作电压高、光阴极量子效率低。为避免使用昂贵的滤波片及减小设备体积,对可见光响应极小的宽禁带半导体材料成为新一代紫外探测器的首选材料。宽禁带半导体紫外探测器由于具有体积小、光谱响应范围宽、量子效率高、动态工作范围宽和背景噪声小的优点,在紫外探测器市场中占有的份额越来越大。ZnO 作为新型宽禁带半导体材料,在紫外探测应用上也被研究者们寄予了厚望。

紫外探测器是一种将光信号(紫外辐射)转换为电信号(电流或者电压)的器件,其具体探测过程可以分为如下几步:①半导体材料在紫外光照射下产生光生电子和空穴;②在半导体材料内部光生电子和空穴以扩散和漂移的形式进行传输和倍增;③光生电子和空穴形成的电流被外电路所收集,从而完成对紫外线的探测过程。

根据光辐射探测过程的机理,如图 2.20 所示,光辐射探测器可分为热探测器和紫外光子探测器两大类。其中热探测器是基于辐射引起的热效应使材料的物理性质(电导率、自发极化强度、温差电动势等)发生改变的一类探测器,通常被用来校准紫外辐射。光子探测器则是利用入射的光子流与探测材料中的电子直接相互作用,从而改变电子能量状态的光子

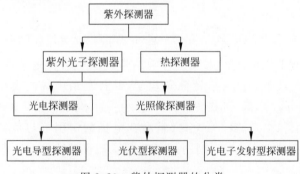

图 2.20 紫外探测器的分类

效应来工作的一类探测器。本书主要研究光子探测器中的光电探测器。根据光照引起的光子效应即内光电效应和外光电效应的不同,光电探测器可以分为光电导型(PC)、光伏型(PV)和光电子发射型(PE)探测器,而光伏型(PV)探测器又包括 P-N/P-i-N 结型、肖特基(Schottky)型、金属-半导体-金属(MSM)型和雪崩光电二极管型。

光电探测器的工作原理为光电效应,根据入射光的光子与探测器材料中的电子相互作用而产生载流子的机制,可划分为内光电效应和外光电效应两大类。

内光电效应是指入射光激发的光生载流子没有溢出体外,而是在半导体内部完成光电转换的现象。半导体紫外探测器一般是利用这种内光电效应来探测光信号。内光电效应根据光生电子-空穴对的分离方式不同,可以分为两类,即光电导效应和光伏效应。

(1) 光电导效应:是指当半导体材料受到电磁波辐照时,产生光生载流子,并在外加电场作用下发生分离,引起材料电导率的变化,在电路中产生附加电流。光子能量大于或等于本征半导体的禁带宽度时,才能激发出光生电子-空穴对;而对于掺杂半导体,入射光子的能量只要大于或等于杂质元素的电离能,就能使杂质释放电荷,在外场作用下形成电流。由于杂质电离能通常远小于禁带宽度,所以掺杂半导体光敏电阻有较大的长波限。光电导型半导体随光照强度的增加,电阻减小,所以也称为光敏电阻。本征半导体材料受到光照时,由于载流子浓度增大导致电导率的增量,如式(1-15)所示:

$$\Delta\sigma = e(\Delta n \cdot \mu_n + \Delta p \cdot \mu_p) \tag{2-4}$$

式中,$\Delta\sigma$ 为电导率的增量;Δn 为电子浓度的增量;Δp 为空穴浓度的增量;μ_n 和 μ_p 分别为材料中电子和空穴的迁移率。

(2) 光伏效应:内部有结区(PN 结或肖特基结)的半导体内,当能量大于半导体带隙宽度的光子照射到结区后,产生的光生电子-空穴对会在内建电场作用下发生分离,空穴向 P 区漂移,电子向 N 区漂移,在空间电荷区两端形成电势差。这样,入射光信号通过光伏效应在结区被转换成光电流。利用光生伏特效应原理的光探测器称为光伏探测器。根据结构可分为半导体光敏二极管、光敏三极管、异质结势垒、P-i-N 结以及肖特基结等。外光电效应是金属或半导体表面在特定波长的光辐照作用下,金属或半导体会吸收光子并发射电子,使电子从材料表面逸出的现象。具有外光电效应的材料也称为光阴极材料。一个性能良好的光阴极材料需要具有较大的光吸收系数、光电子逸出深度较大和表面势垒低的特性。根据爱因斯坦光电理论,光阴极材料的功函数与产生光电效应的阈值波长成反比。而大多数金属材料的功函数比较大,适合用作远紫外和超远紫外探测,这类探测器通常称为光电倍增管。

对于 ZnO 纳米材料构建的紫外探测器,其光探测原理有一些新的特点。目前,多数实验证实,氧空位对 ZnO 纳米材料的光电特性起着至关重要的作用。没有光照时,氧分子吸附在 ZnO 纳米线表面,俘获内部的自由电子($O_2(g) + e^- \rightarrow O_2^-(ad)$),在纳米线表面形成耗尽层,降低了材料的电导率,如图 2.21 所示。当能量大于 ZnO 禁带宽度的光子辐照纳米线时,内部产生光生电子-空穴对,光生的空穴在纳米线表面电势梯度作用下向外漂移,与吸附的负氧离子结合。过剩的光生电子流向阳极或与氧分子重新结合。由于悬挂键的存在,ZnO 纳米线有丰富的表面态,通过与氧吸附/脱附相关的空穴俘获机制,极大地提高了ZnO 纳米线的电导率。由于具有高比表面积、高结晶度、高稳定性、光子限域效应等优势,一维 ZnO 纳米材料在制备高灵敏度、高选择性的紫外探测器方面具有巨大的潜力。

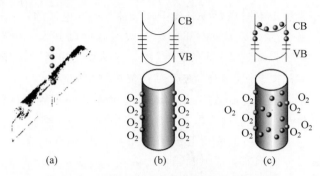

图 2.21 一维 ZnO 纳米材料的紫外响应机理

ZnO 是一种重要的 II-VI 族直接带隙宽禁带半导体材料,属于第三代新型半导体材料。常温下 ZnO 的禁带宽度与 GaN 的禁带宽度相似,激子结合能高达 60meV,远大于 ZnSe(22meV)和 GaN(25meV);同时,ZnO 有很好的导电、导热性能,化学性质稳定,这些特性使得 ZnO 材料不仅具有高效的发光性能,在紫外激光器件和发光二极管器件方面有巨大的应用潜力,而且其发光器件具有很高的工作稳定性和较低的价格,有极大的应用价值;ZnO 材料具有良好的光电导特性,光学增益系数高达 $320cm^{-1}$,对紫外光有较强的吸收能力,同时具有较高的抗辐射能力,这使得 ZnO 在紫外探测器的研发和化妆品添加剂领域受到了广泛的关注;ZnO 纳米材料形态多样、长径比大使其成为最重要的场发射材料;ZnO 材料的宽禁带、高透光性和高饱和电子迁移率保证了其优良的光电性能,从而被应用于透明电极、高性能晶体管、太阳能电池和光解水器件的光阳极等领域。纤锌矿结构的 ZnO 晶体具有非中心对称特性,加之较好的机电耦合性,因此具备很好的压电、热电性能,使其在纳米发电机和传感器领域的应用前景非常大。此外,基于 ZnO 材料可降解有机废物,同时具有原料丰富、成本低、无毒、环境友好等优点,人们已经将其用于环境的改善治理方面。经过十多年的研究,具备诸多优异的光学、电学、压电等特性的 ZnO 半导体材料,已然成为研究的焦点,在透明电极、紫外激光二极管、发光二极管、紫外探测器、太阳能电池、光解水、场发射器件、纳米发电机、化妆品添加剂等领域取得了丰硕的应用成果。

2.6 石墨烯

2.6.1 石墨烯概述

碳材料是一种广泛存在于自然界,目前使用较为普遍的材料。其在自然界存在的形式多种多样,不仅可以构成目前已知的最为坚硬的材料——金刚石,也能够形成如石墨这种较柔软的材料。随着人们对碳材料的探索研究不断深入,其独特的物性和多样的形态逐渐被发现。1985 年发现的零维富勒烯、1991 年发现的一维碳纳米管与三维的金刚石和石墨组成了碳系家族。虽然早在 70 多年前,Landau 及 Peierls 就认为严格的二维晶体由于热力学不稳定是不可能存在的。然而 2004 年 Manchester 大学 Geim 教授等首次获得了碳质材料的基本结构单元即二维的石墨烯(GE)。石墨烯的发现,填补了碳系家族二维材料的空白,同时也引起了大量科学工作者的高度关注。

石墨烯,简单来说就是一种从三维石墨材料中剥离出来的单层碳原子面材料。由于这种二维结构碳材料具有极大的比表面积以及独特的电学、热学和力学性能,不但可应用于储氢材料、减少噪声、提高计算机运算速度等方面,还非常适合于开发高性能的复合材料,在光电化学应用方面,如改性光催化剂、电极材料、超级电容、电化学检测方面有着广阔的应用前景。同时,高质量、低成本、大规模的制备方法为石墨烯实现各种潜在应用提供了可能。目前制备石墨烯的方法主要有机械剥离法、氧化石墨-还原法、化学气相沉积法(CVD)、有机合成等。这种新奇材料的制备、特性及应用吸引了科研人员们投入大量的热情去挖掘。石墨烯已经成为继碳纳米管之后的又一个研究热点。

1. 石墨烯的结构、性能

石墨烯是一种由碳原子以 sp^2 杂化连接,构成二维蜂窝状晶体结构的单原子层新型碳质材料[图 2.22(a)],其理论厚度仅为 0.335nm。同时,如图 2.22(b)所示,石墨烯又是构成其他维度碳材料的基本单元,二维的石墨烯可以卷曲形成零维的富勒烯、一维的碳纳米管以及堆积成三维的石墨,所以被称为"碳材料之母"。

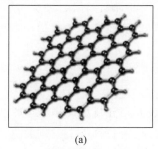
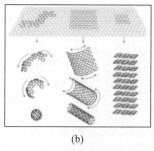

(a)　　　　　　　　(b)

图 2.22　石墨烯结构示意图及石墨烯为构成其他维度碳材料的基元

这种特殊结构使石墨烯表现出许多惊人的物理化学特性。石墨烯牢固的 C—C 键使之成为目前已知强度最高的材料,强度远大于钢(杨氏模量约 1TPa),断裂强度为 130GPa。另外,单层的石墨烯具有非常大的比表面积,可高达 $2600m^2/g$。零带隙的石墨烯还具有优异的电学性能,导电性能可以与铜媲美,空穴及电子的载流子浓度可达 $10^{13}cm^{-2}$;由于碳晶格中高质量的 sp^2 连接键,室温下电子能够在石墨烯层直接迁移,没有散射,载流子迁移率可达 $1.5×10^4 cm^2/(V·s)$,这使得开发更高速的计算机芯片和生化传感器成为可能。此外,石墨烯几乎是透明的,仅吸收 2.3%的白光。石墨烯结构也非常稳定,当受到外部机械力时,柔韧的碳原子面能够发生弯曲变形以适应外力,从而保持晶格结构稳定,这使其导热性比已知的任何材料都要出色得多。其热导率可达 $5×10^3 W/(m·K)$,与多捆碳纳米管不相上下,是金刚石的 2 倍多,且在弯曲和不弯曲的情况下都保持了良好的导电性。同时,石墨烯还具有一些独特的性能,如量子霍尔效应、量子隧道效应、室温铁磁性、双极电场效应等。

2. 石墨烯的制备

目前,石墨烯的制备手段通常可以分为物理方法和化学方法。物理方法是从具有高晶格完备性的石墨或者类似的材料来获得。化学方法是通过小分子的合成或溶液分离的方法制备的。

物理方法主要是机械剥离法,是指利用机械力从多层结构的石墨晶体表面剥离出石墨烯片层。Geim 等就是采用特制的透明胶带的黏力,将石墨烯片从高取向热解石墨晶体

(HOPG)表面重复剥离,从而获得了少量石墨烯片。该方法操作简便易行,成本低廉,而且获得的产物质量较高,晶体缺陷的含量较低。但是由于较低的生产效率、石墨烯片尺寸的不可控等缺点限制了其在大规模工业生产上的应用。

化学方法主要有氧化石墨-还原法、化学气相沉积法、有机合成法及电化学法等。一般来说,目前合成 GO(氧化石墨烯)的氧化方法主要有 Hummers、Brodie 和 Staudenmaier 三种。这三种方法都是以天然石墨为原料,经过无机强质子酸处理,再用强氧化剂(如 $KMnO_4$、$KClO_4$ 等)将石墨不同程度地氧化。不同的是,在 Staudenmaier 法中混合反应用的是浓硫酸、发烟硝酸和氯酸钾;Brodie 法中氧化石墨是用了发烟硝酸和氯酸钠。而 Hummers 法使用浓硫酸和高锰酸钾处理石墨。三种方法中,尽管石墨都因强氧化剂处理而强烈氧化,通过在石墨层间隙中插入强酸小分子如 H_2SO_4、HNO_3 或 $HClO_4$ 形成的石墨盐作为随后氧化成 GO 的前驱体都是一样的,但因为使用的氧化剂不同,制备出来的 GO 结构及残余物也是不同的。至于还原过程,常用的水合肼还原性强、还原效果明显并且价格低,但由于剧毒性,限制了其在工业上的应用。因此,绿色环保、便捷可行的还原方法成为研究热点之一。可喜的是,关于石墨烯较可行的制备已经有相关报道。此外,其他制备石墨烯的方法还有电弧法、微波法、外延生长法等。

2.6.2 石墨烯复合材料

由于石墨烯优异的性能,特别是极大的比表面积和良好的电化学性能,非常适合作为合成新复合材料的纳米级基底,有助于改善纳米材料的各种性能。但是,石墨烯片除非互相之间完全分离开来,否则就会有聚集的倾向,甚至通过范德华力结合形成石墨。因此,在石墨烯层间插入纳米材料形成石墨烯基复合材料是一种理想的抑制其重新聚集的方法。因为氧化石墨烯中的碳原子大部分是以 sp^3 杂化连接的,导电性较差,但由于其表面含有大量亲水基团,相比于石墨烯更容易进行复合。所以目前制备石墨烯纳米复合材料主要是以氧化石墨烯作为前驱体与其他材料复合,再通过一些还原手段获得石墨烯纳米复合材料,或者用改性过的石墨烯与其他材料进行复合。例如,石墨烯与金属、其他半导体纳米材料复合,在生物医学、光催化、传感器等多领域具有广泛的应用及巨大的经济价值。

2.7 石墨烯基复合材料的应用

除了日益突出的环境问题,解决能源短缺问题也迫在眉睫,因此实现可持续发展的新型化学电源体系,尤其是锂离子二次电池是目前重要的绿色储能装置,为加快发展方式绿色转型,推进生态文明体系建设,促进绿色科技创新,推动绿色发展,促进人与自然和谐共生有重要的意义,近年来尤其受人们关注。

锂离子电池是指以两种不同的能够可逆地插入及脱出锂离子的嵌锂化合物分别作为电池正极和负极的二次电池体系,它是在锂电池的研究基础上发展起来的一种新型高能电池。

锂离子电池的工作原理如图 2.23 所示。其中电势较低的电极材料作为负极活性物质,电势较高的作为正极活性物质。正、负极材料都是能够可逆地插入及脱出锂离子的嵌锂化合物,当外界给电池充电时,Li 从正极材料脱嵌出来,经过电解质,穿过隔膜嵌入负极材料,此时,正极材料处于贫 Li 状态;反之,当电池放电时,Li 从负极材料脱嵌出来,经过电解质,穿过隔膜嵌入正极材料,此时的正极材料为富 Li 状态。同时,等量的电子经过外电路迁移形成电流,使正、负发生相应的氧化还原反应。因此,锂离子电池实际上主要依靠锂离子在正极和负极之间来回迁移来工作,故又称其为"摇椅电池"。以商品化的钴酸锂($LiCoO_2$)为正极、石墨为负极组成的锂离子电池为例,其电极充放电反应式可写为

$$\text{正极反应}: LiCoO_2 \Leftrightarrow Li_{1-x}CoO_2 + xLi^+ + xe^- \tag{2-5}$$

$$\text{负极反应}: 6C + xLi^+ + xe^- \Leftrightarrow Li_xC_6 \tag{2-6}$$

$$\text{电池反应}: 6C + LiCoO_2 \Leftrightarrow Li_xC_6 + Li_{1-x}CoO_2 \tag{2-7}$$

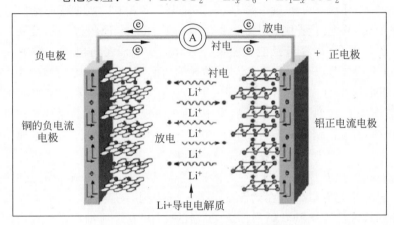

图 2.23　锂离子电池原理示意图

由于锂离子电池具有工作电压高、体积小、密度轻、比能量高、安全快速充电、寿命长、工作温度范围宽、自放电小、无记忆效应、无污染等优点,综合性能优于铅酸、镍镉、镍氢和锂电池,自 1991 年索尼公司推出以来,锂离子电池产业迅速发展,其不仅在为笔记本电脑、手机、相机等便携式移动电子产品提供电源方面占据主要市场地位,而且应用于电动自行车、电动汽车、混合动力汽车等交通设备。

因此,改善并提高锂离子电池的安全性能及循环稳定性显得尤为重要。而高性能的锂离子电池在很大程度上取决于其电极材料的物理化学性质。目前商业化的锂离子电池中最常用的负极材料是碳材料石墨。石墨不仅价格经济,且具备较高的理论比容量(372mA·h/g),充/放电电压平台低,对 Li^+ 的脱嵌过程高度可逆,自身热力学性能稳定。然而石墨的嵌锂电位与金属锂较接近,快速持续对其充/放电时存在安全隐患,易形成锂枝晶进而刺穿隔膜造成短路。此外,石墨的首次充/放电效率低,溶剂相容性较差,在含有碳酸丙烯酯等的低温电解液中容易发生剥离从而引起容量衰退。

因此,寻求高比容量、循环稳定性好、安全性能优良的负极材料或改性这些负极材料来代替石墨负极材料成为研究关注的重点。除石墨材料外,其他常见的负极材料主要还有 Si、SnO_2、Co_3O_4、TiO_2、$Li_4Ti_5O_{12}$ 等。

基于其工作原理,锂离子电池电极材料要求具有特殊的层状结构、超大的比表面积。而作为碳材料之一的石墨烯正好具有比表面积大以及电子传导率高的特点,使其成为锂离子电池负极材料研究的重点。已有许多报道研究了石墨烯改性负极材料,以提高它们的电化学性能。

纳米级的负极材料颗粒分散在二维片状的石墨烯上,可以抑制负极材料的团聚,提高充/放电比容量及循环稳定性。如 Honma 等利用 SnO_2 纳米颗粒与分散在乙二醇溶液中的石墨烯进行自组装,制备出了具有层状结构的多孔纳米电极材料。该材料表现出优异的储锂性能,可逆充/放电容量可达 810mA·h/g,循环稳定性较纯 SnO_2 纳米颗粒有了明显提高,经过 30 个循环之后,充电比容量仍能保持 570mA·h/g,高于纯 SnO_2 纳米颗粒(首次充电比容量仅为 550mA·h/g,15 个充/放电周期之后迅速衰减为 60mA·h/g)。SnO_2 纳米颗粒周围包覆了石墨烯,使其在充/放电过程中脱锂-嵌锂引起的体积膨胀具有缓冲空间,从而得到了有效缓解抑制,改善了循环性能。

作为一种经济、环境友好的负极材料,S 拥有 1672mA·h/g 的高理论比容量。然而其较低的电导率及充/放电过程中体积膨胀变化抑制了 Li-S 电池的进一步发展。这些不足导致了其较低的循环寿命、比容量及能量密度。Wang 等在 S 表面包覆了经纳米碳颗粒修饰的石墨烯,并以聚乙二醇(PEG)作为 S 与石墨烯的中间层,这种特殊的结构大大提高了比容量,PEG 及石墨烯形成的 S 颗粒的包覆层对调节体积膨胀、捕获可溶性的硫化物聚合中间体、提高 S 颗粒导电性起到了至关重要的作用,使其表现出了良好的循环稳定性。这种复合材料比容量在 100 个充/放电循环后仍有 600mA·h/g,在高能量锂离子电池中的应用具有良好前景。

类似的,Zhou 等把石墨烯-纳米碳-纳米硅复合,获得了一种新型负极材料。以 0.2C 充/放电,200 个周期后容量保持在约 1521mA·h/g。其中碳的存在大大改善了硅的导电性。而由石墨烯构成的三维网状结构作为"灵活的禁闭"有效地抑制了 Si 在充/放电过程中出现的体积膨胀,阻止了 Si 颗粒的团聚及粉化,延长了循环寿命,碳颗粒及石墨烯的同时存在,更有利于提高纳米硅的电化学性能。

综上所述,不难看出将用作锂离子电池负极材料的纳米粒子与石墨烯复合制成纳米复合材料,不仅可以有效阻止纳米粒子的团聚,缩短锂离子的迁移距离,提高锂离子嵌入-脱出的效率;同时,由于石墨烯的二维柔软性,对纳米粒子包覆能够缓解锂离子嵌入-脱出所造成的体积变化,改善电池的循环稳定性;而且由于石墨烯良好的导电性能,作为支撑材料起到了富集和传递电子作用,有利于减小内阻。由此可见,石墨烯基纳米复合材料在锂离子电池的负极材料方面有着良好的应用前景。

2.8 石墨烯/硅光电探测器

光电探测器是一种通过将光信号转换为电信号从而获取光信息的媒介。由于具有体积小、功耗低、灵敏度高等优点,光电探测器已经遍布人们生活中的各个空间,成为当今应用最为广泛的一类电子器件。其分类如图 2.24 所示。

光电探测器由于具有响应快、易集成、精度高、体积小、功耗低及非接触测量的优点,应用十分广泛,遍布国计民生的各个领域。通常所说的光电探测器中的"光"指波长位于电磁波谱中紫外到红外光谱区中的光。光电探测器的应用与其所适用的波长范围密切相关,如图 2.25 所示。

传统光电探测半导体材料的发展面临着以下几个问题:

(1) 传统半导体材料的性能调控手段有限。基于传统材料的半导体性能调控主要通过

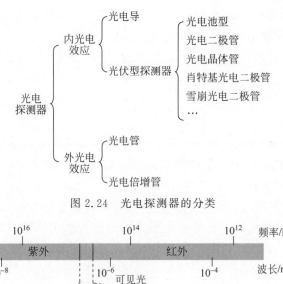

图 2.24　光电探测器的分类

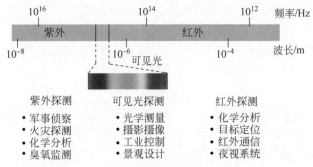

图 2.25　光电探测器的应用

调节杂质掺杂浓度、多元化合物中元素种类和成分比例来实现。元素的掺杂浓度往往受固溶度的限制,而为使多元化合物具有所需性能又不得不引入诸多种类的其他元素,使制备工艺变得相对复杂,难度增加,成本较高。

(2) 传统的半导体材料中含有大量对人体有毒有害的元素,如砷、铊、镉等,不仅增加了从事相关器件制作和使用人员的危险性,也使得相关半导体行业成为高污染行业,对环境的破坏较大。

(3) 化合物半导体大量使用稀有金属,如铟、硒、碲等。它们在地壳中的含量十分稀少。其中全球预估的铟储量仅 5 万吨,而可开采的仅占 50% 左右。Ⅳ族半导体锗本身就是一种稀有金属,在地壳中的含量仅约百万分之七,且分布十分分散,迄今还没有发现比较集中的锗矿。面对人类科技生活对半导体器件越来越大的需求,这一矛盾将变得愈发突出。

20 世纪 90 年代问世的纳米材料由于具有小尺寸效应、表面与界面效应、量子尺寸效应等独特的优势,逐渐受到半导体领域研究者的关注,并在光电探测领域取得了相当大的研究进展。一些具有一维纳米线结构、二维阵列纳米结构、芯壳结构的半导体材料大量地被应用于光电探测领域,并取得了良好的探测效果。

石墨烯作为一种近年来被广泛关注的二维纳米碳材料,除具有纳米材料的诸多优势外,还有其自身所特有的优异性能。石墨烯基平面内的 π 电子可以自由移动,使其具有极高的导电性。电子迁移率超过 $1.5 \times 10^4 \text{cm}^2/(\text{V} \cdot \text{s})$,是本征硅的 10 倍以上。石墨烯还具有良好的透光性。单层石墨烯对光的吸收率只有 2.3%,这使得其十分适合作为透明导电薄膜用于光电探测器件中。事实上,光电探测也是石墨烯问世后最早被应用的领域之一。2009 年,IBM 公司便制作了场效应管(FET)型的光电探测器,在 1550nm 的入射光源下,其响应度达

0.5mA/W。石墨烯的功函数为4.5～4.8eV，可与多种半导体之间形成异质结实现光电转换。其中，石墨烯/硅异质结拥有极高的光电转换效率，并且可在宏观条件下进行组装，工艺简单，对设备的要求不高，因而具有极大的发展潜力和良好的应用前景。

2.8.1 石墨烯简介

1. 石墨烯的结构

石墨烯是一种由 sp^2 杂化的碳原子以六角形排列形成的单原子层厚度的层片，可以独立存在或附着在其他的基底上。石墨烯在2004年由Geim和Novoselov在实验室首次成功获得。石墨烯具有蜂窝状的二维结构，如图2.26(a)所示。

石墨烯的碳-碳键夹角为120°，间距为0.142nm，厚度仅为0.34nm。石墨烯中碳原子垂直于层平面的 p_z 轨道与 p_x、p_y 轨道杂化形成三个 sp^2 杂化轨道，与彼此三个邻近的碳原子通过σ键相连。剩余的 p_z 轨道与邻近原子的 p_z 轨道构成大π键。石墨烯是构成其他几种碳纳米材料的基本单元，通过卷曲、堆叠等变形可形成零维的富勒烯、一维的碳纳米管和三维的块状石墨，如图2.26(b)所示。

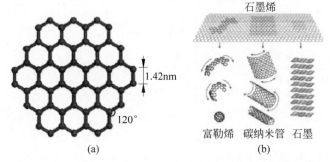

图2.26 石墨烯的结构以及石墨烯与其他碳纳米材料

2. 石墨烯的性质

1) 石墨烯的电子特性

石墨烯是零带隙半导体，其导带和价带相交于一点(狄拉克点)，如图2.27所示。

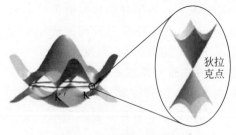

图2.27 石墨烯的电子结构

这一电子结构使石墨烯具有许多不同于其他凝聚态物质的独特性质。当电子沿石墨烯的蜂窝状晶格传输时，其有效质量为零，运动规律呈现准粒子的特性。实验结果表明，石墨烯中的电子迁移率超过 $1.5\times10^4 cm^2/(V\cdot s)$，且电子和空穴的迁移率相似。在低温范围(10～100K)内，石墨烯的电子迁移率几乎不随温度变化。室温下石墨烯的极限电子迁移率可达 $2\times10^5 cm^2/(V\cdot s)$，是铜的10倍。相应地，其电阻率也是已知材料中最低的，可达 $10^{-6}\Omega\cdot cm$。

2) 石墨烯的导热性

电子器件长时间工作会出现过热而失效或引发安全事故，所以导热性是现代电子器件材料中一个十分重要的指标。单层石墨烯的热导率可达1500～4600W/(m·K)，超过常用的散热材料铜(401W/(m·K))和最好的导热金属银(420W/(m·K))。

3) 石墨烯的透光性

实验表明,石墨烯具有良好的透光性,如图 2.28(a)所示,单层石墨烯对光的吸收率仅 2.3%,并随层数的增加依次相差 2.3%,因此可以通过透光率推导出大面积石墨烯薄膜的层数。

石墨烯良好的透光性使其在透明导电薄膜领域有广阔的应用前景。图 2.28(b)所示为 Bae 等采用卷对卷法制备的大面积石墨烯透明导电薄膜。该薄膜尺寸达 30 英寸(1 英寸＝2.54 厘米),透光率为 97.4%,而电阻仅为 125Ω/sq,且通过掺杂和增加厚度其方阻还可进一步降低。

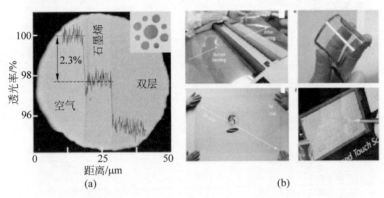

图 2.28 石墨烯的光吸收率以及大面积石墨烯透明导电薄膜

4) 石墨烯的力学特性

石墨烯是世界上已知最薄、最坚硬的材料。其拉伸强度可达 130GPa,弹性模量为 1TPa,约为一般工业用钢强度的 100 倍。这既使得石墨烯适合应用于柔性器件、复合材料等领域,也使基于石墨烯的器件能在更复杂和恶劣的环境下工作。

2.8.2 石墨烯的制备方法

由于石墨烯具有上述诸多优异的性质,自其问世以来,制备方法不断被研究开发。经过十余年的发展,目前成熟的石墨烯制备方法总体上可分为"自下而上"和"自上而下"两类方法。"自下而上"是指采用合适的前驱体从分子或原子的层面上直接生长石墨烯。"自上而下"则是通过机械或化学等方法对含有石墨(烯)结构的材料进行剥离以得到石墨烯,具体包括如下几种。

1. 机械剥离法

机械剥离法是最早用于制备石墨烯的方法。如图 2.29 所示,该方法采用黏性胶带反复粘贴高定向热解石墨的表面,使其撕裂以得到石墨烯。被剥离的石墨烯可通过再次粘贴而转移到其他所需基底上。

这种方法操作简单,所制备的石墨烯晶化程度好、质量高。但其制备效率很低,所制备的石墨烯形貌、尺寸和厚度不易控制,且无法获得大面积石墨烯薄膜。因此,机械剥离法目前仅适于实验室进行科学研究。

图 2.29 机械剥离法制备石墨烯

2. 化学剥离法

与机械剥离法不同,化学剥离法是通过化学插层作用克服石墨层片间的范德华力来分离石墨烯。化学剥离法通常在液相中进行。其中,最具代表性的方法是氧化还原法,其过程如图 2.30 所示。

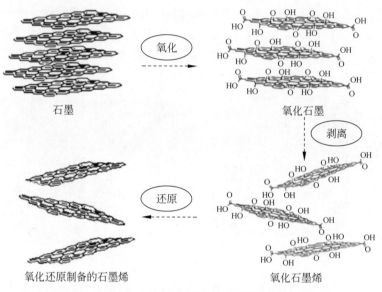

图 2.30　氧化还原法制备石墨烯

采用氧化还原法制备石墨烯时,首先将石墨置于氧化剂(如强氧化性酸)中进行氧化,在石墨中引入含氧官能团以破坏石墨层片间的范德华力,得到氧化石墨。含氧官能团的存在使氧化石墨的亲水性增强,通过加热搅拌及超声等操作使其剥离为氧化石墨烯,氧化石墨烯可以很好地分散在水溶液中。最后,通过选用合适的还原剂对氧化石墨烯进行还原即可得到化学剥离法制备的石墨烯。根据现有文献报道,可用于还原氧化石墨烯的还原剂有许多种,如水合肼、氢碘酸、尿素、维生素 C、柠檬酸钠等;也可对氧化石墨烯进行加热还原。通过氧化还原法,同样可以制备大面积石墨烯透明导电薄膜,如图 2.31 所示。除氧化还原法外,采用合适的溶剂可直接对石墨层片进行超声剥离,如 N-甲基吡咯烷酮等。

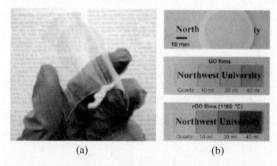

图 2.31　氧化石墨烯薄膜、氧化石墨烯薄膜及还原后得到的透明导电薄膜

化学剥离法制备石墨烯具有产量大、效率高、成本低的优势,液相法有利于对石墨烯的形貌进行调控,如制备石墨烯量子点、石墨烯纤维、石墨烯纸及三维石墨烯材料等。但是,化学剥离法也存在产物结构缺陷多、溶剂及杂质不易完全去除等问题。

3. 化学气相沉积法

化学气相沉积法是在高温下使含有碳元素的气相前躯体（如甲烷、乙烯等）分解，在合适的基底上沉积形核并长大从而制备石墨烯的方法。化学气相沉积法通常采用的基底有铜、镍、锗、铑等多种金属。其中，由于碳在铜中的固溶度小，单层石墨烯以自限制机制生长，参数控制相对容易，且铜基底上的石墨烯转移方便，因此铜是目前化学气相沉积法制备石墨烯中广为使用的金属。

图2.32(a)所示为Li等使用铜箔基底制备的石墨烯薄膜，尺寸为1cm×1cm左右，其喇曼光谱显示所制备的石墨烯缺陷峰弱，晶化程度良好。

2013年，索尼公司采用化学气相沉积法和卷对卷转移工艺，实现了100m长石墨烯薄膜的制备[图2.32(b)]，预示了化学气相沉积法在石墨烯产业化制备的良好前景。

4. 外延生长法

用于石墨烯制备的外延生长法主要指碳化硅外延生长法。该方法将碳化硅在高温下（通常高于1200℃）将表面的硅热解去除，剩余的碳在碳化硅表面以自组装的方式形成石墨烯。如图2.32(b)所示，该方法可制得高质量的石墨烯，但不易转移，且对设备的要求高、成本高，应用场合十分有限，在很大程度上限制了该方法的应用。

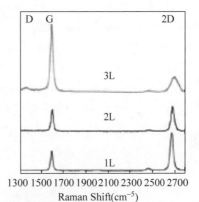

(a) 石墨烯薄膜及其喇曼光谱

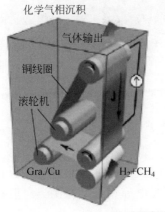

(b) 采用卷对卷工艺连续制备石墨烯薄膜

图2.32 化学气相沉积法制备石墨烯

综上所述，石墨烯具有许多传统电子材料不具备的优异性能，其高电子迁移率和透光性非常适用于光电探测器的透明电极材料，而石墨烯的高热导率和良好的力学性能更使其适合工作在大功率及恶劣条件下。石墨烯的制备工艺经过多年的发展已逐渐成熟并正在向产业化生产迈进，为其后续的产业化发展和规模化应用奠定了基础。此外，石墨烯的构成元素碳在地壳中储量大、无污染，具有环保和可持续发展的优势，有望解决传统材料所面临的问题，是一种很有发展潜力的光电器件材料。

2.8.3 石墨烯在光电探测器中的应用

光电探测器是石墨烯问世后最早应用的领域之一。早在 2009 年，IBM 实验室的 Xia 等便制作了场效应晶体管（FET）型的石墨烯光探测器，对 1550nm 的光响应度达 0.5mA/W。经过近几年的不断发展，石墨烯光电探测器的种类也不断丰富。根据现有文献报道，基于石墨烯的光电探测器主要有以下几种类型。

1. 金属-石墨烯-金属型

金属-石墨烯-金属型光电探测器是石墨烯光电探测器中研究最早的一种类型。石墨烯在其中连接源端和漏端，起到沟道作用。该类探测器借鉴了传统的 FET 结构，优势是具有宽光谱响应，响应电流可通过调节门电压进行调控。其结构与现有微电子器件和电路有很好的兼容性，适用于微纳米器件和微机电系统。

图 2.33(a) 所示为一个典型的金属-石墨烯-金属型石墨烯光电探测器件。光生载流子产生后被金属与石墨烯之间的内建电场分离形成光电流。该器件对 $1.55\mu m$ 的入射光响应度为 $6.1mA/W$。基于该模型，可采用量子点增强的办法提高其光电探测性能，如图 2.33(b) 所示。该器件的响应度可达 $5\times10^7 A/W$（一定偏压下）。该类型光电探测器的制备需要依赖复杂的微加工工艺和设备，成本较高。其结构和尺寸使其主要应用于微纳电子器件当中。

(a) 金属-石墨烯-金属型　　　(b) 量子点增强金属-石墨烯-
　　石墨烯光电探测器　　　　　　金属型石墨烯光电探测器

图 2.33　石墨烯光电探测器

2. 光电导型

光电导型光电探测器是通过半导体受光照前后自身电导率的变化来实现光电探测。由于石墨烯的零带隙半金属性电子结构，不宜直接用于光电导型光电探测器。但石墨烯的能带结构可通过偏压进行调控，在一定的偏压下可以光电导的形式用于光电探测。

3. 半导体异质结型

石墨烯可与多种传统半导体材料形成异质结，如硅、锗、氧化锌、硫化镉、二硫化钼等。

其中，石墨烯/硅异质结器件是目前研究最为广泛、光电转换效率最高的一类光电器件。图 2.34 所示为石墨烯半导体异质结光电探测器的几种典型结构。

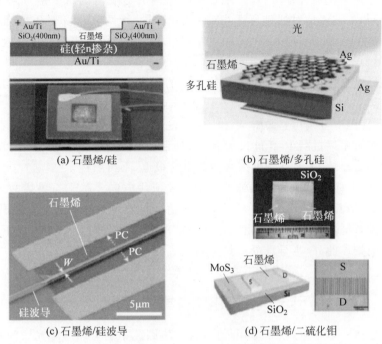

图 2.34　石墨烯半导体异质结光电探测器的几种典型结构

图 2.34(a)所示为石墨烯与平面硅搭接形成的异质结光电探测器。通过对其光电探测性能指标进行较为系统的研究，结果表明石墨烯/硅异质结可有效应用于可见光的探测，具有良好的光强响应线性度。但是，该工作对器件的工艺优化不够，所实现的改进效果也有限，使得器件在噪声等效功率($0.92 \mathrm{pW} \cdot \mathrm{Hz}^{-1/2}$)和探测度($7.69 \times 10^9 \mathrm{cm} \cdot \mathrm{Hz}^{-1/2} \cdot \mathrm{W}^{-1}$)等几个关键指标上与现有光电探测器尚有较大差距(噪声等效功率$< 0.2 \mathrm{pW} \cdot \mathrm{Hz}^{-1/2}$，探测度$> 10^{11} \mathrm{cm} \cdot \mathrm{Hz}^{-1/2} \cdot \mathrm{W}^{-1}$)，器件性能还有很大的提升空间。由于受到硅带隙宽度和器件表面光吸收的限制，石墨烯/硅光电探测器的最佳响应波长在 890nm 左右，入射光波长与该值相差越大，响应衰减也越严重，尤其是对小于 400nm 或大于 1100nm 的入射光，器件的探测性能将严重偏离其最佳性能指标。因此，改进器件的光谱响应能力是石墨烯/硅探测器的重要研究方向之一。图 2.34(b)所示的器件基于增强器件表面光吸收的原理，将硅制成多孔结构以增强对入射光紫外区的吸收，使器件在紫外区的敏感度有所提高。另外，对长波段的入射光(如光通信领域所使用的光，波长通常大于 1300nm)，石墨烯/平面硅光电探测器也同样面临性能衰减严重的问题。图 2.34(c)所示的器件采用石墨烯与硅波导形成异质结，构建的传感器对 1300～1600nm 波长的入射光都表现出了良好的电流响应性能，使石墨烯/硅异质结的光谱响应范围进一步拓宽。除硅以外，多种半导体均可与石墨烯搭接形成异质结，图 2.34(d)所示为石墨烯与二硫化钼构建的光电探测器。二硫化钼是继石墨烯后新兴的一种二维半导体材料，其不仅具有良好的透光性和柔性，而且单层二硫化钼具有 1.8eV 的直接带隙，满足与石墨烯形成异质结的条件，利用二者形成的异质结可实现达 10^8 的光增益，展现出了良好的工作性能。

由上述分析可以看出,石墨烯/半导体异质结光电探测器模型的结构简单,只需将石墨烯与半导体简单搭接即可。既可采用传统微加工工艺制作微纳米级的异质结器件,也可在宏观条件下进行大面积器件组装,极大地拓宽了器件的适用范围。依据所选半导体的能带和电子特性不同,可方便地对器件所适用的光谱范围进行调节。该类石墨烯光电探测器具有良好的光探测性能,图 2.25 所示的 4 种器件在适用的波长范围内响应度分别可达 0.225×10^7 A/W、0.2×10^7 A/W、0.05×10^7 A/W 和 1.2×10^7 A/W(−10V 门电压和 1V 偏压下)。

随着石墨烯光电探测技术的发展,其他类型的石墨烯光电探测器也不断出现。如近期报道的全石墨烯 P-N 结光电探测器,基于 P 型和 N 型掺杂的石墨烯形成的异质结进行光电探测,响应度和探测度分别可达 1A/W 和 10^{12} cm·$Hz^{1/2}$·W^{-1}。但由于需在不影响器件组装的情况下对石墨烯进行 P 型和 N 型掺杂,使制备难度增大,且对性能的调控也比较困难。其他类型如石墨烯-量子点光电探测器等也有报道,不再赘述。

综上所述,光电探测已成为石墨烯的一个重要应用方向。基于石墨烯的光电探测器已发展出多种形式,但其中只有半导体异质结型最适合在宏观条件下制备大面积光电探测器。半导体异质结型石墨烯光电探测器由于其简单的制备工艺且对设备的要求不高,具有良好的产业化应用前景。此外,半导体异质结型石墨烯光电探测器具有适用范围广、性能改进方便等优势,因此,本书选择宏观条件下制备的半导体异质结型光电探测器作为研究对象。

2.8.4 石墨烯/硅光电探测器的具体介绍

太阳光是生活中最常见,也是应用最广泛的光,因此本书将以太阳光谱为基础进行光电探测器的研究。如前所述,由于硅的带隙宽度与太阳光谱匹配,加工工艺成熟,材料性质稳定,在目前已报道的石墨烯/半导体异质结器件中,石墨烯/硅异质结器件具有最高的光电转换效率。因此,本书选用硅与石墨烯组装异质结光电探测器。石墨烯/硅异质结由本书作者课题组首先提出并将其应用于太阳电池领域。经过近 5 年的发展,其光电转换效率已从 1.5% 提升至 15.6%。

近年来,石墨烯/硅模型在光电探测中的应用也逐渐引起了人们的研究兴趣。由于石墨烯/硅光电探测器是基于光伏效应工作的,因此这一模型在光伏领域的研究为其在光电探测器中的应用奠定了良好的基础。

1. 石墨烯/硅光电探测器的工作原理

石墨烯/硅异质结光电探测器的模型如图 2.35(a)所示。器件结构分为上、下两部分,上层为石墨烯,下层为 N 型硅基底。石墨烯与 N 型硅的接触界面形成肖特基结,这一区域即是光电探测器的有效工作区域,其面积为器件的有效工作面积。石墨烯在该结构中既起到与硅形成肖特基结的作用,同时也起到透明导电层的作用。由于在引出上电极时石墨烯需要基底作为承载,故首先在硅基底的上表面四周热氧化一层二氧化硅层(厚约 300nm,起到承载石墨烯的作用,又可避免上电极与 N 型硅接触,以使被肖特基结分离的光生载流子能够有效传输到外电路)。光电探测器的背电极应与硅之间形成欧姆接触,为尽可能降低接触电阻和自身电阻,选用铟镓合金或 Ti/Au 电极作为器件的背电极。

石墨烯的功函数为 4.5~4.8eV,由于空气中水和氧气的作用,呈现弱 P 型性质。N 型硅的功函数为 4.3eV,小于石墨烯的功函数,故满足形成肖特基结的条件。当石墨烯与硅接触时,由于硅的费米能级更高,电子将由硅一侧流向石墨烯一侧,使硅中靠近界面一侧的电

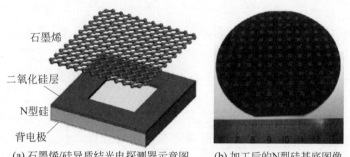

(a) 石墨烯/硅异质结光电探测器示意图　　(b) 加工后的N型硅基底图像

图2.35　石墨烯/硅异质结光电探测器的模型

子越来越少,剩下未经中和的正空间电荷;而在石墨烯一侧,电子逐渐积累,形成带负电的空间电荷层,在正、负电荷层之间由于电子-空穴的复合使得内部载流子数极少,形成耗尽层。随着正、负电荷的积累在结界面处会形成一个内建电场并逐渐增大,在其作用下,N型硅的费米能级逐渐与石墨烯的费米能级拉平,导带与价带也会发生相应的弯曲,直至载流子运动达到平衡,如图2.36(a)所示。

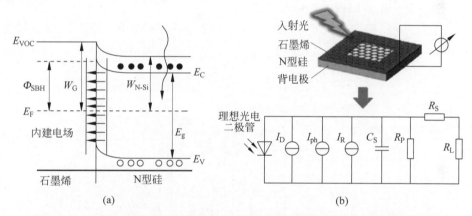

图2.36　石墨烯/硅异质结能带结构示意图及石墨烯/硅光电探测器的等效电路

当有入射光照射到结表面时,硅中的价电子吸收光子能量跃迁到导带上,形成电子-空穴对。在内建电场的作用下,电子-空穴对被分离,空穴沿内建电场方向经由石墨烯导电层和上电极进入外电路,而电子经由硅内部和背电极实现其在电路中的传输,这样便实现了光伏效应。

当外电路连通后,光电探测器电子系统的等效电路如图2.36(b)所示。在该电路中,石墨烯/硅肖特基结等效为一个理想光电二极管,其他等效元件的说明如下:

I_D:暗电流。暗电流是器件在没有光照时所产生的电流。暗电流产生的原因包括背景辐射、二极管饱和电流及漏电流等多种因素。

I_{ph}:光电流。光电流是由光辐射激发的光生载流子的定向运动引起的电流,是光电探测器对光响应的典型输出信号。光电流的大小及其随入射光的变化规律是评价光电探测器性能的重要依据。

I_R:噪声电流。噪声电流是由光电探测器所处环境及测试电路中不可控的噪声源引入到电路中的附加电流。

C_S：结电容。对工作在零偏压或负偏压下的石墨烯/硅光电探测器，其结电容主要包括势垒电容和扩散电容两部分。势垒电容是由于多子在势垒区的存入和取出导致的势垒区的空间电荷数量变化所引起的电容效应。扩散电容则是由于少子在异质结扩散区内的积累导致的电容效应。结电容是影响石墨烯/硅光电探测器响应时间的主要因素。

R_P：并联电阻（旁漏电阻）。由于材料自身的缺陷和加工、组装工艺等问题，石墨烯/硅光电探测器中存在某些因素对光生电流起到分流的作用，如 N 型硅中存在高电导率的杂质或区域，二氧化硅层的局部未将 N 型硅覆盖完全等。为分析方便，将这种分流作用在电路中等效为一个并联的电阻。所以，并联电阻仅是对分流作用的一种等效，并不是真实存在于电路中的电阻。

R_S：串联电阻。与并联电阻不同，串联电阻是真实存在于电路中的电阻。串联电阻的来源主要有 4 个：①石墨烯与硅片自身的电阻；②电流在异质结内部的传输电阻；③石墨烯与硅之间的接触电阻；④上电极、背电极与器件之间的接触电阻。串联电阻对器件的短路电流影响很大，要获得较高的响应度，应尽可能减小器件的串联电阻。

R_L：负载。在光电探测电路中，负载电阻一般由电流或电压测量仪器自身提供。

2. 石墨烯/硅光电探测器的性能及改进

基于石墨烯/硅异质结的光电探测研究具有很大的发展空间，但仍然存在许多问题（图 2.37）。

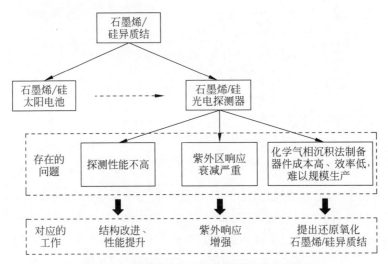

图 2.37　石墨烯/硅光电探测器存在的问题

1）石墨烯/硅光电探测器

石墨烯/硅光电探测器的结构十分简单。如图 2.38(a)所示，只需将石墨烯与 N 型硅直接进行搭接，引出上电极及背电极后即可构成一个简单的石墨烯/硅光电探测器。

美国东北大学的 An 等采用单层及三层石墨烯制作了该种结构的光电探测器，并对其光电探测性能进行了较为全面的研究。器件模型及实物如图 2.38(b)所示。结果表明，该种结构的石墨烯/硅光电探测器可在 400～900nm 的宽光谱范围内工作，最佳探测范围在 700～800nm。其所制作的器件在 -2V 偏压下的响应度达 225mA/W，探测度达 $7.69 \times 10^9 \mathrm{cm} \cdot \mathrm{Hz}^{1/2} \cdot \mathrm{W}^{-1}$。经 1-芘羧酸（PCA）处理后，器件的最佳响应光谱可拓宽至 900nm 以上，响应度也可进一步提高至 435mA/W。石墨烯极大的比表面积和透明导电的特点，为后续采用各种化学处理或物理方法改进器件的光电探测性能提供了便利。Lv等也采用类似的结构制作了石墨烯/硅近红外光电探测器,如图2.38(c)所示。器件在零偏压下对850nm入射光的探测度为3.9×10^{11} cm·$Hz^{1/2}$·W^{-1},响应度为29mA/W,响应与回复时间分别为93μs和110μs。

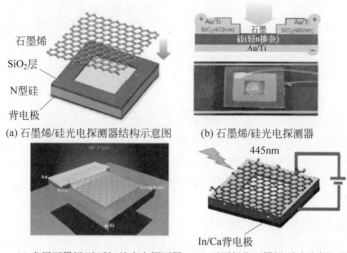

(a) 石墨烯/硅光电探测器结构示意图　(b) 石墨烯/硅光电探测器

(c) 多层石墨烯/硅近红外光电探测器　(d) 还原氧化石墨烯/硅光电探测器

图 2.38

还原氧化石墨烯作为石墨烯的一种重要衍生物,不仅继承了石墨烯的诸多优异性能,而且制备成本低廉,工艺简单,利于进行规模化工业生产。还原氧化石墨烯的前驱体氧化石墨烯还可分散在水、乙醇等多种溶剂当中,十分便于对其进行掺杂改性以提升器件性能。Zhu等采用滴涂还原法制备了还原氧化石墨烯/硅光电探测器[图2.38(d)],发现在400℃和500℃还原温度下制备的器件性能较好,在零偏压下对445nm入射光的探测度可达1.176×10^{12} cm·$Hz^{1/2}$·W^{-1},响应度也可达62.95mA/W,综合性能展现出了较强的竞争力。

2) 界面改进的石墨烯/硅光电探测器

界面对半导体异质结的性能有至关重要的影响。通过对界面性质的调节,可在很大程度上提高异质结的光电转换性能。对于肖特基结器件,常见的界面改进方法是在界面处增加一层界面氧化层。载流子通过界面氧化层时,只能以隧穿的形式或在空间电荷效应的作用下以受限的电流密度通过,从而使器件的暗电流降低,光电探测性能提高。由式(2-8)也可以看出,随界面氧化层厚度的增加,异质结的暗电流降低。

$$I_S = AA^* \times T^2 e^{-\sqrt{\chi_{ox}\delta}} e^{\frac{\varphi_b}{KT}} \tag{2-8}$$

式中,I_S为异质结暗电流;A为结面积;A^*为理查德森常数;T为绝对温度;χ为界面氧化层的平均隧穿势垒高度;δ为界面氧化层厚度;φ_b为结势垒高度;K为玻耳兹曼常数。

然而,界面氧化层的厚度必须控制在给定的范围内,过厚的界面氧化层会阻碍光生载流子的迁移,反而对器件性能产生负面影响。Li等通过在石墨烯与硅的界面处增加一层2nm厚的二氧化硅层[图2.39(a)],使石墨烯/硅光电探测器在零偏压下的暗电流由9.35nA下降到0.1nA,探测度由4.2×10^{12} cm·$Hz^{1/2}$/W提高到5.77×10^{13} cm·$Hz^{1/2}$/W,提高了10倍以上,而响应度及瞬态特性几乎未受影响,因此器件的综合性能大幅提升。

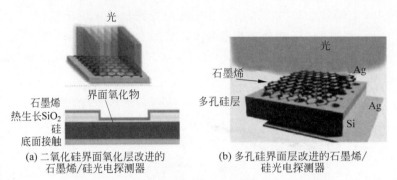

(a) 二氧化硅界面氧化层改进的　　(b) 多孔硅界面层改进的石墨烯/
　　石墨烯/硅光电探测器　　　　　　　硅光电探测器

图 2.39

另一种改进界面层的方案是构建特殊的界面形貌以提高对光的有效吸收,从而提高器件的探测性能。如图 2.39(b)所示,Kim 等通过在石墨烯与硅之间引入多孔硅界面层,有效地增加了界面的比表面积并增强了器件对紫外光的吸收,使得器件在 400～500nm 光谱范围内的量子效率达到 50%～60%,与石墨烯/硅探测器在 600nm 处的量子效率相当,显著提高了器件对紫外光的探测性能。该器件对 400～500nm 入射光的响应度约为 200mA/W。

3) 表面改进的石墨烯/硅光电探测器

除界面改进外,表面改进也是增强石墨烯/硅光电探测器性能的一种有效方式。增强器件光吸收的方法同样可以通过表面改进来实现。但不同的是,引入的表面层必须具有良好的透光率以使足够入射光子到达异质结界面,因而其对器件光吸收的增强作用主要是通过减少反射来实现的。如能在这一过程中同时将表面层吸收的光子能量加以利用,必然可使器件的光电探测性能得到进一步改善。

二氧化钛既是一种传统的光学减反材料,也是一种常用的半导体光催化材料。Zhu 等在石墨烯/硅光电探测器的表面引入了一层厚约 $0.1\mu m$ 的二氧化钛表面层,如图 2.40 所示。

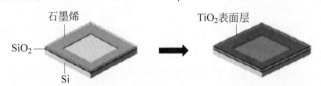

图 2.40　二氧化钛表面层改进的石墨烯/硅光电探测器

对长波长的入射光,该表面层可以起到减小反射的作用;而对光子能量足够高的短波长入射光,表面层中的电子则可以吸收其能量发生跃迁,形成电子-空穴对,以电容耦合的方式将电子注入石墨烯/硅光电探测器组成的回路中,从而提高器件的光电探测性能。实验表明,涂覆有二氧化钛表面层的石墨烯/硅光电探测器对 420nm 入射光的光电转换效率提升了 72.7%,响应度和探测度也分别提升了 18.6% 和 45.2%,分别达 71.9mA/W 和 $3.34\times10^{13} cm\cdot Hz^{1/2}/W$。

此外,化学处理也是增强石墨烯/硅异质结光电转换效率的常用方法,HNO_3 及 $SOCl_2$ 处理均可提升该结构的光电转换效率。将带有二氧化钛表面层的石墨烯/硅光电探测器进一步用 HNO_3 蒸气处理,可使器件的响应度和探测度继续提升至 91.9mA/W 和 $4.65\times10^{13} cm\cdot Hz^{1/2}/W$。

综上所述,石墨烯/硅光电探测器具有结构简单、性能优良、调控手段丰富等诸多优点,在基于石墨烯的光电探测器件中占有重要的地位。从表面工程的角度出发,通过增加界面氧化层、界面光吸收层和表面功能层等手段可有效地提升石墨烯/硅光电探测器的性能。随着材料制备工艺的成熟、性能改进方法的发展和理论研究的深入,石墨烯/硅光电探测器的性能会有更大的提升空间,在光电领域具有广阔的应用前景。

2.9 小结

本章介绍了半导体纳米材料及其复合材料制备及应用等方面,针对纳米材料及其复合材料,科研工作者们结合纳米材料的合成方法、结构及其谱学特性来完善新兴结构纳米材料的应用。此外,随着新材料工艺的不断提高,纳米材料的地位逐步攀升,也为传感器的发展注入了力量。得益于 ZnO 以及石墨烯材料的优良性质,提供了传感器等一系列产品的性能,为国家相关产业做出了巨大贡献,其应用在市场上具有良好的科技前景,推动了科技兴国。

参 考 文 献

[1] 侯超.半导体纳米材料的制备以及在生物传感器中的应用[D].杭州:杭州电子科技大学,2016.
[2] K.J.克莱邦德.纳米材料化学[M].北京:化学工业出版社,2004.
[3] 卢柯,周飞.纳米晶体材料的研究现状[J].金属学报,1997(01):99-106.
[4] 王占国,陈涌海,叶小玲.纳米半导体技术[M].北京:化学工业出版社,2006.
[5] Jing K,Franklin N R,Zhou C W,et al. Nanotube molecular wires as chemical sensors[J]. Science,2000,287(5453):622-625.
[6] Huang M H,Mao S,Feiek H,et al. Room-temperature ultraviolet nanowire nanolasers[J]. Science,2001,292(5523):1897-1998.
[7] X Y Kong,Z L Wang. Polar surfaced ominated ZnO nanobelts and the electrostatic energy induced nanohelixes,nanosprings and nanospirals[J]. Applied Physics Letters,2004,84(6):975-977.
[8] 陈颖.基于自组装和目标物循环信号放大的新型电化学生物传感器研究[D].重庆:西南大学,2015.
[9] Updike S,Hicks G. The enzyme electrode[J]. Nature,1967,214:986-988.
[10] 宋志明.ZnO 纳米线紫外探测器的制作及其性能的研究[D].长春:中国科学院长春光学精密机械与物理研究所,2011.
[11] MinTeng C,Ming Pei L,Yi Jen W,et al. Near UV LEDs Made with in Situ Doped P-N Homojunction ZnO nanowire arrays[J]. Nano Let,2010,10:4387-4393.
[12] Ae L,Kieven D,Chen J,et al. ZnO nanorod arrays as anitireflective coating foru solarcells[J]. Progress in Photovoltaics:Research and Applications,2010,18:209-213.
[13] Kind Hannes,Yan Haoquan,YangPeidong,et al. Nanowire Ultraviolet Photodetectors and Optical [J]. Adv. Mater,2002,14(2):158-160.
[14] Kumar,Sanjev,Cupta,et al. Synthesis of photoconducting ZnO nano-needles using an unbalanced magnetron sputered ZnO/Zn/ZnO multilayer structure[J]. Nanotechnology,2005,16:1167-1171.
[15] 王东方.石墨烯/半导体纳米复合材料的制备及其光电化学性能研究[D].杭州:中国计量学院,2013.
[16] Geim A K,NovoselovK S. Therise of graphene[J]. Nat Mater,2007,6:183-191.
[17] 代波,邵晓萍,马拥军,等.新型碳材料——石墨烯的研究进展[J].材料导报,2010,24:17-21.
[18] 顾正彬,季根华,卢明辉.二维碳材料——石墨烯研究进展[J].南京工业大学学报,2010,32:105-110.
[19] Hummers W S,Ofeman R E. Preparation of graphite oxide[J]. J. Am. Chem. Soc.,1958,80(6):

1339-1339.

[20] Brodie B C. On the Atomic Weight of Graphite[J]. Phil. Trans. R Soc. Lond. ,1859,149: 249-259.

[21] Staudenmaier L. Verfahren zur Darstellung der Graphitsaure[J]. Ber. Dtsch. Chem. Ges. ,1898,31: 1481-1487.

[22] 杨水金. 新型化学电源——锂离子二次电池[J]. 化学推进剂与高分子材料,2001,1: 5-7.

[23] Paek S M,Yoo E J,Honma I. Enhanced Cyclic Performance and Lithium Storage Capacity of SnO_2/Graphene Nanoporous Electrodes with Three-Dimensionaly Deaminated Flexible Structure[J]. Nano Let,2009,9: 72-75.

[24] Zou Y Q,Kan J,Wand Y. Fe_2O_3—Graphene Rice-on-Sheet Nanocomposite for High and Fast Fe_2O_3-Graphene Rice-on-Sheet Nanocomposite for High and Fast[J]. J Phys Chem C,2011,115: 20747-20753.

[25] 朱淼. 石墨烯/硅异质结光电探测器性能研究[D]. 北京:清华大学,2015.

[26] Novoselov K S,Geim A K,Morozov S V,et al. A. Electric Field Efect in Atomically Thin Carbon Films[J]. Science,2004,306: 666-669.

[27] Castro Neto A H,Guinea F,Peres N M R,et al. The electronic properties of graphene[J]. Rev Mod Phys,2009,81: 109-162.

[28] Bae S,Kim H,Le Y,et al. Rol-to-rol production of 30-inch graphene films for transparent electrodes [J]. Nat Nanotechnol,2010,5: 574-578.

[29] Nair R R,Blake P,Grigorenko A N,et al. Fine Structure Constant Defines Visual Transparency of Graphene[J]. Science,2008,320: 1308.

[30] Novoselov K S,Castro Neto A H. Two-dimensional crystals-based heterostructures: materials with tailored properties[J]. Phys Sci,2012,T146: 014006.

[31] Garg B,Bisht T,Ling Y. Graphene-Based Nanomaterials as Heterogeneous Acid Catalysts: A Comprehensive Perspective[J]. Molecules,2014,19(9): 14582-14614.

[32] Eda G,Fanchini G,Chhowala M,et al. Large-area ultrathin films of reduced graphene oxide as a transparent and flexible electronic material[J]. Nat Nanotechnol,2008,3: 270-274.

[33] Zhou Y,E Y,Ren Z,et al. Solution-procesable reduced graphene oxide films as broadband terahertz wave impedance matching layers[J]. J. Mater Chem C,2015,3: 2548-2556.

[34] Li X,Cai W,An J,et al. Large-Area Synthesis of High-Quality and Uniform Graphene Films on Copper Foils[J]. Science,3: 1312-1314.

[35] Kobayashi T,Bando M,Kimura N,et al. Production of a 100m-long high-quality graphene transparent conductive film by rol-to-rol chemical vapor deposition and transfer process[J]. Applied Physics Letters,2013,102(2): 023112-1-023112-4.

[36] Mueler T,Xia F,Avouris P,et al. Graphene photodetectors for high-speed optical communications [J]. Nat. Photon,2010,4: 297-301.

[37] Konstantatos G,Badioli M,Gaudreau L,et al. Hybrid graphene-quantum dot photo transistors with ultrahigh gain[J]. Nat Nanotechnol,2012,7: 363-368.

[38] An X,Liu F,Jung Y J,et al. Tunable Graphene-Silicon Heterojunctions for Ultrasensitive Photodetection[J]. Nano Lett,2013,13: 909-916.

[39] Kim J,Joo S S,Le K W,et al. Near-Ultraviolet-Sensitive Graphene/Porous-Silicon Photodetectors [J]. ACS Applied Mater Interfaces,2014,6: 20880-20886.

[40] Pospischil A,Humer M,Furchi M M,et al. CMOS-compatible graphene photodetector covering All optical communication bands[J]. Nat Photon,2013,7(11): 892-896.

[41] Zhang W,Chuu C,Huang J,et al. Ultrahigh-Gain Photodetectors Based on Atomically Thin Graphene-MoS_2 Heterostructures[J]. Sci Rep,2014,4: 3826.

[42] An X, Liu F, Jung Y J, et al. Tunable graphene-silicon heterojunctions for ultrasensitive photodetection[J]. Nano Letters, 2013, 13: 909-916.

[43] Lv P, Zhang X, Zhang X, et al. High-sensitivity and fast response graphene/crystaline silicon Schotky junction-based near-it photodetectors[J]. IEEE Electron Device Letters, 2013, 34: 1337-1339.

[44] Zhu M, Li X, Guo Y, et al. Vertical junction photodetectors based on reduced graphene oxide/silicon Schotky diodes[J]. Nanoscale, 2014, 6: 4909-4914.

[45] Li X, Zhu M, Du M, et al. High detectivity graphene-silicon heterojunction photodetector[J]. Smal, 2016, 12(5): 595-601.

[46] Zhu M, Zhang L, Li X, et al. TiO2 enhanced ultraviolet detection based on a graphene/Si Schottky diode[J]. Journal of Materials Chemistry A, 2015, 3: 8133-8138.

[47] Chang C C, Chang C S. Site-specific growth to control ZnO nanorods density and related field emission properties[J]. Solid State Communications, 2005, 135(11): 765-768.

[48] Yang M, Kim H C, Hong S-H. Growth of ZnO nanorods on fluorine-doped tin oxide substrate without catalyst by radio-frequency magnetron sputering[J]. ThinSolidFilms, 2014, 573: 79-83.

[49] 申衍伟. ZnO异质结光电器件的制备及其性能研究[D]. 北京: 北京科技大学, 2016.

[50] Klingshirn C, Falert J, Zhou H, et al. 65 years of ZnO research-old and very recent results[J]. Physical Status Solidi(b), 2010, 247(6): 1424-1447.

[51] Bagnal D M, Chen Y F, Zhu Z, et al. High temperature excitonic stimulated emision from ZnO epitaxial layers[J]. Applied Physics Letters, 1998, 73(8): 10-38.

[52] Meyer B K, Alves H, Hofmann D M, et al. Bound exciton and donor-acceptor pair recombinations in ZnO[J]. Physical Status Solidi(b), 2004, 241(2): 231-260.

[53] AlviN H, Wilander M, Nur O. The effect of the post-growth annealing on the electro-luminescence properties of-ZnO nanorods/-GaN light emiting diodes[J]. Superlattices and Microstructures, 2010, 47(6): 754-761.

[54] Muth J F, Kolbas R M, Sharma A K, et al. Excitonic structure and absorption coefficient measurements of ZnO single crystal epitaxial films deposited by pulsed laser deposition[J]. Journal of Applied Physics, 1999, 85(11): 78-84.

[55] Zhang S B, Wei S H, Zunger A. Intrinsicn-type versus p-type doping and the defect physics of ZnO [J]. Physical Review B, 2001, 63(7): 10-12.

[56] Look D C, Reynolds D C, Sizelove J R, et al. Electrical properties of bulk ZnO[J]. Solid State Communications, 1998, 105(6): 399-401.

[57] Kim K-K, Niki S, Oh J-Y, et al. High electron concentration and mobility in Al-doped N-ZnO epilayer achieved via dopant activation using rapid-thermal annealing[J]. Journal of Applied Physics, 2005, 97(6): 66-103.

[58] Wang Z L. Piezo potential gated nanowire devices: Piezotronics and piezo-phototronics[J]. Nano Today, 2010, 5(6): 540-552.

[59] Wang Z L, Yang R, Zhou J, et al. Lateral nanowire/nanobelt based nanogenerators, piezotronics and piezo-phototronics[J]. Materials Science and Enginering: R: Reports, 2010, 70(3-6): 320-329.

[60] Razeghi M, Rogalski A. Semiconductor ultraviolet detectors[J]. Journal of Applied Physics, 1996, 79(10): 7433-7473.

[61] 刘恩科. 半导体物理学[M]. 西安: 西安交通大学出版社, 1998.

[62] Soci C, Zhang A, Xiang B, et al. ZnO nanowire UV photodetectors with high internal gain[J]. Nano Let, 2007, 7(4): 1003-1009.

[63] Liu X, Gu L, Zhang Q, et al. Al-printable band-edge modulated ZnO nanowire photodetectors with ultra-high detectivity[J]. Nature Communications, 2014, 5(4007).

[64] Bai S, Wu W, Qin Y, et al. High-performance integrated ZnO nanowire UV sensors on rigid and flexible substrates[J]. Advanced Functional Materials, 2011, 21(23): 4464-4469.

第 3 章 金属硒化物半导体纳米材料

CHAPTER 3

3.1 CdSe 半导体纳米材料

3.1.1 CdSe 的基本性质

CdSe(硒化镉)是典型的Ⅱ-Ⅵ族化合物,具有两种不同的晶体结构:闪锌矿型结构(图 3.1)和纤锌矿型结构(图 3.2),属于 N 型半导体材料,禁带宽度在室温下大约为 1.7eV,属直接跃迁型能带结构,分子量为 191.37,外观为灰色、深褐色或是红色结晶体,熔点高于1350℃,不溶于水及有机溶剂。

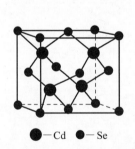
图 3.1 CdSe 闪锌矿型结构

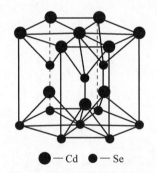
图 3.2 CdSe 纤锌矿型结构

3.1.2 CdSe 纳米半导体薄膜的制备方法

目前,CdSe 纳米半导体薄膜材料的合成方法有很多种,制备条件的改变会对薄膜的结构和形貌产生影响,从而影响其化学和物理性质。因此,若要制备性能较好的 CdSe 半导体薄膜,必须有效控制合成方法和合成过程所需条件,从而得到较好的晶体结构和形貌。目前应用比较广泛的合成方法有溶剂热合成法、喷雾热解法、化学浴沉积法、蒸发或共蒸发法、脉冲激光沉积方法以及电化学沉积方法等。

1. 气相沉积法

气相沉积法包括物理气相沉积法(PVD)和化学气相沉积法(CVD),通常是以气体-液体-固体生长机制(VLS 机理)将纳米材料沉积在导电基底上。此方法所用的基底材料对薄膜的生长起到了一定的模板和催化作用。因其容易制备出质量较高、结构新奇的 CdSe 纳米晶薄膜,气相沉积法在 CdSe 纳米薄膜材料制备过程中研究较多。Lee 等以二甲基镉

(CdMe$_2$)和双三甲基硅硒((TMS)$_2$Se)为原料,400℃下在各种不同导电基底上合成直径为20~60nm,长达10μm以上取向生长的CdSe纳米线。Ju等采用有机金属化学气相沉积法(MOCVD),以DMCd和H$_2$Se为原料,160℃下在片状蓝宝石基底上生长得到CdSe薄膜,并将其置于600℃下煅烧10min后,对其进行了光致发光测试。气相沉积法制备的CdSe纳米晶薄膜结晶性能好,且薄膜表面非常光滑清洁,有助于对CdSe纳米薄膜的性质和应用研究。

2. 脉冲激光沉积法

脉冲激光烧蚀(PLA)法又称脉冲激光沉积(PLD)法,是一种利用激光对基底进行轰击,然后将喷出的物质沉积在不同的衬底表面,从而制备薄膜的方法。这种方法相比以上薄膜制备法来说使用较少。但是随着激光技术的发展,这种方法得到了改善,特别是在制备薄膜均匀性和成膜效率方面得到大大改进。2004年,Perna等通过此技术制备了CdSe薄膜和CdSe/ZnSe薄膜,并系统研究了其光致发光效率。实验结果表明,通过改变掺杂Zn原子浓度可以调节CdSe在可见光区域的光响应效果,提高了CdSe薄膜的发光效率。

3. 化学浴沉积法

化学水浴法实质上是一种水浴加热制备薄膜的方法。由于温度影响薄膜的生长,温度过高导致化学反应过快,对薄膜的形貌和性能都有不利影响。为了使反应前驱体和络合剂在温度适中且恒定不变的环境下反应,使薄膜均匀生长,可通过恒温水浴来实现,达到精确控制产生物的形貌和晶体结构的效果。早在1983年,Boudreau等就利用化学浴沉积法制备了CdSe薄膜,并用其制作光电化学电池。随着这种技术的发展,也为了更好地将CdSe薄膜材料应用于太阳能电池和光催化等领域,于是出现了在半导体氧化物上负载CdSe薄膜构建光伏器件。Niitsoo等就在多孔TiO$_2$基底上化学浴沉积了CdSe,形成TiO$_2$/CdSe复合薄膜,并用于光电化学太阳能电池的利用。利用两者交错的能带结构,使其具有更好的可见光吸收能力,从而提高了光电转化效率。

4. 电化学沉积法

电化学沉积法通常也叫模板沉积法,一般阴极是附有特征图案的导电载体,通过电极还原将所需产物的前驱体沉积到模板的孔隙甚至表面,得到具有特定形貌的纳米阵列。Lee等先在ITO导电玻璃导电层上制备一层SiO$_2$纳米球阵列,然后采用恒电势沉积法,电解CdSO$_4$、SeO$_2$和H$_2$SO$_4$混合溶液,即可在SiO$_2$球间隙中形成CdSe半导体粒子薄膜,再使用5.5%的HF溶液除去SiO$_2$球,最终得到均匀排布的CdSe三维阵列状薄膜。Su等采用电子束印刷技术,事先在ITO导电层涂抹有机膜层,再将有机膜层有选择地刻蚀掉,得到各种图案的导电模板,最后以此为阴极电沉积CdSe,即可得到高度有序的柱子状、墙壁状等多种具有特点形状的CdSe纳米晶阵列。徐东升等以CdCl$_2$和Se单质为镉源和硒源,以二甲亚砜(DMS)为有机溶剂,在多孔的氧化铝模板(AAO)上直接电沉积,获得直径和长度与AAO的孔径、孔深相似,而且生长方向也一致的CdSe纳米线。

3.1.3 CdSe半导体纳米材料的应用

1. 太阳能电池

由于室温下硒化镉(CdSe)的禁带宽度约为1.7eV,与太阳能光谱中可见光波段相适宜,能有效地吸收可见光,因而被用于制作光电化学太阳能电池和量子点敏化太阳能电池等。进入21世纪以来,CdSe在太阳能电池方面的应用越来越受到关注,对CdSe太阳能电池材料的制备进行了更广泛的研究。

早在1990年,Silva等利用电化学沉积法在钛片上制备了多晶CdSe薄膜,利用此薄膜构建了光电化学电池。通过选择相匹配的电解液,获得了3.5%的太阳能转换效率。近年来,太阳能电池材料不断更新发展,以下两种透明导电玻璃材料作为太阳能基底也得到快速发展:FTO(氟掺杂的二氧化锡)和ITO(氧化铟锡掺杂)导电玻璃。此类材料透明性好且电阻率低,因而得到广泛应用。2007年,Leschkies等利用FTO作为透光面,在其导电面上生长一层纳米线阵列状的单晶氧化锌,再利用有机物官能团的作用将CdSe量子点敏化在氧化锌纳米线表面。当ZnO/CdSe受到太阳光照射时,CdSe首先受光激发产生光生电子,电子再通过氧化锌纳米线流向外电路产生光生电流。此电池利用ZnO/CdSe对可见光的吸收,使其转换效率达到0.4%。

除了ZnO纳米线阵列以外,TiO_2纳米线与纳米管阵列也可以作为量子点敏化基底。Kongkanand等采用不同尺寸的CdSe量子点敏化TiO_2纳米管阵列,探究了CdSe量子点尺寸对光电转换效率的影响。此法同样利用了CdSe对可见光的吸收能力。太阳光照射下,CdSe量子点吸收光子产生电子-空穴对。根据两种半导体能级交错的关系,光生电子注入TiO_2并传至外电路产生光电流。实验结果证明,CdSe量子点尺寸为3nm时,光电转换效率最高,单色光的最大量子转换效率(IPCE)可达45%。Zhang等发展了CdSe纳米带和碳纳米管复合形成的肖特基结太阳能电池,此设备开路电压可以达到0.6V,太阳能转换效率最高可达0.72%。实验结果显示,CdSe纳米材料本身具有明显的光电化学响应特性。目前,CdSe和聚合物构建的混合型太阳电池也得到发展,获得了较高的能量转换效率。最近,量子点共敏化的太阳能电池也得到广泛的研究,尤其是利用CdSe和CdS量子点与宽带隙的TiO_2、ZnO半导体材料之间的能带结构关系所制作的量子点共敏化太阳能电池。同时,CdSe与P型半导体材料复合制备的太阳能电池也受到了关注。上述大部分太阳能电池都处于探索研究阶段,若想CdSe材料在太阳能电池领域有更好的应用,还需更多的努力来研究和探讨。镉单质以及化合物有毒,对人和自然界会构成一定的危害,同时要全方位、全过程加强生态环境保护,污染防治攻坚向纵深推进,所以其需妥善保管和利用。

2. 气敏传感器

气敏传感器是一种将气体的浓度或成分等信息转换成对应电信号的装置。气敏传感器根据原理主要分为接触燃烧式、光学式、固体电解质式、电化学式以及半导体式等。早在1994年,Patel等利用热蒸发技术在洁净的玻璃基底上沉积CdSe薄膜,并用其作为气敏传感器检测CO_2气体。通过变换温度来改变CdSe薄膜的生长环境以及厚度,可以获得良好的CO_2气敏效率。同年,Smyntyna利用电流体雾化技术在CdSe薄膜上沉积一层CdS薄膜,通过改变CdS纳米粒子的量来制备不同Cd/Se比例的传感器,用于检测O_2。研究发现,这种薄膜型传感器的气体吸附灵敏度依赖于薄膜表面Cd/Se比例,Cd所占比例越高,传感器具有越好的吸附灵敏性。近年来,随着传感器的发展,除了块状和薄膜型CdSe得到广泛研究,胶体CdSe纳米晶气敏传感器也受到关注。Nazzal等将聚合物嵌入CdSe量子点作为光敏化气敏传感器,这种传感器具有灵敏度高、重复性好、特异性检测三乙胺等特点。

3. 探测器

CdSe是一种直接跃迁带隙结构的Ⅱ-Ⅵ族半导体,其具有六方结构(a-CdSe,属于6mm

点群)和立方结构(p-CdSe,属于43m点群)这两种晶体。六方结构的CdSe纳米晶体是一种新型且性能优越的室温半导体探测器材料,相比于其他探测器,CdSe具有以下优点:①较高的原子序数(序数为41),密度大(约5.74g/cm^3),这意味着它与低能光子间具有较强的光电效应,对X射线和γ射线有良好的阻止本领和较高的灵敏度;②较高的晶体电阻率(10^{12}Ω·cm),较大的禁带宽度(E_g=1.70eV),因此它在室温高偏压下,漏电流较小,且可在30pA以下;③电子-空穴对的寿命均在10^{-6}s量级,较大的电子-空穴对迁移率(μ_e=650cm^2/(V·s),μ_h=75cm^2/(V·s)),较高的电荷收集效率和较大的载流子的迁移率-寿命积;④另外,CdSe稳定性也较好,不易潮解,机械强度适中,加工性好,且无极化现象等。以上这些特点使得CdSe有望代替CdTe和HgI,成为一种新型室温核辐射探测器材料。早在1967年,Prince等第一次列出了CdSe等适合制作室温半导体探测器的材料,因为它们有相对较大的禁带宽度。20世纪研究比较出色的是Burger等用TGSZ方法制得了具有中电阻率的CdSe单晶,用这种晶体制作的探测器,对^{241}Am59.5keV谱线的分辨率可达到13keV左右。近年来,何知宇等利用多级提纯无籽晶垂直气相法制备了CdSe单晶,用其制作的室温探测器用以测量^{241}Am(59.5keV)及^{109}Cd(87keV)。

3.2 SnSe 半导体材料

3.2.1 SnSe 半导体材料简介

新材料的研究一直处于国家发展的战略位置,是实现高质量发展,贯彻新发展理念,建成创新型国家,实现高水平自立自强的关键。Ⅳ-Ⅵ主族化合物拥有较好的电学和光电性能,广泛应用于相变记忆、拓扑绝缘体、热电电池和多激子激发的光伏电池等领域。这些材料的光电性质使它们成为有潜力的候选材料,特别在光电领域,这些性能包括:①带间隙在1.0~2.0eV,使它们可以吸收到大部分的可见光;②这些材料在酸性或碱性环境都具有化学和电化学稳定性;③成分元素含量丰富,价格便宜。SnSe(硒化锡)作为一种重要的Ⅳ-Ⅵ主族半导体化合物,同时又是一种层状结构材料,层间由较弱的范德华力结合,不同晶向性质存在明显的各向异性,在光电探测及光伏等领域具有较大的研究价值。SnSe不仅具有独特的光电性能,具有优异的电学、力学和导热特性,而且具有丰富的低维结构。其传统的研究热点是光伏方面的重要性能,2014年美国西北大学的Kanatzidis发现SnSe具有优异的热电性质的文章发表后,SnSe在热电领域的研究不断得到关注。

3.2.2 国内外 SnSe 材料研究现状

最近的研究多围绕SnSe的低维结构制备及其光电性质和热电性质展开。SnSe具有丰富的低维结构,但是其低维结构的制备具有较大的难度。大部分制备方式需要采用毒性较大而且价格昂贵的原材料,对于光电性质的研究也多针对其低维材料的旋涂薄膜器件进行。

1. SnSe 低维结构的制备研究

最近,SnSe作为一种原料含量丰富、环境友好的材料,在光伏研究领域引起了极大的关注。SnSe低维相比体相材料拥有更大的带间隙。1999年中国科学院王文忠等用$SnCl_2$与Se为原料,乙二胺(可增大离子扩散速度)为反应溶剂,使用钠单质作为还原剂,利用溶剂热合成方法在130℃条件下反应5h制备了粒径为45nm的SnSe纳米晶。2013年,中国科学技术大学谢毅教授课题组使用同样的方法和原材料,通过改变反应条件,得到的片状纳米晶SnSe厚度为20nm。2003年,中国科学技术大学钱逸泰教授课题组利用乙二胺和乙二醇制得硒溶液,加入$SnCl_2 \cdot 2H_2O$后,进行1.5h,200℃回流反应,通过溶剂反应过程制备出了质量较好的SnSe纳米线,其文章指出乙二胺在形貌控制和材料合成中具有关键作用。2010年,美国南加利福尼亚大学的Franzman首次报道了使用液相方法合成的纯相的SnSe纳米晶,足够小的纳米晶可以展示量子限制效应,并研究了其在太阳能电池上的应用。其制得的薄膜直接光学带隙$E_g=1.71eV$。

制备小直径单晶纳米线一直是一大挑战。2011年,中国科学院大连化学物理研究所的Liu等使用了一种高效的液相合成方法制备SnSe纳米线,可以实现单晶可控长度。在液相反应过程中加入小单晶颗粒做诱导,第一次制备了直径20nm的单晶纳米线,长度从几百纳米到微米级可控调节。光谱分析表明,制得的纳米线表现了较好的量子限域效应。与此类似,利用液相合成方法,利用原料有机前驱体TOP-Se合成SnSe低维结构。2011年,美国宾夕法尼亚州立大学Dimitrid制备了胶体形式的SnSe纳米片,利用配位剂使其垂直方向生长受到限制。2012年,韩国成均馆大学的Kwonho Jang使用先驱体方法制备了纳米柱形貌的SnSe纳米结构,并制作了光电器件,测试了其光电性能。

2013年,中国科学院化学所王建军等使用液相反应法制备了氧化锡纳米颗粒复合的SnSe纳米片,如图3.3所示。制备的光电器件展示了其在光电探测和场效应晶体管方面的应用前景。2005年,柏林自由大学的赵莉莉等利用多孔硅作活性模板,制备了垂直排列SnSe的纳米管,如图3.4所示,研究了不同制备温度对于形貌的影响。2013年,中国科学院苏州纳米所的Li等首次制备了单层单晶的SnSe纳米片,层厚度在1nm左右,侧面尺寸在300nm左右,指出了苯酚在形貌控制方面的重要性,制备了微观晶体管,并研究了其光电性能。量子点作为一种新的低维尺度材料状态得到了科研界的极大关注,尤其是在生物和

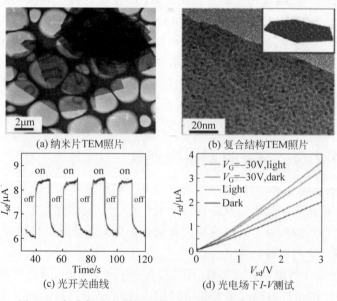

图3.3 氧化锡纳米颗粒复合SnSe纳米片及光电响应测试

光电领域。2014年,南京工业大学的Ling等在95℃利用常用的先驱体以新的界面合成方法首次合成了SnSe的量子点,利用所得的量子点制备了染料敏化电池,能量转换效率提高了5倍。

2. SnSe薄膜的光电性质研究

半导体材料可表现出明显的光照敏感性,这也是其重要性质,当处在光场中,带隙合适的材料会吸收光能,激发出电子-空穴对,材料的电输运性质会产生变化。通过这个机理,科研人员采用不同方式制备各种形貌的半导体低维材料并制作了光电元器件和光伏器件。

图3.4 模板法制备垂直排列SnSe的纳米管

2014年,夏姆斯大学的Rahman在N型Si单晶上沉积了SnSe,制备P-SnSe/N-Si异质结太阳能电池,并在不同温度下测试了其电学及光电性能,分别测试了其电流密度-电压曲线和电容-电压曲线。制备的电池展示了较好的整流效果。在低电压下($V<0.55V$),暗场电流密度受多步隧道效应机制控制。然而在相对高的电压下($V>0.55V$),电流限制电导机制为主导,陷阱浓度为$2.3×10^{-3}/cm^3$。电容电压测量表明连接处为突变性质,内建电场为0.62V,内建电场随温度降低速度为$2.83×10^{-3}V/K$。电池在425mV开路电压下展示了较强的光伏性质,接通电流为$17.23mA/cm^2$,能量转换效率为6.44%。2015年,中国科学院合肥物质科学研究院的Liu等研究了利用溶液沉积得到的SnSe薄膜的染料敏化太阳能电池性能,作为燃料敏化的电极其性能可胜过传统的Pt电极,可以使光伏效率提高9.4%,这一数值超过了Pt作电极时性能的9%。

也有不少学者通过CVD法制备了质量较高的低维材料。2012年,北京理工大学的But第一次设计了通过氨水预处理方法进行化学气相沉积得到SnSe纳米球,此方法避免了其他毒性和复杂还原剂的使用。研究结果显示,氨水不仅影响最佳的晶粒生长方向,而且能控制SnSe纳米结构的形貌。PL和UV结果显示,SnSe纳米球可以被应用在紫外和可见光设备(表3.1)。

表3.1 文献中报道的SnSe不同形貌光学、电学性质

结构/制作SnSe的方法	禁带宽度/eV	电阻率 $\rho/(\Omega \cdot cm)$	载流迁移率 $\mu/(cm^2 \cdot v^{-1} s^{-1})$	本征载流子浓度 n_e/cm^{-2}
布里哈曼技术	0.9	0.14	150	$3×10^{17}$
热蒸/薄膜	0.2~1.2	$2.28×10^3$	6.047	$4.531×10^{19}$
真空热蒸发	0.895	$2.2×10^3$	93	$5.55×10^{16}$
气相传输法	0.85	—	—	—
薄膜	1.1	—	7.103	$3×10^{15}$~$2×10^{18}$
直接蒸汽传输技术	1.08	180.65	86.76	$8.53×10^{14}$
化学气相传输送技术	0.921	$21.4×10^4$	214.41	$1.934×10^{16}$
蒸发浓缩	0.98			

2014年,But第一次用CVD方法制备了高质量的单晶SnSe纳米线,纳米线长度有数十微米,平均直径30~40nm。生长过程中,取衬底的位置为变量,其他条件不变,不同的衬底温度下可以得到不同形貌的SnSe,有柱状和片状,在500℃可以得到质量较好的纳米线。

测试其光电性能,与不加光状态相比在光照下纳米线的光电流高出了 4 倍。进一步的光电性能展示了 SnSe 纳米线在光电和光学设备的应用潜力。在 2014 年,国家纳米中心的何军课题组利用 CVD 法制备了二维层状结构 SnSe,如图 3.5 所示,CVD 生长过程中人为引入 Bi 催化剂,从而可控地在二氧化硅衬底上制备一种一维/二维复合结构垂直阵列。SEM 和 TEM 照片显示,纳米结构为一维核心生长出来的纳米片叠层结构。在衬底上直接原位涂覆导电银漆制备得到光敏和热敏器件,热敏器件在 77~390K 较宽温度范围内展示了较好性能,包括直线的开关特性、合适的热指数和高的敏感性。光敏器件则展示了较快的响应时间、直线开关性能、高的可控性和稳定性。2015 年,北京大学的 Zhao 等通过使用 CVD 方法实现了可控地制备单晶的 SnSe 纳米片,得到的纳米片呈现方形,边长实现 1~6μm 的可控变化,光电性质测试展示了一定的光电导和 P 型半导体性质。

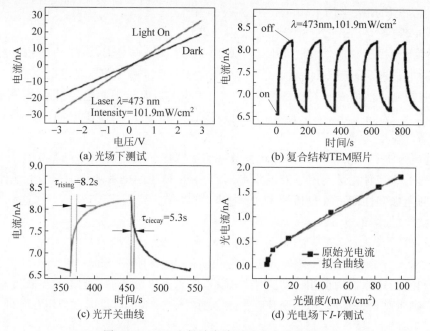

图 3.5 CVD 生长纳米阵列及光电响应测试

除了通过 CVD 方法,热蒸发法、电化学沉积、旋涂等方法也研究较多。2012 年,印度查谟大学 Kumar 为了研究 SnSe 薄膜厚度对其结构和光学性能的影响,室温下通过复合粉料的热蒸发方法,在玻璃衬底上制备了 150~500nm 不同厚度的薄膜。结构分析结果表明,薄膜为多晶构成,沿着(111)方向有较好的结晶。薄膜厚度变化的同时粗糙度也会产生明显的变化。随着薄膜厚度增加,晶粒的尺寸变大,小晶粒团聚形成大晶粒,表面粗糙度同时增加,薄膜的直接带隙从 1.74eV 减小到 1.24eV,电导数据显示 SnSe 薄膜表现出 P 型半导体性质。

在所有沉积方法中,电化学沉积是一种比较有前景的方法,它拥有低成本、可低温制备、可以大面积沉积的优势。2003 年,马来西亚布特拉大学的 Zainal 通过电化学沉积方法在锡衬底上制备了 SnSe 薄膜,其中电解质溶液为 $SnCl_2$ 和 Na_2SeO_3,并加入 EDTA。研究了不同电解质浓度对于薄膜质量的影响,等比例的电解质浓度或略高的 Na_2SeO_3 浓度可以提供更优的沉积。高的 $SnCl_2:Na_2SeO_3$ 比率可产生较大晶粒和差的光活性,而小晶粒有更好的光敏性,结果还显示了沉积的薄膜对于白光表现了较好的光活性。其文章的研究结果显示,在 $SnCl_2$∶Na_2SeO_3 比率为 2∶3 时可以得到最佳的半导体薄膜。为了更好地理解半导体材料的电学性质,研究半导体材料与其他物质的接触行为有重要的价值,其中半导体与金属接触的整流效应则更加重要,确定接触是否是欧姆接触是许多理论和实验的重点。主要的分析方法包括电流-电压曲线、电流密度-电压曲线、电容-电压曲线和光电测试。每种方法对于不同的材料有不同的优缺点。最为简单和宽泛的研究方法是 I-V 测试(图 3.6)。2002 年,塞尔库克大学的 Haluk Safak 在不同温度下测试了 P 型 SnS 和 P 型 SnSe 单晶的电流电压曲线,由于Ⅳ-Ⅵ族层状材料有明显的各向异性,其文章中取垂直于 A 轴的易剥离面的平面测试,实验结果显示,所有的接触都属于肖特基类型,而 Ag/P-SnSe 接触展示了较好的二极管性能。2004 年,塞尔库克大学的 Karadeniz 等测试了 Ag/P-SnSe 肖特基二极管不同温度下的电学性能,由于金属和半导体表面势垒差异和电阻值,晶体管出现了不理想的正向偏置电流-电压曲线。2014 年,韩国汉阳大学 Shinde 首次报道了电化学沉积 SnSe 薄膜制备的高性能的光伏电池,电化学沉积 SnSe 薄膜展示了 300~400nm 的晶粒尺寸。用 CdS 作为窗口展示了 0.8% 的效率,然而用在铂电极和多硫化物的电解质条件下表现了 1.4% 的能量转换效率。这一工作丰富了廉价低毒的太阳能电池的沉积制备方法。此外,利用低维纳米材料的旋涂制备薄膜材料的方法也比较常见。2014 年,纽约布法罗大学的刘欣等报道了一种新的方法制备胶体状 SnE(E=S,Se)纳米晶,通过不同的硫源和硒源可实现量子点、纳米片、纳米花等不同形貌,并通过旋涂方式将纳米晶制成薄膜晶体管测试其光电性质,表明其具有较好的光电及光伏应用价值。

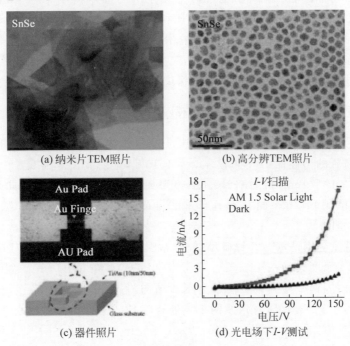

图 3.6 纳米晶制备及光电性质测试

另外,由于层状结构的有趣性能,在锂电性能方面也有人研究。2006 年,复旦大学的 Xue 等首次将制备的 SnSe 薄膜作为锂离子电池电极进行了研究,并对 SnSe 锂离子储存的反应过程进行研究。2011 年,吉林大学的 Ning 等利用液相反应方法制备了形状大小可控的胶体状 SnSe 纳米晶,研究了在锂离子电池电极材料中的应用,结果表明,其锂电反应机制与 SnO 和 SnS 相似。2012 年,中国科学院的郭等报道了溶剂热过程中在油水界面制备高结晶性的 SnSe 纳米片,提出了合适的生长机制,并且将其制成电极材料测试了其锂电池性能。结果表明,纳米片显示了较高的锂电储存方面的电化学活性,初始放电电容达到 1009mA·h/g。2015 年,韩国蔚山国立科技大学的 Kim 等第一次对 SnSe 进行了钠离子电池阳极性能研究,得到了较好的电化学性质,可逆储存容量达到 707m·A/h,稳定循环次数可达到 50 次,充电后 SnSe 可反应形成 Na_xSn 纳米畴,实现可逆的电池储存。

3.3 ZnSe 半导体纳米材料

3.3.1 ZnSe 半导体纳米材料简介

ZnSe 作为一种重要的直接带隙 II-VI 族半导体材料,室温下禁带宽度为 2.67eV,激子束缚能为 21meV。ZnSe 的本征发射处于蓝光区或者蓝绿光区,特别是在可见光范围内具有优异的光学特性和电学特性,是优良的发光、激光和非线性光学材料。硒化锌材料在传统的光电应用方面具有不可替代的优势,如蓝色发光器件、红外热成像仪、全天候光学装置、短波长激光器以及透射窗口材料等,无论是基础研究,还是实际应用方面都有着极为广阔的应用前景。

ZnSe 基宽带 II-VI 族半导体在过去的十几年中已经取得了一系列的进展。ZnSe 在 $0.15 \sim 22 \mu m$ 波长范围内具有良好的透射性能和稳定的折射性能,使得 ZnSe 成为制造光电器件的理想材料之一,所以有必要对 ZnSe 纳米材料的合成方法及其光电性能等方面进行深入细致的研究。在一些新兴的产业中,ZnSe 纳米材料同样具有巨大的潜在应用价值,如太阳能电池、生物医学以及光催化降解有机污染物等研究领域。

3.3.2 ZnSe 的性质、晶体结构及能带结构

ZnSe 粉末为亮黄色晶体,属于直接带隙的 II-VI 族半导体材料,常压下 1000℃ 左右升华,在 9.8MPa 高压的惰性保护气氛下熔点为 1515℃,透射波长范围 $0.5 \sim 22 \mu m$,吸收系数为 $(10.6 \mu m) 4.0 \times 10^{-4}/cm$,折射率 $(10.6 \mu m)$ 为 2.4,其化学性能稳定,同时具有较强的抗潮解能力。通常情况下,ZnSe 材料具有严重的自补偿效应,往往只能呈现 N 型导电,难于通过掺杂实现 P 型。

ZnSe 的高温稳定相是六方纤锌矿型结构,常温稳定相是立方闪锌矿型结构;两种不同结构之间的相转变温度大约在 1425℃。在常温常压下,存在立方闪锌矿型和六方纤锌矿型两种不同的结构。闪锌矿型结构类似于金刚石结构,每个晶胞中含 4 个 Zn 原子和 4 个 Se 原子,其空间群属于 F-43M,体对角线的 1/4 处有着 Se 原子,八个角和六个面心皆是 Zn 原子,按照 ABCABC 方式堆垛,如图 3.7(a)所示;纤锌矿型结构 ZnSe 中 Zn 和 Se 原子在 c 轴方向上呈紧密六角堆积,空间群为 P-63MC,是按照 ABAB 方式堆垛的,如图 3.7(b)所示。随着高压技术的迅猛发展,研究发现 ZnSe 在高压下会出现一种新的稳定的岩盐矿型结构(也称为 NaCl 结构),如图 3.7(c)所示,空间群为 FM-3M,这种结构与闪锌矿型结构的布拉伐格子都是面心立方格子,每个格点上都分布着一对 Zn、Se 原子。

电荷密度是晶体的一种基态性质,对于更进一步理解晶体材料的结构和化学键是非常

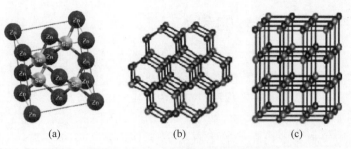

图 3.7 ZnSe 不同结构的示意图

重要的,同时也是理解晶体电子结构的补充方法。图 3.8 显示的是 ZnSe 的电子电荷密度分布,图中给出了 ZnSe 材料化学键的可视化特征。结果显示锌离子周围存在球形电荷密度,但是在硒离子内部存在少量的束缚电子,这就是由于锌和硒 s-p 轨道共用电子对所引起的杂化效应。ZnSe 的能级示意图如图 3.9 所示。ZnSe 纳米晶电子能级与尺寸之间的关系满足如下关系:

$$E_g = E_g^{bulk} + \frac{h^2 \pi^2}{2r^2}\frac{1}{m_a^*} + \frac{1}{m_b^*} - \frac{1.8e^2}{4\pi\varepsilon\varepsilon_0}\frac{1}{r} \tag{3-1}$$

纳米晶半径与带隙之间的关系如图 3.10 所示。

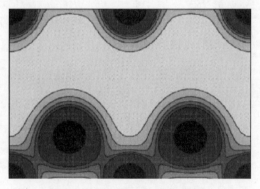

图 3.8 ZnSe 的电子电荷密度图

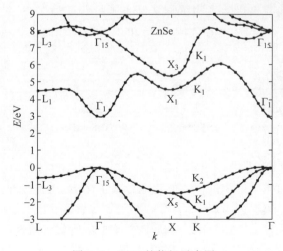

图 3.9 ZnSe 的能级示意图

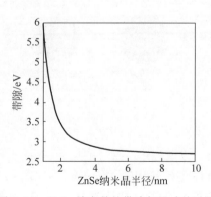

图 3.10 ZnSe 纳米晶的带隙与尺寸关系图

3.3.3 ZnSe 纳米材料的制备方法

ZnSe 材料的制备方法有很多,近些年也有很大的发展,各种制备方法各有优势,如分子束外延法(MBE)、金属有机化学气相沉积法(MOCVD)、有机金属气相外延法(OMVPE)、水热法、溶剂热法、离化原子团束外延法(ICB)等。利用这些方法已经成功制备出各种形貌的 ZnSe 材料,例如量子点、纳米颗粒、纳米棒、纳米线、纳米带、纳米花等。2001 年,Peng 等通过水热方法利用锌粉和硒粉在低温下直接合成出了 ZnSe 材料。2003 年,Xiang 等通过气相法合成出了直径只有 5nm 的 ZnSe 纳米线,该研究提供了一种制备高质量 ZnSe 的有效且快速的方法。2004 年 Zhang 等利用金属有机化学气相沉积法在不同压力下在 Si(001) 衬底上制备出 ZnSe 纳米线。2005 年,Chen 等利用溶剂热方法成功地制备出直径 10～100nm、长度达到几微米的纤锌矿型 ZnSe 纳米线,如图 3.11 所示。

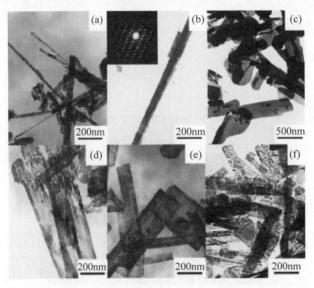

图 3.11 ZnSe 纳米线透射电镜图及电子衍射图

2006 年,Shan 等在 GaAs 衬底上用金属有机化学气相沉积法制备了纤锌矿型 ZnSe 纳米线。2007 年,Gong 等利用溶剂热法合成了 ZnSe 空心微球,并分析了空心微球的生长机制,如图 3.12 所示。

图 3.12 ZnSe 微球的生长机制模拟示意图

2008 年 Geng 等报道了利用一种简单的化学气相沉积法成功地合成了 ZnSe 中空微球,并且可以调控中空微球的尺寸、表面态以及形貌等。这种中空微球在气敏传感器、催化载体等方面将具有潜在的应用价值,如图 3.13 和图 3.14 所示。科研工作者成功地制备出这些形貌各异的 ZnSe 纳米材料,有助于 ZnSe 纳米材料的实际应用以及进一步的产业化发展,也能为丰富 ZnSe 纳米材料理论研究提供一些基础数据。

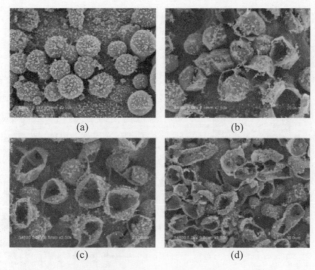

图 3.13　ZnSe 中空微球的透射电镜图

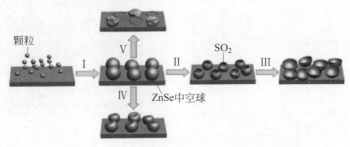

图 3.14　ZnSe 中空微球的形成过程模拟示意图

3.3.4　ZnSe 纳米材料的应用

目前,ZnSe 材料可用于制造蓝光半导体激光器、光探测器件、非线性光学器件、波导调制器等,同时也是红外透镜、激光窗口、红外热像仪和高功率 CO_2 激光器应用的首选材料。一些具体的应用实例如图 3.15 所示。2000 年,Rumberg 等利用化学气相沉积法制备了

图 3.15　ZnSe 材料应用方面的具体实例

图 3.16 室温下发白光的同质外延发光二极管

ZnSe 薄膜,并且作为 CIGSS 太阳能电池的缓冲层得到实际应用。2000 年,Wenisch 等通过分子束外延生长 ZnSe 基发光二极管。具体情况如图 3.16 所示。

由于 ZnSe 的带隙处于可见光区,因此在光化学电池、光催化领域的应用被研究者寄予厚望。近年来,ZnSe 材料与其他材料共同形成的复合材料也被广泛研究与应用。例如,2013 年 C. Shu 等报告合成了水溶性的 ZnSe/ZnS 量子点,并且可用于体外活体细胞成像。具体的量子点的生长过程示意图如图 3.17 所示,RAW264.7 细胞活体成像图如图 3.18 所示。

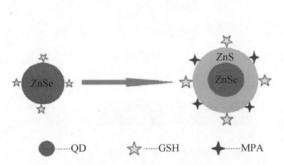

图 3.17 ZnSe/ZnS 量子点的生长过程示意图

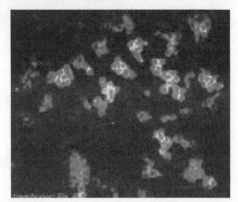

图 3.18 RAW264.7 细胞活体成像图

2013 年,Su 等合成出单晶氮掺杂 P 型 ZnSe 纳米带,表征结果显示这种单晶 ZnSe 纳米带在光电实际应用方面是非常有前景的。组成器件后的表征分析图如图 3.19 所示。

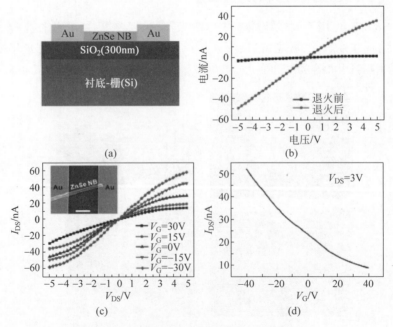

图 3.19 单晶 ZnSe 纳米带的表征分析图

2012 年 Dongwook Le 和 Kijung Yong 在 Materials Chemistry and Physics 上报道了一种全新的方法制备Ⅱ型 ZnSe/ZnO 异质结构纳米线,增强了光吸收并有效提高了电荷分离和传输的效率,因此这种异质结构纳米线显示出了非常高的光催化活性,如图 3.20 和图 3.21 所示。

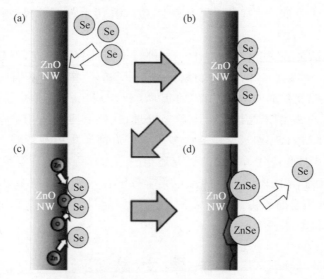

图 3.20　ZnSe 纳米颗粒/ZnO 纳米线异质结构形成方法模拟示意图

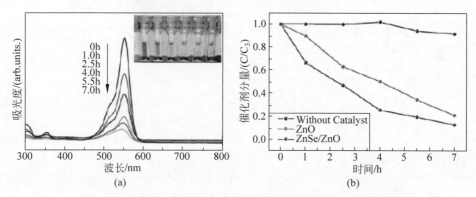

图 3.21　ZnSe 纳米颗粒/ZnO 纳米线异质结构光催化降解图

2011 年,Jun,Liu 等合成了 Mn^{2+}-dopedZnSe 量子点,对其发光性能进行了分析,对该材料在生物医学中细胞成像方面进行了测试,预言该材料在生物医学中荧光标记等方面将有潜在的应用价值。

3.4　小结

ZnSe 材料具有直接跃迁型能带结构,室温下禁带宽度为 2.67eV,其本征发射处于蓝光区或蓝绿光区。因此,在短波长激光器、发光材料、非线性光学材料等传统的光电应用领域得到研究者的一致认同,并且取得了一系列的进展。近年来,ZnSe 材料在太阳能电池、生物医学成像以及光催化等新兴领域的应用也被研究者寄予厚望。光催化处理技术适应绿色经济的需求,推动了经济社会发展绿色化、低碳化,促进了高质量发展,在环保、自洁净、卫生保健等方面的研究应用中迅速发展,加快了发展方式绿色转型,半导体光催化成为当今材料科学界最活跃的研究热点之一。特别是近年来,随着能源紧缺问题的日益突出以及人们环保意识的强化,借助半导体的光催化作用,进行有毒害污染物的光催化降解及光催化合成更加为人们所重视。在过去20年中,光催化处理水、废气和污水方面的报道每年都以较快速度增长。

虽然研究工作者在Zn基纳米材料上一直进行不断的探索研究,但是以前相对较成功的合成方法都存在一些缺点。例如,原材料中的二甲基锌就像二甲基镉一样既昂贵又有毒,Se粉溶解于有毒且昂贵的原材料,比如三辛基膦(TOP)和三丁基膦(TBP)中,使用这些材料即使是对制备的ZnSe纳米晶体进行了后期处理,这些有毒物质的泄漏也会产生不可估量的影响。此外,对于ZnSe纳米材料的许多研究报道都还集中在形貌上,对ZnSe纳米材料的光学性能以及光催化应用等方面的研究还很少。为加强生态环境保护,推动生态文明建设,我们应该致力于寻找环保易行的绿色化学方法合成硒化锌纳米材料,得到性能更优良、适合多领域多种用途的硒化锌纳米材料,并需要多学科交叉共同探索、研究硒化锌纳米材料的理论与应用价值。

参 考 文 献

[1] 杨海滨,田乐成.CdSe微纳结构的制备及其光电性能研究[D].长春:吉林大学,2013.

[2] 李则林,谢云.硒化镉纳米半导体薄膜的制备及其光电化学性能研究[D].长沙:湖南师范大学,2016.

[3] LeS K C,YuY H,PerezO,et al. Bismuth-asisted CdSe and CdTe nanowire growth on plastics[J]. Chemical Materials,2010,22:77-84.

[4] Ju Z G,Lu Y M,Zhang J Y,et al. Structural phase control of CdSe thin films by metalorganic chemical vapor deposition[J]. Journal of Crystal Growth,2007,307:26-29.

[5] Perna G,Capozi V,Ambrico M,et al. Structural and optical characterization of Zn doped CdSe films[J]. Applied Surface Science,2004,233:366-372.

[6] Nitsoo O,Sarkar S K,Pejoux C. Chemical bath deposited CdS/CdSe-sensitized porous TiO_2 solarcels[J]. Journal of Photo chemistry and PhotobiologyA:Chemistry,2006,181:306-313.

[7] Xu D S,Shi X S,Guo G L,et al. Electrochemical preparation of CdSe nanowire arrays[J]. Journal of Physical Chemistry B,2000,104:5061-5063.

[8] De Silva K T L, Tien H T. Semiconductor septum electrochemical photovoltaic Ccel with electrodeposited CdSe thin films[J]. International Journal of Energy Research,1990,14:209-213.

[9] Leschkies K S,Divakar R,Basu J,et al. Photosensitization of ZnO nanowires with CdSe quantum dots for photovoltaic devices[J]. Nano Letters,2007,7:1793-1798.

[10] Smyntyna V A,Gerasutenko S V,Kashulis S,et al. The causes of thicknees dependence of CdSe and CdS gas-sensor sensitivity to oxygen[J]. Sensors and Actuators B,1994,18:464-465.

[11] Owens A,Peacock A. Compound semiconductor radiation detectors[J]. Nuclear Instruments and Methods in Physics Research Section A:Acelerators, Sectrometers, Detectors and Asociated Equipment,2004,531:18-37.

[12] Burger A,Roth M. Growth of medium electrical resistivity CdSe single crystals by the temperature gradient solution zoning technique[J]. Journal of Crystal Growth,1984,67:507-512.

[13] 韩杰才,郝润豹.SnSe薄膜制备及其光电性质研究[D].哈尔滨:哈尔滨工业大学,2015.
[14] Xie Y,Su H,LiB,et al. A direct solvo thermal route to nanocrystal ineselenides at low temperature[J]. Materials Research Buletin,2013,35:459-464.
[15] Shen G,Chen D,Jiang X,et al. Rapid Synthesis of SnSe Nanowires via an Ethylenediamine— asisted Polyol Route[J]. Chemistry Letters,2003,32(5):426-427.
[16] Wang J J,Lv A F,Wang Y Q,et al. Integrated prototype nanodevices via SnO_2 nanoparticles decorated SnSe nanoshets[J]. Sci Rep,2013,3:2613.
[17] Zhao L,Yosef M,Steinhart M,et al. Porous silicon and alumina as chemically reactive templates for the synthesis of tubes and wires of SnSe,Sn,and SnO_2[J]. Angew. Chem. Int. Ed. l,2005,45(2):311-315.
[18] Li L,Chen Z,Hu Y,et al. Single-layer single-crystaline SnSe nanoshets[J]. J. Am. Chem. Soc.,2013,135(4):1213-1216.
[19] But F K,Cao C,Khan W S,et al. Synthesis of highly pure single crystaline SnSe nanostructures by thermal evaporation and condensation route[J]. Materials Chemistry and Physics,2012,137(2):565-570.
[20] Cao J,Wang Z,Zhan X,et al. Vertical SnSe nanorod arrays:from controled synthesis and growth mechanism to thermistor and photoresistor[J]. Nanotechnology,2014,25(10):105705.
[21] Liu X,Li Y,Zhou B,et al. Shape-Controled Synthesis of SnE(E=S,Se)Semiconductor Nanocrystals for Optoelectronics[J]. Chemistry of Materials,2014,26(11):3515-3521.
[22] 冯博.ZnSe纳米材料的制备及光学、光催化性能研究[D].长春:中国科学院长春光学精密机械与物理研究所,2013.
[23] Xiong Wang,Juanjuan Zhu,Yange Zhang,et al. One-pot synthesis and optical properties of monodisperse ZnSe coloidal microspheres[J]. J. Appl. Phys. A,2010,99:651-656.
[24] Minghai Chen,Lian Gao. Synthesis and characterization of Wurtzite ZnSe one-dimensional nanocrystals through molecular precursor by decomposition solvothermal method[J]. Materials Chemistry and Physics,2005,91:437-441.
[25] Hua Gong,Hui Huang,Minqiang Wang,et al. Characterization and growth mechanism of ZnSe microspheres prepared by hydrothermal synthesis[J]. Ceramics International,2007,33:1381-1384.
[26] Baoyou Geng,Jiahui You,Fangming Zhan,et al. Controlable Morphology Evolution and Photoluminescence of ZnSe Holow Microspheres[J]. J. Phys. Chem. C,2008,112:11301-11306.
[27] 李跃龙,黎建明,苏小平,等.红外窗口和整流罩材料研究现状与发展趋势[J].人工晶体学报,2007,36:877-884.
[28] Wenisch H,Fehrer M,Klude M,et al. Internal photoluminescence in ZnSe homoepitaxy and applicationin blue-green-orange mixed-colorlight-emitting diodes[J]. Journal of Crystal Growth,2000,214:1075-1079.
[29] Chang S,Bin H,Xiangdong C,et al. Facile synthesis and characterization of water soluble ZnSe/ZnS quantum dots for celar imaging[J]. Spectrochimica Acta Part A:Molecular and Biomolecular Spectroscopy,2013,104:143-149.
[30] Qing S,Lijuan L,Shanying L,et al. Synthesis and optoelectronic properties of P-type nitrogen-doped ZnSe nanobelts[J]. Materials Letters,2013,92:338-341.
[31] Dongwook Le,Kijung Yong. Partialconversion reaction of ZnO nanowires to ZnSe by a simple selenization method and their photocatalytic activities[J]. Materials Chemistry and Physics,2012,137:194-199.

第 4 章 碳化硅器件

CHAPTER 4

4.1 SiC 简介

作为一种新型的半导体材料,SiC 以其优良的物理化学特性和电特性成为制造短波长光电子器件、高温器件、抗辐照器件和大功率/高频电子器件最重要的半导体材料。特别是在极端条件和恶劣条件下应用时,SiC 器件的特性远远超过了 Si 器件和 GaAs 器件。因此,SiC 器件和各类传感器已逐步成为关键器件之一,发挥着越来越重要的作用。

从 20 世纪 80 年代起,特别是 1989 年第一种 SiC 衬底圆片进入市场以来,SiC 器件和电路获得了快速的发展。经过近 10 年的发展,目前 SiC 器件工艺已经可以制造商用器件。以 Cre 为代表的一批公司已经开始提供 SiC 器件的商业产品。国内的研究院所和高校在 SiC 材料生长和器件制造工艺方面也取得了可喜的成果。虽然 SiC 材料具有非常优越的物理化学特性,而且 SiC 器件工艺也不断成熟,然而目前 SiC 器件和电路的性能尚不够优越。除了 SiC 材料和器件工艺需要不断提高外,更多的努力应该放在如何通过优化 SiC 器件结构或者提出新型的器件结构以发挥 SiC 材料的优势方面,以此来增强创新自信,深入推进知识创新和技术创新,不断取得原创战略性科研成果,攻坚克难,追求卓越,建设现代化经济体系,抢占科技战略制高点,提高科技竞争力。

4.2 SiC 分立器件的研究现状

目前,SiC 器件的研究以分立器件为主,对于每一种器件结构,其最初的研究都是将相应的 Si 或者 GaAs 器件结构简单地移植到 SiC 上,而没有进行器件结构的优化。由于 SiC 的本征氧化层和 Si 相同,均为 SiO_2,这意味着大多数 Si 器件特别是 MOS 型器件都能够在 SiC 上制造出来。尽管只是简单的移植,可是得到的一些器件已经获得了令人满意的结果,而且部分器件已经进入了市场,实现了工程造福人类,科技创造未来的崭新局面的同时,也为实现高质量发展,助力建设世界科技强国添砖加瓦。

SiC 光电器件,尤其是蓝光发光二极管在 20 世纪 90 年代初期已经进入市场,它是第一种大批量商业生产的 SiC 器件。目前高电压 SiC 肖特基二极管、SiC 射频功率晶体管以及 SiC MOSFET 和 MESFET 等也已经有商业产品。当然所有这些 SiC 产品的性能还远没有发挥 SiC 材料的超强特性,更强功能和性能的 SiC 器件还有待研究与开发。这种简单的移植往往不能完全发挥 SiC 材料的优势，即使在 SiC 器件的一些优势领域，最初制造出来的 SiC 器件有些还不能和相应的 Si 或者 GaAs 器件的性能相比。为了能够更好地将 SiC 材料特性的优势转换为 SiC 器件的优势，目前正在研究如何对器件的制造工艺与器件结构进行优化或者开发新结构和新工艺以提高 SiC 器件的功能和性能来夯实科技基础，推动技术发展。

4.3 SiC 器件的分类

4.3.1 SiC 肖特基二极管

肖特基二极管在高速集成电路、微波技术等许多领域有重要的应用。由于肖特基二极管的制造工艺相对比较简单，所以对 SiC 肖特基二极管的研究较为成熟。美国普渡大学制造出了阻断电压高达 4.9kV 的 4H-SiC 肖特基二极管，特征导通电阻为 $43\mathrm{m}\Omega\cdot\mathrm{cm}^2$，这是目前 SiC 肖特基二极管的最高水平。

通常限制肖特基二极管阻断电压的主要因素是金-半肖特基接触边沿处的电场集中，所以提高肖特基二极管阻断电压的主要方法就是采用不同的边沿阻断结构以减弱边沿处的电场集中。最常采用的边沿阻断结构有 3 种：深槽阻断、介质阻断和 P-N 结阻断。普渡大学采用的方法是硼注入 P-N 结阻断结构（图 4.1），所选用的肖特基接触金属有 Ni、Ti。

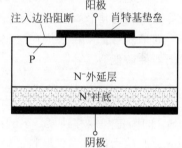

图 4.1 P-N 结阻断 SiC 肖特基二极管

4.3.2 SiC 功率器件

由于 SiC 的击穿电场强度大约为 Si 的 8 倍，所以 SiC 功率器件的特征导通电阻可以做得小到相应 Si 器件的 1/400。常见的功率器件有功率 MOSFET、IGBT，以及多种 MOS 控制闸流管等。为了提高器件阻断电压和降低导通电阻，许多优化的器件结构已经被使用。表 4.1 列出了已报道的最好的 SiC 功率 MOSFET 器件的性能数据，Si 功率 MOSFET 的功率优值的理论极限大约为 $5\mathrm{MW/cm}^2$。除了横向 DMOSFET 因为特征导通电阻较高而使得功率优值较小外，其他 SiC 功率器件的功率优值均大于 Si 功率 MOSFET 器件的理论极限，特别是普渡大学制造的 UMOS 累积型 FET 的大功率优值是 Si 极限值的 25 倍。

表 4.1 已报道的最好的 SiC 功率 MOSFET 器件的性能数据

器件	阻断电压 V_B/kV	特征导通电阻 $R_{on}/(\mathrm{m}\Omega\cdot\mathrm{cm}^2)$	大功率优值 $V_B^2/R_{on}/(\mathrm{MW}\cdot\mathrm{cm}^{-2})$	器件来源
UMOS 累积型 FET(4H-SiC)	0.45	10.90	18.6	Denso 公司
MOSFET(6H-SiC)	>0.45	23.84	>8.5	Denso 公司
SIAFET(4H-SiC)	4.58	387.00	54.0	Kansai/Cre
DMOSFET(6H-SiC)	1.80	46.00	70.0	西门子公司
UMOS 累积型 FET(4H-SiC)	1.40	15.70	125.0	普渡大学
纵向 DMOSFET(4H-SiC)	0.76	125.00	4.6	普渡大学
横向 DMOSFET(4H-SiC)	2.70	3000.00	2.4	普渡大学

4.3.3 SiC 开关器件

到目前为止,SiC 开关器件,无论是 MOSFET 还是半导体闸流管,通常都是采用纵向器件结构,用衬底作为阴极。关闭状态时,电压被一个反偏的 P-N 结阻断。为了获得更高阻断电压,该 P-N 结的一边即漂移区很厚(大约 $10\mu m$),而且掺杂浓度要低(大约 $5\times 10^{15} cm^{-3}$),所以纵向 SiC 功率开关器件的阻断电压主要依赖于漂移区的掺杂浓度和厚度。漂移区厚度一定时,不管掺杂浓度如何,总存在一个最大可能的阻断电压。然而至今所能获得的 SiC 外延层的厚度最大只有 $10\mu m$,这就决定了最大可能的阻断电压大约为 1600V。有效克服这一限制的方法就是改变器件的结构,即采用横向器件结构。普渡大学已经采用横向器件结构制造出了横向 DMOSFET。首先在绝缘 4H-SiC 衬底上外延 N 型 SiC,然后在外延层上制造器件。显然,横向器件结构的最大阻断电压不受外延层厚度的限制,采用这种结构已经制造出了阻断电压高达 2.6kV 的 LDMOSFET。然而目前的横向 DMOSFET 的特征导通电阻还比较高,这主要是因为当用横向结构代替纵向结构时,所需的器件面积将会增大。如果能够把减小表面电场概念和器件设计结合起来,那么导通电阻能够做得比相应的纵向器件还低。

4.3.4 SiC 微波器件

SiC 的高饱和漂移速度、高击穿场强和高热导率特性使得 SiC 成为 $1\sim 10GHz$ 范围的大功率微波放大器的理想材料。短沟道 SiCMESFET 的特征频率 f_T 已经达到 22GHz,最高振荡频率 f_{max} 可以达到 50GHz。静电感应晶体管(SIT)在 600MHz 时功率可以达到 470W(功率密度为 1.36W/mm),3GHz 时功率为 38W(功率密度为 1.2W/mm)。由于 SiC 的热导率很高(是 GaAs 的 10 倍,GaN 的 3 倍),工作产生的热量可以很快地从衬底散发,通过改进器件结构,SiCSIT 的特征频率目前可以达到 7GHz。普渡大学在半绝缘 4H-SiC 上制造出了一种亚微米 T 型栅 LVIESFET,饱和漏电流为 350mA/mm,跨导为 20mS/mm,漏击穿电压为 120V,最大可获得的射频功率密度为 3.2W/mm。

4.4 SiC 集成电路的研究现状

与 SiC 分立器件追求高电压、大功率、高频以及高温特性不同,SiC 集成电路的研究目标主要是获得高温数字电路、用于智能功率 IC 的控制电路。由于 SiC 集成电路工作时内部电场很低,所以微管缺陷的影响将大大减弱,这可以从第一片单片 SiC 集成运算放大器芯片得到验证,实际成品率远远高于微管缺陷所决定的成品率。因此,基于 SiC 的成品率模型与 Si 和 GaAs 材料明显不同。该芯片是基于耗尽型 NMOSFET 技术,主要是因为反型沟道 SiC MOSFET 的有效载流子迁移率太低。为了提高 SiC 的表面迁移率,就需要对 SiC 的热氧化工艺进行改进与优化。

在数字逻辑电路中,CMOS 电路比 NMOS 电路具有更大的吸引力。1996 年 9 月制造出第一片 6H-SiCCMOS 数字集成电路。该器件使用了注入 N 阱和淀积氧化层,但是由于其他的工艺问题,该芯片中 PMOSFET 的阈值电压太高。在 1997 年 3 月制造第二代 SiCCMOS 电路时,采用了注入 P 阱和热生长氧化层工艺。通过工艺改进得到的 PMOSFET 的阈值电压大约为-4.5V,该芯片上所有的电路都能在室温到300℃范围内很好地工作,采用单一电源供电,电源电压可以为5～15V的任意电压。

4.5 SiC 材料的外延生长

SiC 外延的方法主要有溅射法(sputtering)、激光烧结法(laser ablation)、升华法(sublimation epitaxy)、液相外延法(LPE)、化学气相沉积(CVD)和分子束外延法(MBE)等。大部分外延用后三种方法。

1. 液相外延生长

体单晶的生长温度高于2000℃,LPE生长可以将生长温度降低到1500～1700℃。SiC不存在液相,早期的LPE生长是将Si熔于石墨坩埚中,坩埚中的C熔于熔融的Si中,将衬底置于坩埚中并保持在相对较低的温度,溶解的C原子与Si原子运动到衬底沉积形成SiC。用该方法生长的SiC在冷却时容易出现裂缝,从坩埚中取出也很困难。后来提出浸渍法生长技术,引进籽晶使生长的晶体与坩埚分离,克服了上述缺点。LPE生长一般在1650～1800℃的Ar气中进行,生长速率为2～7μm/h。在熔融Si中加入Al可生长P型SiC,加入Si_3N_4或Ar气中加入N_2生长N型SiC。LPE生长的薄膜的电学性能较差,在许多方面已被CVD生长所取代,但用LPE生长的材料研制的发光二极管(LED)的发光效率比用CVD生长的材料研制得高约10倍。目前,4H、6H-SiC蓝光二极管的材料主要用LPE方法生长。

2. 化学气相沉积

随着SiC体单晶生长技术的成熟,以6H-SiC为衬底的生长引起了极大的关注。6H-SiC衬底上外延的3C和6H-SiC中的缺陷比较少,但6H-SiC衬底的价格非常昂贵;Si与SiC的晶格失配和热膨胀系数失配较大,但大面积、高质量Si衬底很容易得到。目前,大多数SiC的外延衬底用6H-SiC和Si。

1) 6H-SiC 衬底上的外延

以6H-SiC为衬底的外延几乎都用SiH_4-C_3H_8-H_2体系,SiH_4和C_3H_8的流量一般为0.1～0.3μm,H_2的流量一般为3L/min。最初在6H-SiC的(0001)面上外延表面较好的6H-SiC,温度必须高于1800℃,低于该温度形成3C-SiC孪晶。后来发现在将(0001)衬底偏向[1120]3°～6°,能将生长温度降到1200℃～1500℃。为解释衬底偏向对SiC生长的影响,随即提出了"台阶控制"(step-controlled)模型:当吸附原子的扩散长度与外延表面的台阶宽度差不多时,吸附原子将扩散到台边缘处,沿台阶横向生长(step flow);当台阶宽度远大于吸附原子的扩散长度时,吸附原子在台面上成核(terrace nucleation),生长沿两维方向进行。该模型能够很好地解释衬底偏向对外延层性能的影响。后采用台阶密度更高的6H-SiC的(0114)面进行外延时,发现生长温度降低到1100℃,可以生长出单晶SiC。

2) Si 衬底上的外延

Si与SiC的晶格失配为20%,热膨胀系数失配为8%。Si衬底上生长的SiC中存在高密度的失配位错,高温生长的SiC在冷却时产生很大的内应力。在Si衬底上生长的SiC除位错外,还有层错、反相畴和微孪晶等缺陷。为了减少失配缺陷,引进两步生长方法:在生长SiC之前,只引入C源,在Si上先生长一层SiC缓冲层后,同时进入Si源和C源生长

SiC。以后几乎所有 Si 衬底上的外延都采用两步生长方法,但所采用的源和碳化方法有所不同。最典型的方法是室温下引入 C 源后,将衬底温度快速升高到 1300℃左右,并保持一段时间进行碳化,碳化后将衬底温度调至所需值进行生长。碳化形成的 SiC 的质量影响外延膜的质量。目前 Si 衬底上外延的 SiC 中仍存在多种缺陷。

无论衬底类型如何,CVD 生长的非掺杂的 6H、3C-SiC 都为 N 型,生长速率为 μm/h 量级。在 SiC 生长过程中,一般掺入 Al、Ga 和 B 形成 P 型,掺入 N 形成 N 型,掺入深能级的钒能形成半绝缘材料。生长过程中杂质的掺入符合"位置竞争"理论,即生长过程中占据 C 位的杂质与源供给的 C 原子竞争,只有富 Si 的条件下掺杂浓度才比较高;相反,占据 Si 位的杂质原子与源供给的 Si 原子竞争,占据 Si 位的杂质原子只有富 C 条件下掺杂浓度才比较高。根据该理论,通过调整生长过程中的 C、Si 源的流量比可以控制掺杂浓度。目前 SiC 中掺杂浓度可以达到每立方厘米 $10^{14} \sim 10^{19}$。

国际上对于 SiC 的 CVD 生长及外延材料性能方面的研究比较多。同质外延 SiC,无论是生长机理、掺杂依据还是生长技术都相对比较成熟,而异质外延的 3C-SiC 中仍存在多种缺陷。我国在这方面的研究比较少,只见到少数有关 Si 衬底上外延 SiC 的报道。

3) MBE 生长

与 CVD 相比,MBE 的生长环境洁净、生长温度比较低,相应的生长速率比较小(固源约为 0.3μm/h,气源小于 100nm/h),但在低生长率下便于研究生长过程中原子的表面吸附、脱附及生长表面的再构等相关方面的机理。目前 SiC 的 MBE 生长主要用于研究生长机理。

4) 固源生长

固源生长是采用电子枪加热多晶 Si 和石墨进行。在 6H-SiC 的(0001)面上生长,Si 原子流量为 $7 \times 10^{14}/(cm^2 \cdot s)$,温度高于 1150℃生长出 3C-SiC 单晶。在 6H-SiC 的(0001)面和偏离轴的(0001)面上生长时发现,生长温度低于 1000℃,在偏轴的(0001)面上生长的 SiC 中具有较高密度的双定位晶界,在正晶向的(0001)面上生长的 SiC 中双定位晶界的密度小。显然生长温度比较低时,台面成核为主,偏向衬底引进的不同表面台阶上 SiC 岛之间的连接将形成高密度的双定位晶界缺陷。750℃下在 Si(111)面上生长出 3C-SiC 单晶,但生长的单晶中 C/Si<1 时,出现 Si 沉淀;C/Si>1 时,表面粗糙;只有 C/Si=1 才是较好的单晶。在生长过程中调节 Si、C 原子的束流强度,使表面呈现(3×2)再构,在正晶向和偏向 SiC(001)衬底上生长了 3C-SiC 单晶,有学者认为生长表面吸附多余的 Si 有利于 SiC 的生长。

5) 气源 MBE 生长

GS-MBE 生长过程中,由于氢化物 C 源不容易分解,外延层的质量一般比较差。在 950~1150℃同时引入 Si_2H_6(0.01~0.1scm)和 C_2H_2(0.1~0.2scm),在偏离(0001)3°~5°晶面 6H-SiC 上生长了单晶 SiC。

在 Si 衬底上生长之前,一般也先进行碳化。用 C_3H_8、C_2H_6 和 C_2H_2 碳化 Si 衬底,只在 750℃左右的很窄温度范围内得到单晶 SiC 碳化层,其他温度下碳化都形成多晶缓冲层;而 Si 衬底碳化之前不除去表面氧化层,室温下直接将碳源引入生长室,再升高衬底温度进行碳化,碳化容易形成单晶缓冲层。但用该方法碳化时,衬底的升温速率很难控制,升温速率太慢表面氧化层无法除去,升温速率太快碳化层的质量变差。目前还无法获得理想的碳化缓冲层。常用的碳化方法是将 Si 衬底在高温除去氧化层后,温度降低到 200~300℃,然后引入 C 源,再升高衬底温度进行碳化。

1050℃下在 Si(111) 衬底上,用 Si-HCl$_3$ 和 C$_2$H$_4$ 源,在 $J_{SiHCl_3}/J_{C_2H_4}=0.3\sim 5$,$P_{SiHCl_3}=399.9\times 10^{-5}$ Pa 的条件下生长出 3C-SiC 单晶。但也有人在相近条件下只生长出 3C-SiC 多晶,而交替引入源生长出 3C-SiC 单晶。有学者认为在温度比较低、Si 源与 C 源同时引入时,生长表面吸附的 Si 原子在覆盖生长表面之前与 C 源反应,形成 SiC 岛,岛之间连接容易形成孪晶;交替引入源时,C 源与吸附的 Si 原子面反应之前,Si 原子覆盖了生长面,容易形成单晶。

SiC 的 MBE 生长,特别是 Si 衬底上的外延生长,无论是生长技术,还是生长机理都不成熟,不同研究机构在相近条件下得出的结论存在较大的差异。

4.6 SiC 材料的特点与结构

在陨石和地壳中虽有少量 SiC 存在,但迄今尚未找到可供开采的矿源。工业用 SiC 于 1891 年研制成功,由于其化学性能稳定、导热系数高、热膨胀系数小、耐磨性能好,最早的用途是研磨材料。

目前 SiC 的主要应用领域有:①利用其硬度高、切削力强的特点,作为磨料可用来制作磨具,如砂轮、磨头等,广泛用于多种行业,如玉器珠宝的抛光、玻璃石材、合金、电子元件等的研磨及抛光,太阳能电池基板的切割,建筑筑路、服装行业(牛仔布喷砂)、美容工具和砂轮的制造等;②利用其耐高温、强度大、导热性能良好、抗冲击等特点,作为高温间接加热材料和冶金脱氧剂等,制成的高级耐火材料有耐热、体积小、重量轻、强度高和节能效果好等优点。低品级碳化硅(含 SiC 约 85%)是极好的脱氧剂,用它可加快炼钢速度,并便于控制化学成分,提高钢的质量。

以上用途的 SiC 材料又称为金刚砂或耐火砂,分为黑色碳化硅和绿色碳化硅两种,均为六方晶体(α-SiC)。黑色碳化硅有金属光泽,含 SiC95% 以上,强度比绿色碳化硅大,但硬度较低。绿色碳化硅含 SiC97% 以上,主要用于磨硬质含金工具。它们的硬度都介于刚玉和金刚石之间。

中国是以上用途 SiC 材料的生产大国,在国际市场上对其价格有支配作用,产地主要分布在甘肃、宁夏、青海、新疆、河南、四川、贵州、湖北等地区。全国黑色碳化硅产能 100 万吨左右,其中甘肃地区约占 50%,宁夏约占 25%,其他地区黑色碳化硅产能约占 25%。绿色碳化硅产能在 55 万吨左右,其中青海、四川、新疆为主产区,产能占 80% 以上。2010 年,中国有关部委着力开展提升优化传统产业、抑制过剩产能扩张、开展节能降耗、减排治污、淘汰落后产能等活动,对电价、行业准入标准进行相应调整,不再审批、核准、备案高耗能、高污染项目和产能过剩行业扩大产能的项目,这或许会推动 SiC 成本增加,价格走高。

SiC 材料的第三种用途是用于制造半导体的高纯度单晶材料,材料的生长和器件的制备是高新技术产业。与硅(Si)和砷化镓(GaAs)为代表的传统半导体材料相比,SiC 半导体材料是第三代半导体材料,具有高热导率、高击穿场强、高饱和电子漂移速率和高键合能等优点,如表 4.2 所示,可以满足现代电子技术对高温、高功率、高压、高频以及抗辐射等恶劣条件的新要求,因而是半导体材料领域最有前景的材料之一。

表 4.2 SiC 各种晶型的特性

特　性	晶　型			
	3C-SiC	2H-SiC	4H-SiC	6H-SiC
摩尔质量/(g·mol^{-1})	40.097	40.097	40.097	40.097
密度/(g·cm^{-3})	3.22	3.22	3.26	3.03
熔点/℃	2730	2730	2730	2730
禁带宽度/eV	2.2	3.330	3.23	3.0
晶格常数/nm	a0.43595	a0.3080 c1.5117	a0.3073 c1.0053	a0.3073 c1.0053
介电常数	9.72	10.32	9.7	9.7
击穿电场/(V·cm^{-1})	~10^6		2.2×10^6	2.4×10^6
电子迁移率/(cm^2·V^{-1}·s^{-1})	1000		1020	600
空穴迁移率/(cm^2·V^{-1}·s^{-1})	40		120	40
热导率/(W·cm^{-1}·K^{-1})	4.9	4.9	4.9	4.9
电子饱和漂移速度/(cm·s^{-1})	2.0×10^7		2.0×10^7	2.0×10^7

　　SiC 在不同物理化学环境下能形成不同的晶体结构,这些成分相同,形态、构造和物理特性有差异的晶体称为同质多象变体(多晶型)。纯 SiC 是无色透明的晶体,因所含杂质的种类和含量不同,而呈浅黄、绿、蓝乃至黑色,透明度随其纯度不同而异。SiC 晶体结构分为六方或菱面体的 α-SiC 和立方体的 β-SiC。α-SiC 由于其晶体结构中碳和硅原子的堆垛序列不同而构成许多不同变体,已发现 200 余种,有 2H-SiC、4H-SiC、6H-SiC 等。β-SiC 于 2100℃以上时转化为 α-SiC,3C-SiC 就是 β-SiC。SiC 多象变体是由数字和符号组成的,其中 C、H、R 分别代表立方、六方、菱形等晶格结构,字母前的数字代表堆积周期中 SiC 原子的密排层数目。3C 就代表 SiC 变体是由周期为 3 层的 SiC 原子密排为立方晶格结构,4H 代表 SiC 变体是由周期为 4 层的原子密排形成的六方晶格结构,15R 代表 SiC 变体是由周期为 15 的原子层密排堆积形成的菱形结构。

　　利用其良好的导热性,SiC 器件应用在航空、航天探测、核能开发、卫星、石油和地热钻井勘探、汽车发动机等需要高温(350~500℃)的工作环境中;利用其宽禁带和高化学稳定性 SiC 器件应用在抗辐射领域;利用其高电子饱和漂移速度,高频和微波 SiC 器件具有不可替代的优势;利用其具有大的击穿电场,高功率 SiC 器件在雷达、通信和广播电视领域具有重要的应用前景。此外,由于 SiC 晶体与氮化镓(GaN)晶体在晶格和热膨胀系数上相匹配,以及其具有优良的热导率,SiC 半导体晶片也成为制造大尺寸、超高亮度白光和蓝光 GaNLED(light emitting diode,发光二极管)和 LD(laser diode,激光二极管)的理想衬底材料,成为光电行业的关键基础材料之一。

4.7　SiC 器件在高温环境中的应用

　　在航空航天和汽车设备中,电子器件经常要在高温下工作,如飞机发动机、汽车发动机、在太阳附近执行任务的航天器以及卫星中的高温设备等。使用通常的 Si 或者 GaAs 器件,因为它们不能在很高的温度下工作,所以必须把这些器件放在低温环境中,有两种处理方法:一种是把这些器件放在远离高温的地方,然后通过引线和连接器将它们和所需控制的设备连接起来；另一种是把这些器件放在冷却盒中，然后放在高温环境下。很明显，这两种方法都会增加额外的设备，增加了系统的重量，减小了系统可用的空间，使得系统的可靠性变差。如果直接使用可以在高温下工作的器件，将可以消除这些问题。SiC 器件可以直接工作在 300~600℃，而不用对高温环境进行冷却处理。

SiC 电子产品和传感器能够被安装在炽热的飞机发动机内部及其表面上，在这种极端工作条件下它们仍然能够正常发挥功能，大大减轻了系统总重量并提高可靠性。基于 SiC 器件的分布式控制系统可以消除在传统的电子屏蔽控制系统中所用引线和连接器的 90%，这一点极为重要，因为在当今的商用飞机中，引线和连接器问题是在停工检修时最经常遇到的问题。

根据美国空军的评估，在 F-16 战斗机中使用先进的 SiC 电子产品，将使该飞机的重量减轻几百千克，工作性能和燃料效率得到提高，工作可靠性更高，维护费用和停工检修期大大减少。同样，SiC 电子器件和传感器也可以提高商用喷气客机的性能，据推测对每架客机附加的经济利润可以达到数百万美元。

SiC 高温电子传感器和电子设备在汽车发动机上的使用将能做到更好的燃烧监控与控制，可以使汽车的燃烧更清洁、效率更高。另外，SiC 发动机电子控制系统在 125℃ 以上也能很好地工作，这就减少了发动机隔箱内的引线和连接器的数量，从而提高汽车控制系统的长期工作可靠性。

现在的商用卫星需要散热器去驱散航天器电子器件所产生的热量，并且需要防护罩来保护航天器电子器件免受空间辐射的影响。由于 SiC 电子器件不但可以在高温下工作，而且具有很强的抗辐照特性，所以 SiC 电子器件在航天器上的使用能够减少引线和连接器的数量以及辐射防护罩的大小和重量。如果发射卫星到地球轨道的成本是以重量计，那么使用 SiC 电子器件减轻的重量可以提高卫星工业的经济性和竞争力，以此来实现促进高质量发展，实现科技强国。

使用高温抗辐照 SiC 器件的航天器可以用来执行太阳系周围的更具挑战性的任务。将来，当人们在太阳周围和太阳系内行星的表面执行任务时，具有优良高温和抗辐射特性的 SiC 电子器件将发挥关键性的作用。对于在太阳附近工作的航天器，SiC 电子器件的使用可以减少航天器的防护和散热设备，在每一个运载工具中可以安装更多的科学仪器。

4.8 小结

SiC 作为一种新型的半导体材料，以其优良的物理化学特性和电特性成为制造短波长光电子器件、高温器件、抗辐照器件和大功率/高频电子器件最重要的半导体材料。在某些领域，如发光二极管、高频大功率和高电压器件等，SiC 器件已经得到较广泛的商业应用，推动科技创新的同时，为建设科技强国添砖加瓦。此外，SiC 还因其宽带隙技术脱颖而出。与传统硅基器件相比，SiC 的击穿场强是传统硅基器件的 10 倍，导热系数是传统硅基器件的 3 倍，非常适合于高压应用，如电源、太阳能逆变器、火车和风力涡轮机。SiC 最大的增长机会在汽车领域，尤其是电动汽车。基于 SiC 的功率半导体器件用于电动汽车的车载充电装置，这项技术正在进入系统的关键部分——牵引逆变器。可以肯定的是，随着电动汽车的发展，SiC 器件的应用前景将非常广阔。

参 考 文 献

[1] 郝跃,杨燕,张进城,等. 4H-SiC 衬底 AlGaN/GaN 高电子迁移率晶体管的研制[J]. 半导体学报, 2004,12: 1672-1674.

[2] 温旭辉. 车用高功率密度 SiC 逆变器 EMI 预测[C]//国际新能源汽车功率半导体关键技术论坛(北京),2018.

[3] Eddy C R JR, Gaskill D K. Silicon Carbide as a Platform for Power Electronics[J]. Science, 2009, 324 (5933): 1398-1400.

[4] Yonggui S, Xinghua Y, Dong W, et al. Enlargement of Silicon Carbide Lely Platelet by Physical Vapor Transport Technique[J]. Materials and Manufacturing Proceses, 2013, 28(11): 1248-1252.

[5] Yingxue Li. SiC power devices in the application of PV inverter[C]//Infine on SiC Development Forum(Shenzhen),2018.

[6] Zhang Z, Moulton E, Sudarshan T S. Mechanism of eliminating basal planed islocations in SiC thin films by epitaxy on an etched substrate[J]. Applied Physics Letters, 2006, 89(8): 125-140.

[7] Mantooth A. Emerging trends in SiC Power Electronics[C]//Xian WiPDA-Asia, 2018.

[8] Tsunenobu K. Material science and device physics in SiC technology for high-voltage power devices [J]. Japanese Journal of Applied Physics, 2015, 54(4): 04013.

[9] Kimimori H, Masaru N, Masaki A, et al. SiC-Emerging Power Device Technology for Next-Generation Electrically Powered Environmentally Friendly Vehicles[J]. IEEE Transactions on Electron Devices, 2015, 62(2): 278-285.

[10] Cooper J A, Meloch M R, Singh R, et al. Status and prospects for SiC power MOSFETs[J]. IEEE Transactionson on Electron Devices, 2002, 49(4): 658-664.

[11] Berger C, Song Z M, Li X B, et al. Electronic confinement and coherence in paterned epitaxial graphene[J]. Science, 2006, 5777: 1191-1196.

[12] Chausende D, Ucar M, Auvray L, et al. Control of the super saturation in the CF-PVT process for the growth of silicon carbide crystals: Research and applications[J]. Crystal Growth & Design, 2005, 4(4): 1539-1544.

第 5 章 可控硅

5.1 可控硅简介

可控硅又称为晶闸管(Thyristor)，可在高电压、大电流条件下工作，具有耐压高、容量大、体积小的优点，是大功率开关型半导体器件，可以替代接触器等笨重开关，广泛应用于电力、电子线路中。

1. 可控硅的符号

可控硅分单向和双向两种，常用符号如图 5.1 所示。

2. 可控硅的内部结构

可控硅内部近似由三个 P-N 结组成，如图 5.2 所示。

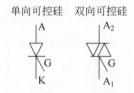

图 5.1 可控硅常用符号
A—阳极；G—控制极；K—阴极；A_1、A_2—第一、第二阳极

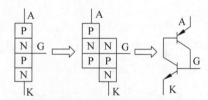

图 5.2 可控硅内部结构
A—阳极；G—栅极(控制极)；K—阴极

5.2 可控硅特性

单向可控硅有阳极 A、控制极 G 和阴极 K 三个极，双向可控硅有第一阳极 A_1、第二阳极 A_2 和控制极 G，二者的导通条件是不相同的。单向可控硅只有 A、K 极之间加有正向电压，同时 G、K 两极之间加有所需的正向触发电压(0.6V 以上)时，方可被触发导通，此时 A、K 极之间呈低阻导通状态，阳极、阴极之间导通电压约 1V。此时即使 G 极失去触发电压，只要 A、K 两极之间维持正向电压，A、K 两极之间仍维持导通状态。只有将 A 极电压撤除，或 A、K 两极的电压极性变化(如交流的零点)，单向可控硅才能由导通变为截止，且一旦截止，即使 A、K 两极又加上正向电压，该元件也不能重新导通，只有在 G 极上重新加上正向触发电压才能导通，其导通与截止犹如开关的闭合与断开，可相当于无触点开关。

双向可控硅加于 A_1、A_2 两极间的电压不分极性，只要 G 与 A_1 极之间加有极性不同的触发电压,就可触发该元件进入低阻状态。此时 A_1、A_2 极之间导通电压约为 1V,双向可控硅一旦导通,只有当 A_1、A_2 极的电流减小,不足以维持电流且 G 极失去触发电压时,双向可控硅才能截止重新获得触发电压,且 A_1、A_2 极之间有一定电压,双恢复导通。

5.3 可控硅检测

5.3.1 单向可控硅检测

一般非在路可用万用表 R×1Ω 挡,测可控硅任两个引脚之间的正反向阻值,有且只有一次万用表示数较小,约为 10Ω,此时黑表笔所接为 G 极,红表笔所接为 K 极,余下的为 A 极。

若有两次或更多次导通,则该元件已损坏。判断出各极后,黑表笔接 A 极,红表笔接 K 极,瞬间短路 AG,断开后,万用表指针维持右摆,断开后再接通,万用表示数为 ∞ 为正常。

5.3.2 双向可控硅检测

同样使用万用表 R×1Ω 挡,测可控硅任意两脚之正反向阻值,其中有两次的阻值较小,约数十欧。此时该两个引脚为 G 和 A_1,另一个引脚为 A_2。判断出 G、A_1 后,仔细测量 A_1G 间的阻值,其中读数较小的一次红表笔所接的为 G 极,黑表笔所接的为 A_1 极。若黑表笔接 A_2,红表笔接 A_1,万用表指针不偏转,示数为∞,此时,外接 A_2 与 G 后马上分开,即利用万用表内电池给控制板加上触发电压,万用表的示数应为 15Ω 左右,并维持在此值。同样,黑表笔接 A_1,红表笔接 A_2,瞬间短路 A_2G,万用表示数仍为 10Ω 左右并能维持。断开表笔再接触示数又为∞。符合此规律,该双向可控硅正常,否则损坏。检测大功率可控硅(I>10mA),用此法未必可行,此时可用两块万用表 R×1Ω 挡串联使用或在万用表中串接一电池(1.5V)试之。

5.3.3 光控可控硅检测

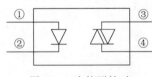

图 5.3 光控可控硅

该元件为新兴器件,原理与一般可控硅大致相同,只是触发电流被光电流替代,如图 5.3 所示。检测该元件时,①②脚加上①正②负的正向电压 1V 左右,③④导通,若①②脚不加电压,则③④截止。该器件可广泛应用于高压的低压控制。

5.4 可控硅元件的使用原理

通态平均电压是可控硅的重要判别标准之一。同样的电流下,正向压降越小则损耗越小。可控硅的使用需要选择正向压降较小的,要与它的压降相配合。可控硅的使用一般正向平均压降为生产厂家标准,一般是 0.5~1.2V,以小于或等于 0.5V 最为适宜。可控硅的分散性很大,不同容量、不同功率的可控硅设备,其触发通路也是不同的。

对于小功率的可控硅,应该选择较小的触发电路,否则会降低元件的抗干扰能力。大多数可控硅采用的是晶体管组成的触发电路,在这种情况下,使用时要注意触发电路的极限值,每个触发电路都有它本身的极限值,这个极限值必须满足,否则会损坏可控硅。

在多只可控硅串联或并联的大型设备中,通常采用强触发脉冲电路。在使用过程中,需要将电压控制在合理范围内,保证各元件触发时间的一致性。可控硅脉冲是否能够正常触发间断是电路正常工作的根本保证。对于可控硅,有明确的使用要求,必须要遵循特定的电流、电压标准,只有遵循标准,可控硅的使用才能够达到安全可靠的状态。

5.4.1 可控硅的分类

可控硅有多种分类方法。

1. 按关断、导通及控制方式分类

可控硅按其关断、导通及控制方式可分为普通可控硅、双向可控硅、逆导可控硅、门极关断可控硅(GTO)、BTG可控硅、温控可控硅和光控可控硅等多种。

单向可控硅和双向可控硅都是三个电极。单向可控硅有阴极(K)、阳极(A)、控制极(G)。双向可控硅等效于两只单向可控硅反向并联而成。即其中一只单向硅阳极与另一只阴极相连,其引出端称为 T_1 极,向一只单向硅阴极与另一只阳极相连,其引出端称为 T_2 极,剩下则为控制极(G)。

单向可控硅是一种可控整流电子元件,能在外部控制信号作用下由关断变为导通,但一旦导通,外部信号就无法使其关断,只能靠去除负载或降低其两端电压使其关断。单向可控硅是由三个 P-N 结 PNPN 组成的四层三端半导体器件,与具有一个 PN 结的二极管相比,单向可控硅正向导通受控制极电流控制;与具有两个 P-N 结的三极管相比,差别在于可控硅对控制极电流没有放大作用。

双向可控硅具有两个方向轮流导通、关断的特性。双向可控硅实质上是两个反并联的单向可控硅,是由 NPNPN 五层半导体形成四个 P-N 结构成、有三个电极的半导体器件。由于主电极的构造是对称的(都从 N 层引出),所以它的电极不像单向可控硅那样分别称为阳极和阴极,而是把与控制极相近的称为第一电极 A_1,另一个称为第二电极 A_2。双向可控硅的主要缺点是承受电压上升的能力较低。这是因为双向可控硅在一个方向导通结束时,硅片在各层中的载流子还没有回到截止状态的位置,必须采取相应的保护措施。双向可控硅元件主要用于交流控制电路,如温度控制、灯光控制、防爆交流开关以及直流电机调速和换向等电路。

2. 按引脚和极性分类

可控硅按其引脚和极性可分为二极可控硅、三极可控硅和四极可控硅。

3. 按封装形式分类

可控硅按其封装形式可分为金属封装可控硅、塑封封装可控硅和陶瓷封装可控硅三种类型。其中,金属封装可控硅又分为螺栓形、平板形、圆壳形等多种;塑封封装可控硅又分为带散热片型和不带散热片型两种。

4. 按电流容量分类

可控硅按电流容量可分为大功率可控硅、中功率可控硅和小功率可控硅三种。通常,大功率可控硅多采用金属壳封装,而中、小功率可控硅多采用塑封或陶瓷封装。

5. 按关断速度分类

可控硅按其关断速度可分为普通可控硅和高频(快速)可控硅。

5.4.2 可控硅元件使用的注意事项

虽然可控硅本身有很多优点,但不可否认的是,可控硅也有一些不足之处,在使用时就要尽量避开它的缺点,充分发挥它的优点。对于大功率设备中连续使用的可控硅,其额定电压的要求很高,一般需要达到额定电流的3~4倍。为了保证使用的安全性,建议在可控硅装置中安装过电流或者过电压的安全装置,以免过大的电流或电压影响可控硅使用的安全性,尽可能延长可控硅的使用寿命。虽然可控硅有很多优点,但是如果在日常使用中不注意维护,那么必然会影响系统运行的安全性。

另外,可控硅的各种使用性能和温度有密切的关系,所以在可控硅使用时,就必须要保障其温度与散热性。冷却散热是可控硅使用的一个前提,为此,需要将允许通过的电流值设定于额定电流的30%左右,能够最大限度地延长可控硅的使用寿命。

可控硅还有一些其他缺点,比如电压、电流有限。能否根据脉冲电路可靠地接触和关闭是可控硅运行的关键。当工作环境超过40℃时,可控硅的额定电流也应该比原来的额定电流稍大;如果冷却温度低于可控硅的额定温度时,可控硅的使用电流应该比额定电流稍微小一些。为了达到这一目的,需要在可控硅上安装过流过压装置,过流过压装置能够在可控硅内部消耗掉过大的电流或电压,使它的工作始终处在额定的电流电压状态,能够极大地减小可控硅的损耗。安装过流过压装置,能够使可控硅过度的电流和电压得到储存,使电流、电压始终保持在正常状态,当电流或者电压过大时即可自动调整,当电流或者电压过小时可以自动补充,这样就会使可控硅始终运行在正常的电流、电压范围内。

交流调压多采用双向可控硅,它具有体积小、重量轻、效率高和使用方便等优点,对提高生产效率和降低成本等都有显著效果。但它也有过载和抗干扰能力差,且在控制大电感负载时会干扰电网和自干扰等缺点。以下讨论可控硅在使用中如何避免上述问题。

1. 灵敏度

双向可控硅是一个三端元件,但我们不再称其两极为阴、阳极,而是称作 T_1 和 T_2 极,G为控制极,其控制极上所加电压无论为正向触发脉冲或负向触发脉冲,均可使控制极导通,四种条件下双向可控硅均可被触发导通,但是触发灵敏度互不相同,即保证双向可控硅能进入导通状态的最小门极电流 I_{GT} 是有区别的。

2. 可控硅过载的保护

可控硅元件优点很多,但是它过载能力差,即使短时间的过流、过压都会造成元件损坏,因此为保证元件正常工作,须有条件:①外加电压情况下允许超过正向转折电压,否则控制极将不起作用;②可控硅的通态平均电流从安全角度考虑一般按最大电流的1.5~2倍来取;③为保证控制极可靠触发,加到控制极的触发电流一般取大于其额定值。此外,还必须采取保护措施,一般对过流的保护措施是在电路中串入快速熔断器,其额定电流取可控硅电流平均值的1.5倍左右,其接入的位置可在交流侧或直流侧,当在交流侧时额定电流取大些,一般多采用前者。过电压保护常发生在存在电感的电路上,或交流侧出现干扰的浪涌电压或交流侧的暂态过程产生的过压。由于过电压的尖峰高,作用时间短,常采用电阻和电容吸收电路加以抑制。

3. 控制大电感负载时的干扰电网和自干扰的避免

可控硅元件控制大电感负载时会有干扰电网和自干扰的现象,其原因是当可控硅元件控制一个连接电感性负载的电路断开或闭合时,其线圈中的电流通路被切断,其变化率极大,因此在电感上产生一个高电压,这个电压通过电源的内阻加在开关触点的两端,然后感应电压一次次放电直到感应电压低于放电所必需的电压为止,在这一过程中将产生极大的脉冲束。这些脉冲束叠加在供电电压上,并且把干扰传给供电线或以辐射形式传向周围空间,这种脉冲具有很高的幅度、很宽的频率,因而具有感性负载的开关接点是一个很强的噪声源。

为防止或减小噪声,对于移相控制式交流调压一般的处理方法有电感电容滤波电路、电阻、电容阻尼电路和双向二极管阻尼电路及其他电路。

电感电容滤波电路,由电感电容构成谐振回路,其低通截止频率为 $f=1/2\pi lc$,一般取数十千赫的低频率。

双向二极管阻尼电路,由于二极管是反向串联的,所以它对输入信号极性不敏感。当负载被电源激励时,抑制电路对负载无影响。当电感负载线圈中电流被切断时,则在抑制电路中有瞬态电流流过,因此就避免了感应电压通过开关接点放电,也就减小了噪声。但是要求二极管的反向电压应比可能出现的任何瞬态电压高,另外,额定电流值要符合电路要求。

电阻电容阻尼电路,利用电容电压不能突变的特性吸收可控硅换向时产生的尖峰状过电压,把它限制在允许范围内。串接电阻在可控硅阻断时防止电容和电感振荡,起阻尼作用;另外,阻容电路还具有加速可控硅导通的作用。

另外一种防止或减小噪声的方法是利用通断比控制交流调压方式,其原理是采用过零触发电路,在电源电压过零时就控制双向可控硅导通和截止,即控制角为零,这样在负载上得到一个完整的正弦波;但其缺点是仅适用于时间常数比通断周期大的系统,如恒温器。

5.4.3 可控硅元件的保护措施

可控硅元件的主要弱点是承受过电流和过电压的能力很差,即使短时间的过流和过电压,也可能导致可控硅元件的损坏,所以必须对它采用适当的保护措施。

1. 过电流保护

可控硅元件出现过电流的主要原因是过载、短路和误触发。过电流保护有以下几种:

(1) 快速熔断器。快速熔断器中的熔丝是银质的,只要选用适当,在同样的过电流倍数下,它可以在可控硅元件损坏前先熔断,从而保护了可控硅元件。

(2) 过电流继电器。当电流超过过电流继电器的整定值时,过电流继电器就会动作,切断保护电路。但由于继电器动作到切断电路需要一定时间,所以只能用作可控硅元件的过载保护。

(3) 过载截止保护。利用过电流的信号将可控硅元件的触发信号后移,或使可控硅元件的导通角减小,或干脆停止触发保护可控硅元件。

2. 过电压保护

过电压可能导致可控硅元件的击穿,其主要原因是电路中电感元件的通断、熔断器熔断或可控硅元件在导通与截止间的转换。对过电压保护可采用阻容保护措施,即电阻和电容串联后,接在可控硅元件电路中的一种过电压保护方式,其实质是利用电容器两端电压不能突变和电容器的电场储能以及电阻是耗能元件的特性,把过电压的能量变成电场能量储存在电场中,并利用电阻把这部分能量消耗掉。

5.5 可控硅应用

双向可控硅元件可广泛用于工业、交通、家用电器等领域,实现交流调压、电机调速、交流开关、路灯自动开启与关闭、温度控制、台灯调光、舞台调光等多种功能,它还被用于固态继电器(SSR)和固态接触器电路中。图5.4所示是由双向可控硅构成的接近开关电路。

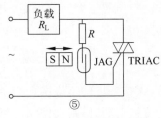

图5.4 接近开关电路

图中,R为门极限流电阻,JAG为干式舌簧管。平时JAG断开,双向可控硅TRIAC也关断。仅当小磁铁移近时JAG吸合,使双向可控硅导通,将负载电源接通。由于通过舌簧管的电流很小,时间仅几微秒,所以开关的寿命很长。

现在可控硅应用市场相当广阔,在自动控制领域、机电领域、工业电器及家电等方面都有可控硅的身影。更重要的是,可控硅应用相当稳定,比如用于家电产品中的电子开关,可以说是鲜少变化的。无论其他的元件怎么变化,可控硅的变化都是不大的,这相当于扩大了可控硅的应用市场,减少了投资的风险。随着消费类电子产品的热销,更为可控硅提供了销售空间。现在常见的可优化消费电子产品性能的新型标准三端双向可控硅开关元件,采用先进的平面硅结构设计,具有很高的可靠性,加上在导通状态下的损耗最多仅为1.5V,因而可达到高效率。这种产品的目标应用领域包括洗衣机、吸尘器、调光器、遥控开关和交流电机控制设备。

过零触发型交流固态继电器(AC-SSR)的内部电路,主要包括输入电路、光电耦合器、过零触发电路、开关电路(包括双向晶闸管)、保护电路(RC吸收网络)。当加上输入信号Ⅵ(一般为高电平),并且交流负载电源电压通过零点时,双向可控硅被触发,将负载电源接通。固态继电器具有驱动功率小、无触点、噪声低、抗干扰能力强、吸合/释放时间短、寿命长等优点,能与TTL/CMOS电路兼容,可取代传统的电磁继电器。

5.6 小结

可控硅器件具有体积小、效率高、寿命长等优点。在自动控制系统中,可作为大功率驱动器件,实现用小功率控件控制大功率设备。它在交直流电机调速系统、调功系统及随动系统中得到了广泛的应用,为推动绿色科技创新,促进绿色发展,贯彻新发展理念,构建新发展格局提供了有力支持。在高压大功率器件中有着广阔的应用前景,也特别适合作交流无触点开关使用,这为夯实科技基础,提高社会生产力,建设现代化经济体系,科技兴国提供战略支撑。

参 考 文 献

[1] 袁寿财.IGBT场效应半导体功率器件导论[M].北京:科学出版社,2008.
[2] 周志敏,周纪海,纪爱华.IGBT和IPM及其应用电路[M].北京:人民邮电出版社,2006.
[3] 王树振,单威,宋玲玲.IGBT绝缘栅双极型晶体管发展简述[J].微处理机,2008,4(2):41-44.

[4] 张玉玲.绝缘栅双极晶体管(IGBT)低温特性研究[D].北京:中国科学院电工研究所,2005.
[5] 王可恕.绝缘栅双极晶体管(IGBT)[J].电子设计工程,1995(7):35-42.
[6] 吴滔.绝缘栅双极晶体管(IGBT)的研究与设计[D].杭州:浙江大学,2005.
[7] 成世明.电子器件模拟软件中的 MOSFET 建模[D].长沙:湖南大学,2001.
[8] 刘恩峰,刘晓彦,韩汝琦.半导体器件模技术的研究[J].微电子学,2002,32(3):206-209.
[9] ATLAS Users Manual[M]. SILVACO International,Inc.,2007.
[10] ATHENA Users Manual[M]. SILVACO International,Inc.,2007.
[11] 吴昊,杨霏,于坤山.1000V4H-SiCJBS 功率二极管元胞[J].微纳电子技术,2013,11:695-700.
[12] 殷丽,王传敏.超低导通电阻 RON 的 SiC 沟槽器件[J].电力电子,2012,5:49-52.
[13] Wang Li,Hu Xiaobu,Xu Xiangang,et al. Synthesis of High Purity SiC Powder for High-resistivity SiC single Crystals Growth[J]. Journal of Materials Science& Technology,2007,1:118-122.
[14] 郝跃,彭军.碳化硅宽禁带半导体技术[M].北京:科学出版社,2000.
[15] 闫新强.碳化硅外延材料生长温度场模拟和表征技术研究[D].西安:西安电子科技大学,2007.
[16] Madar R. Materials science:silicon carbide in contention[J]. Nature,2004,430:974-975.
[17] 石绪忠.SiC 半导体材料的特性及其在舰船上的应用[J].船电技术,2010,30(6):47-50.
[18] 丁瑞雪.碳化硅 MOS 器件电学特性研究[D].西安:西安电子科技大学,2006.
[19] 张有润.4H-SiCBJT 功率器件新结构与特性研究[D].成都:电子科技大学,2010.
[20] 张波,邓小川,张有润,等.宽禁带半导体 SiC 功率器件发展现状及展望[J].中国电子科学研究院学报,2009,4(2):111-118.
[21] 李宇柱.SiC 电力电子技术综述[J].固体电子学研究与进展,2011,31(3):213-217.
[22] Francis K Chai,Bruce OdekirK,Ed Maxwel,et al. ASiC static induction transistor(SIT) technology for pulsed RF power amplifier[C]//Proceeding of the 23rd International Symposium on Power Semiconductor Devices,2011:300-303.
[23] Ghandi R,Buono B,Domeij M,et al. High-Voltage(2.8kV) Implantation-Fre 4H-SiC BJTs with Long-Term Stability of the Curent Gain[J]. IEEE Trans.,2011,58(8):2665-2669.
[24] 王言虹.增强型 AlGaN/GaN 槽栅 HEMT 器件的仿真研究[D].西安:西安电子科技大学,2010.
[25] 张小玲,吕长治,谢雪松,等.AlGaN/GaN HEMT 器件的研制[J].半导体学报,2003,24(8),847-848.
[26] 孙会.GaN HEMT 器件建模与仿真[D].成都:电子科技大学,2006.
[27] 祸龙,王燕,余志平,等.AlGaN/GaN 材料 HEMT 器件优化分析与Ⅰ-Ⅴ特性[J].半导体学报,2004,25(10):1285-1290.
[28] 刘畅.AlGaN/GaN 高电子迁移率晶体管 TCAD 仿真研究[D].西安:西安电子科技大学,2012.
[29] Mishra U K,Likun S,Kazior T E,et al. GaN-based RF power devices and amplifiers[J]. Proceedings of the IEEE,2008,96(2):287-305.
[30] Wu Y F,Moore M,Saxler A,et al. 40-W/mm double field-plated GaN HEMTs[C]//Device Research Conference,64th. IEEE,Park,Pennsylvania,2006:151-152.
[31] Eastman L F,Mishra U K. The toughest transistor yet(GaN transistors)[J]. Spectrum,IEEE,2002,39(5):28.
[32] Javorka P,Alam A,Fox A,et al. AlGaN/GaN HEMTs on silicon substrates with f_t of 32/20GHz and f_{max} of 27/22GHz for 0.5/0.7μm gate length[J]. IEEE Trans Electron Let,2002,38:288.
[33] Rashmi,Kranti A,Haldar S,et al. An acurate charge control model for spontaneous and piezoelectric polarization dependent two-dimensional electron gas shet charge density of latice-mismatched AlGaN/GaN HEMTs[J]. Solid-State Electron,2002,46:621.
[34] 许其品,朱晓东,许其质.可控硅整流桥故障对励磁系统的影响[J].水电厂自动化,2005,03.
[35] 边凯,陈维江,李成榕,等.架空配电线路雷电感应过电压计算研究[J].中国电机工程学报,2012,31.

[36] 李小龙,冯德仁,马丽华,等.基于DSP技术的重频脉冲源及软件加固[J].核技术,2012,10.
[37] 冯德仁,罗进,徐笑娟,等.氢闸流管开关和感应叠加技术重频脉冲源的实验研究[J].中国电机工程学报,2012,10.
[38] 李海泉,李健.计算机系统安全技术[M].北京:人民邮电出版社,2000.
[39] 戴海尊,史嘉权.微型计算机技术及应用[M].北京:清华大学出版社,1996.
[40] Wang Z H. On-chip ESD protection IC design perspective[M]. New York:Kluwer Academic,2002.
[41] Wang A Z,Chen H T. On a dual-polarity on-chip electrostatic discharge protection structure[J]. IEEE Transon ED,2001,48(5):978-984.
[42] Zhu K H,YuZ G,Ddng S R,et al. Design analysis of a novel low riggering voltage dual direction SCR ESD device in 0.18μm mixed mode RF CMDS technology[J]. J of Semiconductors,2008,29(11):2164-2168.

第 6 章 绝缘栅双极型晶体管
CHAPTER 6

绝缘栅双极晶体管(Insulated Gate Bipolar Transistor,IGBT)由于结合了 MOSFET 和 BJT 各自的优点,表现出开关速度高、饱和压降低和可耐高压、大电流等优良特性,是一种用途十分广泛的半导体功率器件,在许多领域已经逐步取代了电力晶体管(GTR)和电力场效应晶体管(MOSFET)。目前,国内对 IGBT 产品的需求量日趋增多,但国内暂时还没有独立的生产厂家,所需的 IGBT 产品主要依赖进口。因此,以科技创新为核心开发和研制具有自主知识产权的性能优良的 IGBT 器件来实现高质量发展,夯实技术基础,实现科技发展已成为迫切需要。

6.1 IGBT 原理

IGBT 本质上是一个场效应晶体管,只是在漏极和漏区之间多了一个 P 型层,即 IGBT 是一种复合了 BJT 优点的功率 MOS 型器件,它既具有功率 MOSFET 的高速开关及电压驱动特性,又兼具有双极型晶体管的低饱和电压特性及承载较大电流的能力,是近年来电力电子领域中最令人注目且发展最快的一种新型半导体器件。

6.2 IGBT 结构及分类

6.2.1 IGBT 结构

IGBT 在结构上类似于 MOSFET,其不同点在于 IGBT 是在 N 沟道功率 MOSFET 的漏极上增加了一个 P^+ 层,成为 IGBT 的集电极,如图 6.1 所示。从图中可以看出,IGBT 是由一个纵向的 PNP 管和一个横向的 N 沟 MOS 并联而成的。在正常工作时,P^+ 区衬底接正电位,称为 IGBT 器件的集电极 C(或阳极 A),同时也是 PNP 晶体管的发射极。通过多晶硅栅介质引出的电极为 IGBT 的栅极 G,IGBT 的发射极 E(或称阴极 K)将 N^+ 与 P-基极短接。

对应于图 6.1 所示的 IGBT 结构,表 6.1 给出了 IGBT 中寄生参数的产生、性质及符号。

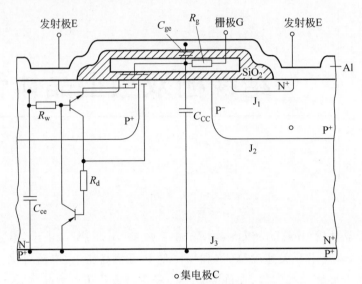

图 6.1 IGBT 的结构

表 6.1 IGBT 的寄生电容及电阻

符号	名 称	产生和性质
C_{ge}	栅极-发射极电容	栅极和发射极金属化部分的重叠引起的电容取决于栅极-发射极电压,但与集电极-发射极电压无关
C_{ce}	集电极-发射极电容	N^-基极区与 P 阱区之间的电容取决于单元的表面积、漏源击穿电压以及漏源电压
C_{gc}	栅极-集电极电容	米勒电容,由于栅极和 N^-基极区之间的重叠而产生
R_g	栅极内阻	多晶硅栅极的电阻,在多芯片并联的模块中,常常有附加的串联电阻以削弱芯片之间的振荡
R_d	N^-基极区电阻	N^-基极区的电阻(PNP 晶体管的基极电阻)
R_w	P 阱区横向电阻	寄生 NPN 双极型晶体管的基极-发射极之间的电阻

从图 6.1 的 IGBT 剖面图中可以得到 IGBT 的等效电路模型,如图 6.2 所示。图 6.2(a)所示的 IGBT 等效电路中包含一只理想功率 MOSFET,以及一个寄生 NPN 晶体管:N^+ 发射区(发射极)、P^+ 阱区(基极)、N^-基极区(集电极)。在这个寄生结构里,位于发射极之下的

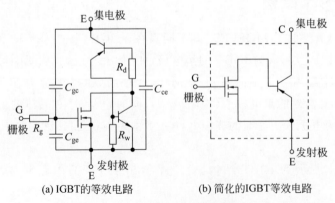

(a) IGBT的等效电路　　　　　(b) 简化的IGBT等效电路

图 6.2 IGBT 的等效电路模型

P^+ 阱区的电阻被视为基极-发射极电阻 R_w。此外,下列区域组合构成了一个 PNP 晶体管:P^+ 集电极区(发射极)、N^--基极区(基极)、P^+ 阱区(集电极)。这个 PNP 晶体管与上面的 NPN 晶体管一起构成了一个晶闸管结构。另外,两个相邻的 IGBT 单元之间还有一个寄生的 JFET 结构(图中未给出)。在 IGBT 正常工作时,要避免寄生 NPN 晶体管的导通,否则 IGBT 将失去栅控能力,发生闩锁效应。因此,等效电路中的寄生 NPN 管可以忽略,简化后的 IGBT 等效电路如图 6.2(b)所示,即 IGBT 可以看作是一个 N 沟道增强型 MOSFET 与一个 PNP 双极型晶体管的达林顿结构。

在实际电路中,IGBT 的图形符号一般有三种,如图 6.3 所示,实际应用中多采用图 6.3(a)所示的符号。

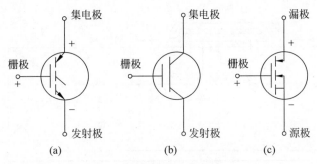

图 6.3 N 型 IGBT 的图形符号

6.2.2 PT-IGBT 和 NPT-IGBT

IGBT 在大多数情况下采用垂直式(VIGBT)结构,即栅极、发射极位于芯片上表面,集电极位于芯片的下表面。此类 IGBT 的负载电流在沟道之外垂直通过芯片,而导电沟道则是横向的。平面式 IGBT(LIGBT)结构是从微电子技术移植而来的,其集电极由 P^+ 阱区构成,位于芯片的表面,负载电流沿水平方向。此种结构的 IGBT 便于集成,但性能没有 VIGBT 好,故主要用在复杂的单芯片电路中。

目前,垂直式 IGBT 通常分为两种,一种是最早出现的穿通型(Punch Through, PT)IGBT,如图 6.4(a)所示;另一种是非穿通型(Non Punch Through, NPT)IGBT,如图 6.4(b)所示。两种结构的基本区别在于,在 PT 型 IGBT 的 N^--基极和 P^+-集电极之间存在一个高扩散浓度的 N 型缓冲层。PT 型 IGBT 的 N^- 层掺杂浓度较低,且有一个 N^+ 缓冲层,所以它的穿通击穿电压低于雪崩击穿电压,在加阻断电压发生穿通击穿前不会发生雪崩击穿,故称其为穿通型 IGBT。缓冲层的引入,降低了双极晶体管的增益,减小了集电极关断拖尾电流,降低了导通压降。重掺杂的缓冲层大大降低了器件从 P^+ 发射极(IGBT 集电极)的注入效率,在器件关断时尤为明显,造成 PH-IGBT 的通态压降大于 NPT-IGBT。然而,在给定阻断电压时,PT 型器件有更薄的 N^- 基区,而 N^- 基区的厚度是影响通态压降的关键因素,因此,通过合理地设计漂移区和缓冲区的厚度,PT 型 IGBT 可以取得更低的通态压降。

图 6.4 还给出了两种 IGBT 正向截止状态下的电场强度分布,这也正反映了两种结构名称的由来:NPT-IGBT 正向截止时 J_2 结在 N^--基极区的耗尽层没到达 P^+ 集电极层,电场只分布于 N^--基极的部分区域,故称为非穿通型 IGBT;PT-IGBT 正向截止时 J_2 结的耗尽层终止于 N 型薄缓冲层,电场分布于整个 N^--基极区,故称为穿通型 IGBT。与 PT-

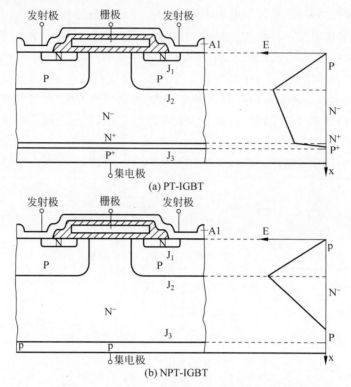

(a) PT-IGBT

(b) NPT-IGBT

图 6.4　两种 IGBT 的结构及其正向截止状态下的电场强度分布

IGBT 相比，NPT-IGBT 的背 P^+ 发射区极薄且掺杂浓度相对较低，所以 NPT-IGBT 背发射区注入效率比 PT-IGBT 低得多。在 NPT-IGBT 中，因为背发射极电流中的电子流成分很大，器件关断时 N^--基极区储存的大量电子可以通过流向背发射区而很快清除掉，空穴可以迅速地流向 P 阱，所以开关时间短，拖尾电流小，开关损耗小。虽然 NPT-IGBT 背发射极注入效率较低且 N^--基极区较宽，但由于 N^--基极区少子寿命很长，使得 N^--基极区载流子电导调制效应更加显著，NPT 型 IGBT 的饱和压降并不比 PT 型高。另外，NPT 型 IGBT 有一个突出的优点就是器件关断时拖尾电流随温度变化很小，器件的可靠性很高。

　　PT-IGBT 和 NPT-IGBT 的制造工艺也有很大的不同。PT 型 IGBT 制作流程如图 6.5 所示，它是在 P^+ 单晶上外延 N^+ 缓冲层和 N^- 基区，再于 N^- 层表面区制造 MOSFET 结构

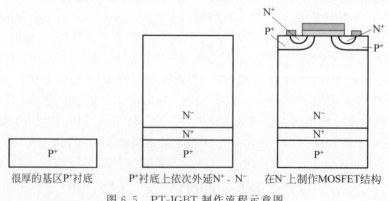

很厚的基区P^+衬底　　P^+衬底上依次外延N^+、N^-　　在N^-上制作MOSFET结构

图 6.5　PT-IGBT 制作流程示意图

而成。由于制造方法的限制,其 P^+ 背发射区必须足够厚以保证不碎片,并且掺杂足够高以保证电阻小,所以 P^+ 发射区的空穴注入效率很高。这一结构的优点是在器件导通时,高的发射效率可使大量空穴从背面注入 N^- 基区中,大量电子则通过器件正面的 N 型沟道流入 N^- 基区,这样在基区可形成很好的电导调制,使通态压降很低。但这一结构也产生了一个严重的问题,由于背发射极的空穴注入效率很高,在流经 P^+-N^- 结的电流中,电子流所占成分很小,在关断时,N^- 区积累了大量电子无法从背 P^+ 区流出,电子只能在 N^- 区靠自身的载流子复合来消失,这样就大大延长了 IGBT 的关断时间,从而使 PT-IGBT 的关断损耗较高。

实际中,通常采用离子辐照的方法来控制 N^--基区的载流子寿命,减小集电极电流拖尾时间和寄生双极晶体管电流增益,以此降低关断损耗,提高抗闭锁能力。然而少子寿命的降低使电导调制作用减弱,影响正向压降,退火工艺可克服这一弱点。通过离子辐射引入的晶格损伤和相应的陷阱复合中心使载流子寿命和迁移率下降的同时,也造成栅氧化层俘获电荷的增加,造成 MOS 器件门槛电压的负向漂移和跨导的退化,为克服这一负面影响,一般采取抗辐射加固工艺减少对栅氧化层造成的影响。

图 6.6 为 NPT-IGBT 制作工艺流程图。

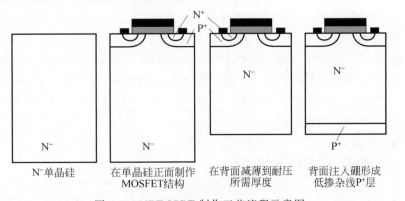

图 6.6 NPT-IGBT 制作工艺流程示意图

6.3 IGBT 的工作原理

本节以 NPT-IGBT 结构为例分析 IGBT 的工作模式。在图 6.1 所示的 IGBT 结构中,当栅极 G 与发射极 E 短接且接正电压、集电极 C 接负电压时,J_1、J_3 结反偏,J_2 结正偏。反偏结 J_1、J_3 阻止电流的流通,此时器件处于反向截止状态,反向电压主要由 J_1 结承担,耗尽层大部分向低掺杂的 N^--基极层扩展,高掺杂的 P^+-集电极层中的耗尽层则很窄。当栅极 G 与发射极 E 短接,集电极 C 相对于栅极加正压时,J_1、J_3 结正偏,而 J_2 结反偏,电流仍然不能流通,此时 IGBT 处于正向截止状态,电压主要由 J_2 结承载。穿通型 IGBT 的正反向阻断能力较好。对于具有缓冲层的 IGBT(即 PT-IGBT),由于 N 型缓冲层阻止了 J_3 结的耗尽区向 N^--基极区的扩展,使得其反向击穿电压比 NPT-IGBT 低,即 PT-IGBT 具有较低的反向阻断能力。

当集电极 C 加正压,栅极 G 相对于发射极 E 也施加一定的正压时($V_{CE} > 0$,$V_{GE} > V_{th}$),IGBT 的 MOS 沟道形成如图 6.7 所示,电子流从 N^+-发射极通过该沟道流入 N^--集电极区,由于电子的注入,降低了 N^--基极区的电位,从而加速了 P^+-集电极区向 N^--基极区注入空穴的进程,使器件很快进入正向导通状态。对于一定的 V_{GE},当 V_{CE} 达到一定值时,沟道中电子漂移速度达到饱和漂移速度,则集电极电流 I_C 就出现饱和。随着 V_{GE} 的增加,表面 MOSFET 的沟道区反型加剧,通过沟道的电子电流增加,使得器件的 I_C 增加。

为了满足一定的耐压要求,N^--基极区往往选择较厚且轻掺杂的外延层。当沟道形成后,P^+ 衬底注入 N^--基极区的空穴(少子)对 N^--基极区进行电导调制,使 N^--基极区的载流子浓度显著提高,阻抗减小,降低了 N^--基极区的导通压降,克服了 MOS 器件导通电阻高的弱点,使 IGBT 在高压时仍具有较低的通态电压。

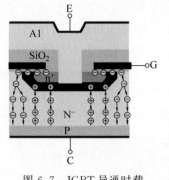

图 6.7 IGBT 导通时载流子的流向

IGBT 在继承 MOS 电压驱动、安全工作区宽、开关速度快等优点的同时,兼备了功率 BJT 正向导通压降小、电流密度大的优点,而且由于在宽基区很好地利用了载流子的电导调制效应,从而克服了 MOS 导通电阻随器件耐压的增加而增大的致命缺点。虽然相对于 MOS 而言,IGBT 的工作频率有所下降,但是它已经适合在几十千赫兹的频率下工作了。另外,IGBT 的制作工艺是与MOS 兼容的,在工艺上没有难度,适合大规模生产。综上所述,IGBT 综合了以往传统功率开关器件各自的优点,较好地实现了开关损耗和通态压降的折中,是一种较为理想的功率开关器件。也正是由于 IGBT 的优良性能,从 20 世纪 80 年代末起它就已经成为国际上高频功率开关器件领域的主流器件。

6.4 IGBT 的特性分析

IGBT 的开关作用:通过加正向栅压形成沟道,给 PNP 晶体管提供基极电流,使 IGBT 导通;反之,加反向栅压消除沟道,流过反向基极电流使 IGBT 关断。IGBT 的工作特性包括静态特性和动态特性两类。

6.4.1 IGBT 的静态特性

IGBT 的静态特性主要有转移特性和输出特性。IGBT 的转移特性是指输出集电极电流 I_C 与栅极和发射极电压 V_{GE} 之间的关系。它与功率 MOSFET 的转移特性相同,当栅极和发射极之间的电压小于阈值电压 V_{th} 时,IGBT 处于关断状态。IGBT 导通后的大部分集电极电流范围内,I_C 与 V_{GE} 呈线性关系。栅极和发射极之间的最高电压受最大集电极电流限制,最佳值一般为 15V。IGBT 能实现电导调制的最低栅极和发射极电压 V_{GE} 随温度升高略有下降,在 25℃时的值一般为 2~6V。

IGBT 的输出特性是指以栅极和发射极之间的电压 V_{GE} 为参变量时,集电极电流 I_C 与漏源压 V_{CE} 之间的关系曲线。图 6.8 给出了典型 IGBT 器件的 $I\text{-}V$ 关系曲线。输出特性曲线的形状与双极型晶体管相似,但因为 IGBT 是压控器件,故其参变量是栅源电压 V_{GE},而不是基极电流。与功率 BJT 相似,输出曲线也分为正向阻断区、饱和区和主动区(放大区),当 $V_{GE} < 0$ 时,IGBT 处于反向阻断工作状态。

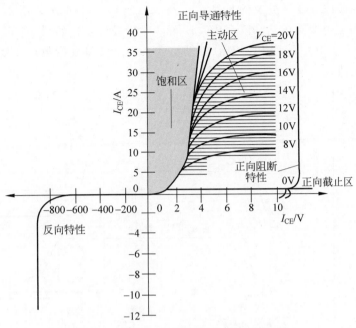

图 6.8 IGBT 的输出特性（N 沟道增强型）

另外，IGBT 的通态压降可以近似为背面 PN 结二极管上的压降与 MOSFET 沟道压降之和，因而 IGBT 的通态压降不低于一个二极管的阈值电压，即为了使 IGBT 导通，J_3 结要正偏，C、E 间至少要有 0.6V 左右的电压。

6.4.2 IGBT 的动态特性

IGBT 的动态特性主要描述其导通、关断时的瞬态过程，即器件的开关特性。开关速度的快慢对器件的开关损耗有很大的影响，因而在高频应用时，器件的开关损耗在总功耗中占了绝大部分。器件的开关过程可以分为导通和关断两个过程，其中又以关断过程尤为重要，因为 IGBT 的开启过程与 MOSFET 很相似，故开启速度很快，而关断过程则与 MOSFET 不同，故减小 IGBT 的开关损耗主要就是减小该器件的关断损耗。

从器件的结构及工作原理（图 6.1）来看，IGBT 器件总电流由两部分组成，既含有来自沟道的 MOS 分量，又含有从 PN 结注入的双极分量，即 $I_{IGBT}=I_{MOS}+I_{BJT}$。IGBT 的开通瞬态特性主要由内部等效 MOSFET 结构决定，如图 6.9 的左端，未加入 V_{CE} 之前，IGBT 处于阻断状态，$i_c \approx 0$，V_{CE} 为电源电压值；加入 V_{CE} 后，IGBT 转换状态。动态特性是从 V_{CE} 由低转向高时作为起点，当 V_{CE} 从低电平（一般为负值）转向高电平需要一段过程，V_{CE} 上升至 $V_{CE(th)}$ 时，i_c 才开始从无到有。V_{CE} 从低转高瞬间到 i_c 从无到有的瞬间称为开通延迟时间，用 $t_{d(on)}$ 表示；出现集电极电流 i_c 到 V_{CE} 开始下降这段时间称为电流上升时间，用 t_{ri} 表示；从 V_{CE} 开始下降到降为最低这段时间分两段，即 t_{fr1} 段和 t_{fr2} 段，t_{fr1} 段只有等效 MOSFET 起作用，t_{fr2} 段等效 MOSFET 与等效 PNP 管同时起作用，因此，t_{fr2} 长短取决于两个因素：其一是 IGBT 的 C-E 间电压降低时，它的 G-E 间电容增加，致使电压下降时间变长，这与 MOSFET 相似；其二是 IGBT 内等效 PNP 管从放大状态转为饱和状态要有一个过程，这个过程使电压下降时间变长，这说明只有当 t_{fr2} 下降曲线快结束时，IGBT 的集电极电压才进入饱和阶段。还要提及的是，$V_{GE(t)}$ 在 $t_{d(on)}$ 和 t_{ri} 段都是按指数规律变化，而 t_{fr1} 及 t_{fr2} 段 G-E 间流过驱动电流，相当于 G-E 间呈现二极管正向特性，所以 t_{fr1} 及 t_{fr2} 段的 $V_{GE(t)}$ 保持不变。当 IGBT 完全导通后，驱动结束，$V_{GE(t)}$ 又呈现指数规律变化，V_{GE} 最终达到栅极电源电压值。

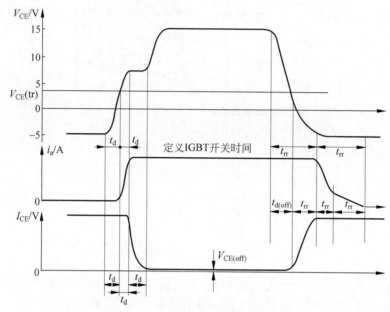

图 6.9　IGBT 的开关瞬态特性

IGBT 关断时的瞬态变化情况如图 6.9 右端所示。关断是由 V_{GE} 下降所引起的，V_{GE} 开始下降后，i_c 及 V_{CE} 并不立即变化，要待 V_{GE} 下降到阈值电压 $V_{GE(th)}$ 时，V_{CE} 才开始上升，这段时间为 $t_{d(off)}$。此后，当 V_{CE} 达到阻断值时，i_c 才开始下降，这段时间为 t_{rv}。这两段时间都由等效 MOSFET 决定，合称为关断延迟时间。i_c 开始下降后，它的下降过程又分为两个阶段，前段为 t_{fi1}，这段时间仍由等效 MOSFET 决定，t_{fi1} 的末尾等效 MOSFET 已关断，再往后的 t_{fi2} 段内只有等效 PNP 晶体管中储存电荷起作用，这些体内储存电荷难以被迅速消除，所以 IGBT 的集电极电流的下降需要经过一段较长的时间。由于在 i_c 下降期间已降低集电极电压，过长的下降时间会产生较大的功耗，使结温升高，所以希望此段时间越短越好。穿通型 IGBT 因无 N^+ 缓冲区，故其下降时间较短；相反，非对称型 IGBT 的下降时间较长。

在实际应用中，用 IGBT 集电极电流 i_c 的瞬态特性定义开关时间。IGBT 的开关时间包括上升时间、开通时间、下降时间、关断时间，其定义如下：IGBT 的上升时间 t_r 对应于瞬态特性的 t_{ri}；IGBT 的开通时间 t_0 对应于瞬态特性的 $t_{d(on)}$；IGBT 的下降时间 t_f 对应于瞬态特性的 t_{fi1} 与 t_{fi2} 之和；IGBT 的关断时间 t_{off} 对应于瞬态特性的 $t_{d(off)}$ 与 t_{rw} 之和。IGBT 的开关时间比功率 MOSFET 稍大，但比 BJT 开关时间小，它的开关时间只有 BJT 的 1/10。开关时间短是 IGBT 得以广泛应用并发展较快的原因之一。

对于 IGBT 的关断时间，最大的一个限制因素是 N^--基极层中少数载流子的寿命，即 PNP 管基区中少子的寿命。因为对于 IGBT 中的 PNP 管来说，基区没有直接引出电极，所以无法像 BJT 那样，通过外部驱动电路加大基极反抽电流来减小其过量储存电荷，以此缩短开关时间。虽然该 PNP 管类似于达林顿连接,它的关断时间要比同样处于深饱和的 PNP 管短许多,但即便如此,仍不能满足许多高频应用的要求。在关断时,基区的储存电荷使得 IGBT 的电流波形出现了尾部电流。因此减小 t_{f2} 对提高 IGBT 的关断速度是十分重要的。t_{f2} 可以通过电子辐照等少子寿命控制技术加以控制,并通过在 P-N 结之间加 N 型缓冲层等工艺方法来降低 PNP 管的增益,使通态压降变大。但是少子寿命的降低虽然提高了器件的关断速度,却使 IGBT 的 N^--基极区的调制作用减弱,调制电阻增加,导致正向压降上升。所以 IGBT 的通态压降与关断时间之间存在一个折中关系,要视情况而定。

6.5 小结

本章主要介绍了 IGBT 的结构及工作原理,包括分类、等效电路、静态特性、动态特性。IGBT 作为一种新型的电力电子器件,它的诸多优点在各个特性中都有不同的体现,如输入阻抗大、驱动功率小、导通电阻小、开关损耗低、工作频率高等。

参 考 文 献

[1] 周志敏,周纪海,纪爱华. IGBT 和 IPM 及其应用电路[M]. 北京:人民邮电出版社,2006.
[2] 张国俊,王刚. IGBT 的发展情况及特点分析[J]. 微处理机,2003,3:1-3.
[3] 罗海辉,黄建伟,Ian Devin,等. 沟槽栅 IGBT 深槽工艺研究[J]. 大功率变流技术,2013,2:12-16.
[4] 郭红霞,杨金明. IGBT 的发展[J]. 元器件应用,2006,9:51-56.
[5] 丁顺,邢岩,王钧,等. IGBT 串联动态均压特性分析与控制[J]. 电工技术学报,2018,33(14):3194-3201.
[6] Sandow C,Brandt P,Felsl H P,et al. IGBT with superior long-term switching behavior by asymmetric trench oxide[C]//2018 IEEE 30th International Symposium on Power Semiconductor Devices and ICs (ISPSD),2018.
[7] Niedernostheide F J,Schulze H J,Laska T,et al. Progress in IGBT development[J]. IET Power Electronics,2018,11(4):646-653.
[8] 唐新灵,张朋,陈中圆,等. 高压大功率压接型 IGBT 器件封装技术研究综述[J]. 中国电机工程学报,2019,39(12):3623-3637.
[9] 马先奎,张兴,宋高升. 应用于第 7 代 IGBT 模块的 SLC 封装技术[J]. 电力电子技术,2018,52(08):19-21+55.

第 7 章 高电子迁移率晶体管

7.1 HEMT 简介

高电子迁移率晶体管(High Electron Mobility Transistor,HEMT)具有很高的电子迁移率。由于该器件的独特结构是一个调制掺杂异质结,因此又被称为调制掺杂场效应晶体管(MODFET),其中在宽禁带材料一边掺杂,窄禁带不掺杂,这样载流子会扩散到窄禁带层,结果在不掺杂的异质结界面形成沟道。于是位于不掺杂的异质结界面沟道中的载流子与掺杂区分离,使得载流子的迁移率很高。

HEMT 器件中最常用的是 AlGaAs/GaAs 异质结系统,对于该系统的 HEMT 器件,现在研究者主要是通过改变器件的结构或栅极材料,以期达到更高的电子迁移率。另外,随着第三代半导体材料的研究越来越深入,材料的优良特性也越来越明显,更多的研究者也在致力于基于第三代宽禁带半导体材料的 HMET 器件的研究,例如 AlGaN/GaN HEMT。目前,HEMT 器件的发展前途非常被看好,由于其所具有的低噪声、低功耗、超高速等特点,使得它在卫星通信、超高速计算机、信号处理等领域都得到了广泛的应用。另外,由于 HEMT 器件在效率、增益和频率方面的明显优势,使其在微波毫米波器件领域也得到了很好的应用。关于 HEMT 器件的研究仍在不断进行中,该器件的应用领域也在不断扩大,同时与 HEMT 器件相关的技术也在不断发展。

随着宽禁带半导体材料的快速发展,GaN HEMT 已发展成为微波大功率电子器件的最前沿。高击穿电压、大功率密度和高工作频率等特性,使其成为宽频带、高增益、大功率微波电路应用的首选器件。

7.2 HEMT 原理

7.2.1 MESFET

HEMT 器件是一种场效应晶体管(Field Effect Transistor,FET),又称为单极晶体管,是一种电压控制型多子导电器件。对于场效应晶体管有如图 7.1 所示的简单分类。

其中 JFET 和 MESFET 的工作原理类似,都是通过控制栅来控制导电沟道的结面积,不同的是 JFET 利用 PN 结来作为控制栅,而 MESFET 利用金属-半导体结来作为控制栅。MOSFET 的工作原理则略有不同,它是利用电场能来控制半导体的表面状态,从而控制沟道的导电能力。HEMT 实际上是一种异质结构 MESFET,因此要理解 HEMT 的工作原理,首先详细介绍 MESFET 的工作原理。

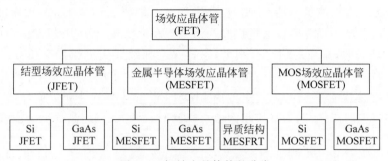

图 7.1 场效应晶体管的分类

图 7.2 所示为一个 MESFET 结构,漏源电压 $V_{ds}>0$,栅源电压 $V_{gs}<0$,沿沟道方向设为 x 轴,栅长为 L_g,沟道层厚度为 a,耗尽区厚度 $d(x)$,未耗尽层的厚度为 $b(x)$。一般在 MESFET 中,沟道层的掺杂为 N 型,源极和栅极下面的区域掺杂为 N 型。栅极电压控制载流子沟道的宽度,源漏极偏压使得电子从源极向漏极移动。当栅极所加负电压增加时,电子的耗尽层厚度会增加,沟道层的厚度会降低,于是载流子的流动会受到调制。当栅极电压在数值上大于阈值电压 V_T 时,沟道被完全夹断,导致载流子无法在源漏极之间流通。根据相关的理论推导可以得到漏极电流的表达式:

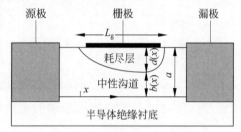

图 7.2 MESFET 示意图

$$I_d = qnb(x)v(x) \tag{7-1}$$

式中,n 为沟道内电子的浓度;$b(x)$ 为沟道厚度;$v(x)$ 为载流子漂移速度。

当考虑速度饱和效应时,载流子的漂移速度可表示为

$$v = \begin{matrix} \mu E \to E < E_{sat} \\ V_{sat} \to E \geqslant E_{sat} \end{matrix} \tag{7-2}$$

式中,V_{sat} 为饱和速度值;E_{sat} 为速度饱和时的电场强度值;μ 为迁移率。

速度饱和时,电子的漂移速度也会达到其饱和值。为了使问题的说明变得简单,假设电子具有一个平均的漂移速度 V_{ef},于是方程(7-2)可修改为

$$I_d = qnb_{ef}V_{ef} \tag{7-3}$$

设单位栅宽内的电量为 Q_g,则上式可改写为

$$I_d = \frac{Q_g V_{ef}}{L_g} \tag{7-4}$$

式中,L_g 为栅长。则器件的跨导为

$$g_m = \frac{\partial I_{ds}}{\partial V_{gs}} = \frac{C_{gs} V_{ef}}{L_g} \tag{7-5}$$

式中,C_{gs} 为栅源电容。在半导体器件的研究中,跨导是一个非常重要的参数,它和晶体管的截止频率 f_T 有如下关系:

$$f_T = \frac{g_m}{2\pi C_{gs}} = \frac{V_{\text{eff}}}{2\pi L_g} \tag{7-6}$$

器件设计的要求一般是大功率、高速度、高频率。即要截止频率 f_T 和漏极电流 I_{ds} 尽可能地大。沟道电流的提高可以通过提高沟道电导率来实现,即需要提高沟道的掺杂浓度。但当掺杂浓度增大时,杂质散射也会增大,这样又会导致载流子迁移率和有效漂移速度降低,器件的高频特性就会受到影响。由此可知,器件的载流子浓度与高频特性存在一定的制约关系,这使得在设计器件时必须折中考虑 MESFET 的功率特性和带宽。基于此,选择异质结这种更加折中的器件,因为异质结沟道可以同时达到大电流、高的电子漂移速度和高的电子饱和速度。

7.2.2 HEMT

由于 HEMT 是特殊的 MESFET,于是上面介绍的 MESFET 的工作原理基本适用于 HEMT 器件。有所不同的是,HEMT 器件主要依靠的是异质结界面处的二维电子气来实现沟道的导通的。

图 7.3 所示为典型的 GaN/AlGaN HEMT 器件结构。电子从源极进入到未掺杂的 GaN 沟道层中,与极化效应产生的 2DEG 接通形成载流子流动的通道。在漏极电压的作用下,电子经过通道从源极向漏极流动,流动的同时受到肖特基栅的电压调制。与 MESFET 不同的是,HEMT 的栅极电压调制的不是沟道的截面积,而是 2DEG 的浓度。HEMT 器件的典型输出特性曲线如图 7.4 所示。

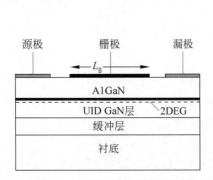

图 7.3 典型的 GaN/AlGaN HEMT 器件结构

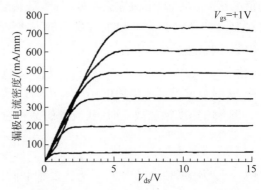

图 7.4 HEMT 器件的典型输出特性曲线

7.3 HEMT 器件热特性

对于大栅宽 AlGaN/GaN HEMT,由于沟道传导电流很大,所以 HEMT 器件自热效应显著。分析表明,HEMT 器件的电特性与沟道温度密切相关,一些物理量,如能带隙、电子漂移速度、电子迁移率以及自由载流子浓度都是温度相关的。图 7.5(a)所示为高功率应用时,电子迁移率随温度升高而降低,图 7.5(b)表明电子漂移速度随温度升高而降低。任何环境温度的波动或 DC 或 RF 功率耗散都会使沟道温度发生变化,反过来使沟道漏电流发生变化。漏电流随自热效应的变化称为漏电流的热色散。在大信号高功率放大器中,这种自热效应将在输出的 RF 信号中引入失真。

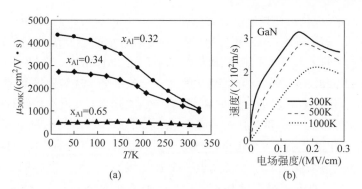

图 7.5 AlGaN/GaN HEMT 物理量与沟道温度关系

7.4 AlGaN/GaN 高电子迁移率晶体管

7.4.1 GaN 材料

GaN 与其他几种较有代表性的材料及其电学参数比较如表 7.1 所示。

表 7.1 几种半导体材料及其电学参数

材料特性	Si	GaAs	InP	4H-SiC	GaN
禁带宽度/eV	1.1	1.4	1.35	3.26	3.39
电子迁移率/(cm^2/(V·s))	1450	8500	6000	700	800
电子饱和速度/(10^{7}cm/S)	1	2.1	2.3	2	2.7
临界击穿场强/(MV/cm)	0.3	0.4	0.5	2	3.3
热导率/(W/(cm·K))	1.5	0.5	0.7	4.5	1.3
Johnson 质量因子($a \cdot V_{br}^2 \cdot V_{sat}^2$)	1	11	13	180	760

GaN 为典型的第三代半导体材料,是一种具有较大禁带宽度的半导体,它具有宽的直接带隙、强的原子键、高的热导率、化学稳定性好(几乎不被任何酸腐蚀)等性质和强的抗辐照能力,在光电子、高温大功率器件和高频微波器件应用方面有着广阔的前景。GaN 是极稳定的化合物,又是坚硬的高熔点材料,熔点约为 1700℃。GaN 具有高的电离度,在Ⅲ-Ⅴ族化合物中是最高的(0.5 或 0.43)。在大气压力下,GaN 晶体一般是六方纤锌矿结构。它在一个元胞中有 4 个原子,体积大约为 GaAs 的一半,如图 7.6 所示。

GaN 具有诸多优点,其禁带宽度大(3.4eV),热导率高(1.3W/(cm·K)),工作温度高,击穿电压高,抗辐射能力强;导带底在 Γ 点(P 位置),而且与导带的其他能谷之间能量差大,不易产生谷间散射,从而能得到很高的强场漂移速度(电子漂移速度不易饱和);GaN 易与 AlN、InN 等构成混晶,能制成各种异质结构,已经得到了低温下迁移率达到 10^5cm^2/(V·s) 的 2-DEG(因为 2-DEG 面密度较高,有效地屏蔽了光学声子散射、电离杂质散射和压电散射等因素);晶格对称性比较低

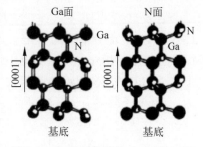

图 7.6 GaN 晶体结构 Ga 面和 N 面

(为六方纤锌矿结构或四方亚稳的闪锌矿结构),具有很强的压电性(非中心对称所致)和铁

电性(沿六方 c 轴自发极化),在异质结界面附近产生很强的压电极化(极化电场达 2MV/cm)和自发极化(极化电场达 3MV/cm),感生出极高密度的界面电荷,强烈调制了异质结的能带结构,加强了对 2-DEG 的二维空间限制,从而提高了 2-DEG 的面密度(在 AlGaN/GaN 异质结中可达到 $10^{13}/cm^2$,比 AlGaAs/GaAs 异质结中的高一个数量级),这对器件工作很有意义。

GaN 作为新一代的宽禁带半导体材料,其禁带宽度几乎是 Si 的 3 倍、GaAs 和 InP 的 2 倍,临界击穿电场比 Si、GaAs 和 InP 大一个数量级,并具有更高的饱和电子迁移率和良好的耐温特性。它具有和 GaAs 几乎相近的频率特性。由于其特有的压电效应与自发极化的存在,它的二维电子气浓度比 GaAs 要高出一个数量级,所以具有很高的电流密度。因此,GaN 器件可以在高频下输出很高的功率,其性能远高于 Si、SiGe、InP、SiC 和 GaAs 材料。图 7.7 所示是不同半导体高频功率器件的应用范围比较。由图可知,GaN 在高频大功率器件应用上的优势。综上所述,GaN 作为新一代的宽禁带半导体材料,在高压、高温、高频、高效率等领域都有着明显的优势,发展前景广阔。

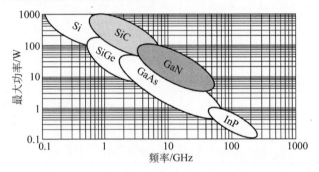

图 7.7 几种半导体材料使用频段和功率

7.4.2 AlGaN/GaN HEMT 结构

AlGaN/GaN HEMT 可以称为高电子迁移率晶体管,也可以称为调制掺杂场效应晶体管(Modulation Doped Field Effect Transistor,MODFET),是一种以 AlGaN/GaN 异质结为基础发展而来的半导体器件。

GaN 材料主要用于 AlGaN/GaN 高电子迁移率晶体管中(HEMT),AlGaN/GaN 形成异质结,主要以二维电子气(2-DEG)的浓度及其电导特性来考量材料的好坏。一般情况下,AlGaN 和 GaN 都是六方晶体(纤锌矿结构)。因为纤锌矿 AlGaN 和 GaN 晶体在(0001)方向不具有反转对称性,故 AlGaN 和 GaN 在沿(0001)方向有很强的自发极化效应,而且 AlGaN/GaN 界面处晶格的失配会产生压电极化效应,这两种极化效应能在 AlGaN/GaN 界面产生很多正极化电荷。由电中性原理知,大量的正极化电荷必然会吸引产生电子,大量电子在 AlGaN/GaN 界面的积累就形成了二维电子气。这些二维电子气由于和施主杂质相隔离,使得离子散射大为衰减,所以载流子的迁移率非常高。

图 7.8 所示为 AlGaN/GaN HEMT 器件的基本结构。由图可见,二维电子气在 GaN 这一层产生。在 n-AlGaN 层与 GaN 层中间还有一层未掺杂的 i-AlGaN,此层起到了隔离板的作用,可以避免二维电子气在势垒层中同离化了的杂质发生库仑散射,故而大大增加了电子的平均自由程,使二维电子气的迁移率大大提高。此外,尽管这一层没有掺杂,但由于 AlGaN/GaN 界面处存在很强的极化效应,不但可以产生浓度相当可观的二维电子气,这大

大提高了器件的抗压特性。通常情况下，AlGaN/GaN 异质结都是生长在蓝宝石或 SiC 衬底上的，但是 SiC 等材料与 GaN 的晶格结构差异很大，为了达到晶格匹配的目的，一般还要在 GaN 层与衬底材料层之间生长一层 AlN 作为缓冲层。衬底材料 SiC 与蓝宝石各有优缺点：SiC 的热导率是蓝宝石的 10 倍，所以在制作高温、大功率的器件时 SiC 是首选；但是对较昂贵的 SiC 而言，蓝宝石却十分便宜，可以大大节约器件成本，所以在实际应用时要有所取舍。

图 7.8 AlGaN/GaN HEMT 器件的基本结构

图 7.8 中，源极(S)、栅极(G)、漏极(D)都为金属接触，不同的是源极与漏极是欧姆接触，接触电阻很小；栅极则为肖特基接触，其在界面处半导体的能带弯曲，形成肖特基势垒，势垒又导致了很大的界面电阻。通过改变加在栅极的电压可以改变金属接触下面耗尽区的分布情况，进而起到调节二维电子气浓度的作用。换句话说，就是该器件是用栅极下面的肖特基势垒控制 AlGaN/GaN 异质结中的二维电子气浓度来完成对电流的控制的。当加在栅极的电压到一定程度时，沟道会被完全耗尽，沟道中的二维电子气消失，源、漏极间电流为零，我们把使沟道夹断的电压称为夹断电压。夹断电压为正称为增强型 HEMT，为负则称为耗尽型 HEMT。显而易见，靠二维电子气工作的 AlGaN/GaN HEMT 为耗尽型器件。

7.4.3 AlGaN/GaN HEMT 工作原理

1. 二维电子气的形成

在 AlGaN/GaN 异质结构中，AlGaN 材料的禁带宽度非常大，由于采用的是 N 型掺杂的 AlGaN，则费米能级会靠近导带底附近。而 GaN 的禁带宽度相对较小，由于 GaN 本身的特性，即使在不掺杂的情况，它也是略显 N 型。所以当 AlGaN 和 GaN 接触时，在异质结 AlGaN/GaN 的界面处，由于 AlGaN 的电子亲和势要小，能量也就大，为了达到平衡，高能量的电子要向低能量的位置流动，也就是说来填充导带中能量较低的能级。这使得 AlGaN 中的电子流向 GaN 中，此时，由于异质结界面处电子浓度发生了改变，界面处 AlGaN 一侧的电子浓度降低，费米能级也随之降低，而 GaN 一侧的电子浓度增加，费米能级也随之抬高。由于材料界面处的电势是连续的，使得 AlGaN 和 GaN 界面处的能带产生弯曲，AlGaN 一侧形成了势垒，而 GaN 一侧形成了势阱。如图 7.9 所示，图中为 N 型 AlGaN 和 N 型 GaN 接触前后能带，

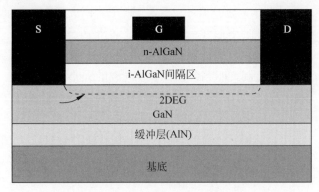

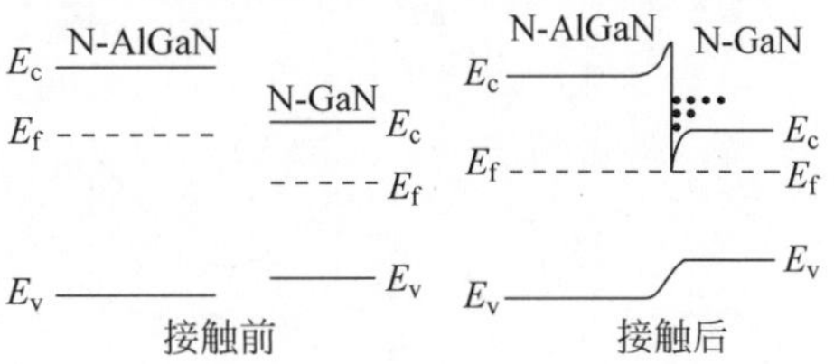

图 7.9 N-AlGaN/GaN 异质结接触前后能带图

E_c 为导带能级，E_f 为费米能级，E_v 为价带能级。

由于在 GaN 一侧形成了势阱，无论是从 AlGaN 流到 GaN 中的电子，还是由极化产生的电子，都会因为电子能量低于势阱外面的电子能量而被束缚在势阱中。这些电子在垂直于界面的方向上运动被限制在势阱中，而在平行于界面的二维方向上是可以自由活动的，所以称为二维电子气（2-DEG）。

AlGaN/GaN HEMT 器件主要是基于 AlGaN 和 GaN 接触后形成的异质结，由于极化效应产生的极化电荷束缚在势阱中形成二维电子气，再在源、漏极端加上一定偏置的电压，使得二维电子气中的自由电子在沟道内流动形成沟道电流，即器件的源漏电流。再通过栅极电压对沟道内电子浓度的控制，间接控制了沟道电流的大小。

图 7.10 简化的 AlGaN/GaN 高电子迁移率晶体管结构

由图 7.10 可知，从结构上看，HEMT 在很多方面类似于 MOSFET，如沟道形成的导带形状等。主要的区别在于 N-AlGaN 和 N-GaN 之间形成相当高浓度的二维电子气，这比一般的 MOSFET 形成的电子浓度要高得多，而且因为 AlGaN 一侧的势垒，使沟道内只有二维电子气，没有电离施主和其他杂质离子，使得迁移率大大提高。对于 GaN HEMT，AlGaN 层即使不掺杂，也能够有相当高的二维电子气浓度，这是因为 N-AlGaN 和 N-GaN 之间极化效应所产生的强大的极化电场，能够吸引大量电子进入沟道，形成浓度很高的二维电子气。

如图 7.11 所示为普通单异质结 AlGaN/GaN HEMT 受栅极电压 V_g 调制时的导带能级变化情况，以及随着栅极电压变化时，势阱沟道中二维电子气浓度的变化趋势。以下着重解释栅极电压对沟道内二维电子气的调制作用。

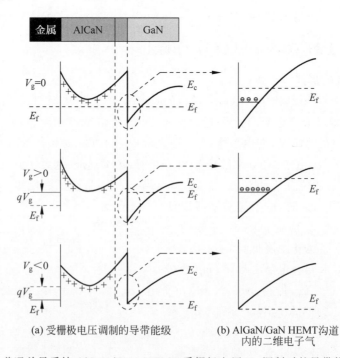

(a) 受栅极电压调制的导带能级　　(b) AlGaN/GaN HEMT 沟道内的二维电子气

图 7.11 普通单异质结 AlGaN/GaN HEMT 受栅极电压 V_g 调制时的导带能级变化情况

当栅极电压大于 0 时，在金属半导体界面处，电子从半导体流向金属，即从 AlGaN 流向栅极，而栅极加正电压后，衬底相当于加上了负电压，使得更多的电子从衬底被排斥到沟道内，从而使沟道内的二维电子气浓度增加。

当栅极电压小于 0 时，在金属半导体界面处，电子从金属流向半导体，即从栅极流向 AlGaN 一侧，而相对于栅极的负电压，衬底相当于加上了正电压，这使得更多的二维电子气中的电子从沟道内被吸引到衬底底部，这样势阱沟道中的二维电子气浓度就随之减少了。当栅极电压降低到一定值时，沟道内的二维电子气刚好全部耗尽，或者说沟道内二维电子气浓度刚好为零，这个电压值便称为阈值电压 V_T。当栅极电压大于阈值电压时，沟道开启，沟道内产生二维电子气；当栅极电压小于阈值电压时，沟道关闭，沟道内没有二维电子气产生。

图 7.12 表示的是 AlGaN/GaN HEMT 的直流输出特性。图 7.12(a) 表示源漏电流与源漏电压之间的关系，当 AlGaN/GaN HEMT 器件工作在线性区时，源漏电流随着源漏电压的增加而增加，当源漏电压大于源漏饱和电压时，源漏电流趋于饱和状态，不随源漏电压的增加而继续增加。此时 AlGaN/GaN HEMT 器件工作在饱和区，这时的源漏电流受栅极电压的调制，不同的栅极电压下源漏电流不同，它们之间的间距为跨导和栅极电压变化量的乘积。

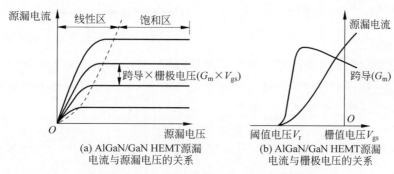

(a) AlGaN/GaN HEMT 源漏电流与源漏电压的关系

(b) AlGaN/GaN HEMT 源漏电流与栅极电压的关系

图 7.12　AlGaN/GaNHEMT 的直流输出特性

综上所述，与硅器件相比，AlGaN/GaN HEMT 器件有以下的优点：
(1) 电子迁移率高；
(2) 源端阻抗小；
(3) 大电场下的电子饱和速率高，截止频率高；
(4) 跨导高；
(5) 高输出阻抗。

AlGaN/GaN 异质结之所以受到人们的关注，主要原因在于 AlGaN/GaN 异质结处存在高密度的二维电子气。传统的 AlGaN/GaAs 异质结大多做成调制掺杂结构，二维电子气来源于势垒层的施主掺杂。但是在 AlGaN/GaN 异质结中，即使各层都没有人为掺杂，仍可以在异质结界面上形成高面电子密度的二维电子气，因为在 AlGaN/GaN 异质结中二维电子气形成的主要因素是 AlGaN/GaN 异质结中的极化效应。极化效应包括了自发极化 (Spontaneous Polarization) 和压电极化 (Piezoelectric Polarization)。

2. 自发极化

异质结中的自发极化是指晶体没有应变时存在内建极化电场，该极化电场是由于晶格不对称引起的。由于形成共价键的两个原子电负性不同,使得电子云偏向其中一个原子,其宏观表现为在晶体上、下表面分别出现净的正、负电荷。自发极化的强度用自发极化强度系数 P_{sr} 表示。极化强度系数方向依赖于晶格的极化方向,氮化物的晶格方向规定沿[0001]轴由 N 表面指向 Ga 表面为正方向。AlN、GaN 和 InN 自发极化强度系数如表 7.2 所示。

表 7.2 部分 Ⅲ-Ⅴ 族材料参数表

材料	a/nm	c/nm	u	P_{SP}/(C/cm^2)	e_{33}/(C/cm^2)	e_{31}/(C/cm^2)	e_{13}/GPa	e_{33}/GPa
AlN	3.112	4.982	0.38	−0.081	1.46	−0.6	108	473
GaN	3.189	5.185	0.376	−0.029	0.73	−0.49	103	405
InN	3.54	5.705	0.377	−0.032	0.57	0.97	92	224

由表 7.2 中的数据可知,AlN、GaN 和 InN 的自发极化强度系数均为负值,表明其自发极化强度方向与上述规定的正方向相反。图 7.13 为 AlGaN 和 GaN 的自发极化方向及其表面所形成的净电荷。

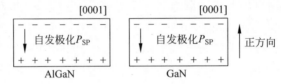

图 7.13 [0001]方向生长 AlGaN 与 GaN 的自发极化方向

3. 压电极化

压电极化是指晶格由于应力作用产生极化电场。在 AlGaN/GaN 异质结中,由于两种材料的对称性不同,形成异质结时就会晶格失配而产生应力,导致异质结处形成极化电场。压电极化电场强度用压电极化强度系数 P_{PE} 表示

$$P_{PE} = e_{33}\varepsilon_z + e_{31}(\varepsilon_x + \varepsilon_y) \tag{7-7}$$

式中,e_{33} 和 e_{31} 为压电极化系数;ε_z 为沿[0001]方向的应变分量;ε_x 和 ε_y 为 $x-y$ 平面内的应变分量。

$$\varepsilon_z = (c - c_0)/c \tag{7-8}$$

$$\varepsilon_x = \varepsilon_y = (a - a_0)/a_0 \tag{7-9}$$

在 GaN 材料中,$(c-c_0)/c_0 = -2 \times (C_{13}/C_{33}) \times [(a-a_0)/a_0]$,其中 C_{13}、C_{33} 表示弛豫系数。于是可得出

$$P_{PE} = 2 \times [(a - a_0)/a_0] \times (e_{31} - e_{33} \times C_{13}/C_{33}) \tag{7-10}$$

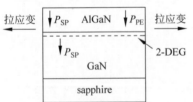

图 7.14 AlGaN/GaN 异质结极化方向

对于 AlGaN 材料,有 $(e_{31} - e_{33} \times C_{13}/C_{33}) < 0$,故 $P_{PE} < 0$,AlGaN 层为张应变势垒层。在 AlGaN/GaN HEMT 中,P_{SP} 和 P_{PE} 同向,由器件表面指向 GaN 层,如图 7.14 所示。

AlGaN 的材料参数是 Al 组分 x 的函数,采用线性插值方法计算得到。

晶格常数: $a(x) = (-0.077x + 3.189) \times 10^{-10}$ m (7-11)

弹性系数: $C_{13}(x) = (5x + 103)$ GPa (7-12)

$C_{33}(x) = (-32x + 405)$ GPa (7-13)

压电系数: $\quad e_{31}(x)=-(-0.11x-0.49)\mathrm{C/m^2}$ (7-14)

$$e_{33}(x)=(0.73x+0.73)\mathrm{C/m^2} \quad (7\text{-}15)$$

自发极化: $\quad P_{\mathrm{SP}}=(-0.052x-0.029)\mathrm{C/m^2}$ (7-16)

AlGaN/GaN 异质结处的界面电荷为

$$\delta(x)=P_{\mathrm{PE}}(\mathrm{Al}_x\mathrm{Ga}_{1-x}\mathrm{N})+P_{\mathrm{SP}}(\mathrm{Al}_x\mathrm{Ga}_{1-x}\mathrm{N})-P_{\mathrm{SP}}(\mathrm{GaN}) \quad (7\text{-}17)$$

由式(7-11)~式(7-16)可以看出,随着 Al 组分 x 的值增大,自发极化和压电极化效应增强,所产生的界面电荷量随之增大。理论上,x 的取值为 0~1,但是由实验测得数据显示,当 Al 组分 x 过小时,由于导带差变小,极化效应减弱,使极化产生的电荷浓度也减少;当 Al 组分 x 过大时,由于 AlGaN 与 GaN 之间产生明显的晶格失配,界面处产生较多的缺陷,从而使二维电子气浓度大大降低,并且粗糙的界面也使得二维电子气的迁移率受到影响。当迁移率变小时,面电阻会变大,这将会影响沟道导电性能。当 Al 组分 x 取中间适当的值时,产生的极化强度大小、极化电荷量以及电流大小与实际测试得到的数据比较吻合。

本节讨论了 GaN 材料的基本结构和特性,作为直接宽禁带半导体材料,无论从它的晶体结构还是能带特性上来看,都非常适合用作高温、高功率的电子器件;其次,重点探讨了极化效应和极化电荷的计算。GaN 之所以比 Si、GaAs 材料优越,正是因为其特有的性能,使得即使在不掺杂的情况下所产生的二维电子气浓度比 GaAs 材料都大很多。可以看到,GaN 材料在功率器件上的使用有相当广阔的前景。

7.5 AlGaN/GaN 材料 HEMT 器件优化分析与 *I-V* 特性关系

7.5.1 背景简介

Ⅲ-Ⅴ族氮化物是近几年兴起的宽带隙半导体材料,这些宽禁带半导体具有较高的击穿电压、电子漂移速度和很强的抗辐射能,被看作是发展短波长光电子器件以及高温、高频、大功率电子器件的最优选材料,已成为当前国际研究热点。第一代 AlGaN/GaN 异质结则是发展氮化物电子器件最重要的也是最基本的结构。AlGaN/GaN 材料的二维电子气和器件研究中出现了一些新的不同于其他Ⅲ-Ⅴ族材料的问题,有待进一步研究。例如,界面极化电荷会对二维电子气浓度和分布有影响;强极化电场的存在会影响栅电压对二维电子气的调控能力;异质结材料中的应变常常会诱导产生许多深能级中心,从而影响到二维电子气浓度等,这些问题可以通过对 AlGaN/GaN 异质结的优化设计来解决。研究分析 AlGaN/GaN 异质结界面二维电子气的浓度和分布以及输运性质对发展异质结电子器件具有重要的意义。

本节首先考虑 AlGaN/GaN 异质结中的压电极化和自发极化效应,自洽求解了垂直于沟道方向的薛定谔方程和泊松方程。通过模拟,对 AlGaN/GaN 材料 HEMT 器件进行优化分析,研究了 Al 的含量、势垒层厚度、隔离层厚度和掺杂浓度、栅偏压等对二维电子气浓度和半高宽的影响。另外,用准二维物理模型计算了 AlGaN/GaN 材料 HEMT 器件的输出特性,并给出了相应的饱和电压和阈值电压。

7.5.2 器件性能的优化分析

1. 势垒层 Al 组分对二维电子气的影响

作为新型的电子功能材料，AlGaN/GaN 最突出的特点是能够在界面处形成高密度的极化电荷，这些极化电荷即使在势垒层掺杂浓度很低或不掺杂时，也能在界面处得到很高的二维电子气浓度。考虑沿着[0001]方向的 GaN 层上异质外延薄的 AlGaN 层，假定其厚度小于临界厚度，则材料失配将在界面引起压电和自发极化效应，从而影响二维电子气的特性。

界面处极化电荷的大小与 AlGaN 中 Al 的含量有直接关系。图 7.15 给出了 Al 组分浓度 x 从 0.2 到 0.8 变化过程中，极化面电荷大小与二维电子气面密度的变化趋势，其他的结构参数如下：AlGaN 势垒层厚度为 20nm，施主掺杂浓度为 $1.5×10^{18}/cm^3$，AlGaN 隔离层为 3nm，GaN 层为 $2\mu m$，GaN 材料的背景电子浓度为 $10^{16}/cm^3$。可以看出当 $x=0.2$ 时，AlGaN/GaN 二维电子气密度就已经达到 $10^{13}/cm^3$ 以上，同时计算得到的电子分布的半高宽为 1.56nm，比相同结构的 AlGaAs/GaAs 系统小一个数量级。这主要是势垒层中的压电极化电场和自发极化电场对异质结能带的强烈调制作用以及异质结界面较大的导带不连续所致。

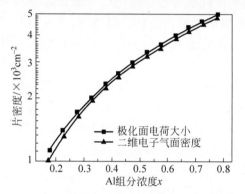

图 7.15 二维电子气面密度随 Al 组分的变化

随着 x 的增加，极化面电荷显著增加，二维电子气面密度也随之增加。但是 Al 的含量越高，晶格失配引起的材料应变会诱生很多深能级中心，它们会俘获电子，使二维电子气浓度反而下降，迁移率也会随之下降；同时，界面处强的极化电场也会减小栅对二维电子气的控制能力，从而降低器件的跨导。因此从器件制作角度来说，x 的范围一般选在 0.2～0.45。当 $x<0.15$ 时由于导带边的能量不连续值较小，很难形成 AlGaN/GaN 异质结；而 $x>0.45$ 时由于晶格失配较大，工艺上很难实现，器件性能也会退化。可见，控制好 AlGaN 中的 Al 组分，而不是片面追求二维电子气浓度，是优化的一个重要步骤。

2. 势垒层厚度对二维电子气的影响

当栅上加电压时，AlGaN 势垒中耗尽层的宽度将发生变化，从而会改变二维电子气的分布。因此势垒层的厚度对二维电子气的性能也有很大的影响。固定其他器件参数，只改变势垒层厚度，可以得出，当势垒层厚度从 4nm 增加到 40nm 时，对不同 x 值的结构，二维电子气面密度将增加一个数量级。而且随着 x 的增加，二维电子气浓度增加幅度要快得多。

3. 栅偏压对二维电子气的控制

当栅上加偏压时，由于肖特基势垒的作用，势垒层左侧的导带边与费米能级间的距离随之上下移动，引起势阱形状和沟道中电子浓度的改变，从而达到控制沟道关断的目的，这一特性对 HEMT 器件的工作至关重要。当栅压为较大的负值时，即使势垒层完全耗尽，仍然不能完全屏蔽肖特基势垒，只有减少势阱中的电子才能达到平衡。因此，随着栅压负向增大,二维电子气减少,最终趋于零,器件被关断。同理,当栅压为正时,二维电子气浓度增加。

4. AlGaN/GaN HEMT 器件优化分析

计算结果表明,AlGaN/GaN 二维电子气的特性受器件结构的影响而灵敏地变化,这就需要进行器件优化设计。对于 AlGaN/GaNHEMT 器件,很高的二维电子气浓度主要由界面处的极化电场引起,势垒层中的施主浓度和厚度的影响相对要小一些,优化设计中可以放在次要位置进行考虑。二维电子气随着 Al 组分 x 的增加而显著增加,为此控制好 Al 的组分就能够很大程度上控制二维电子气浓度。但是随着 x 的增加,晶格失配引起的材料应变会诱生很多深能级中心,它们会俘获电子,使得二维电子气浓度反而下降;同时,界面处强的极化电场也会减小栅对二维电子气的控制,从而降低跨导。增加势垒层和势垒隔离层的厚度,可以增加二维电子气的浓度,但是同时也会降低栅对沟道的控制能力;反之,减小势垒层厚度,有利于栅压对沟道电流的控制,增加跨导,但是二维电子气的浓度也会下降。从模拟得到的输出特性可以看出,饱和电压和开启电压都比较高,而且随着 x 的增加而增加。因此在 AlGaN/GaNHEMT 器件的优化设计中,不能只强调增加二维电子气的浓度,而是需要兼顾各方面的因素。

7.6 小结

HEMT 器件具有很高的电子迁移率,其中最常用的是 AlGaN/GaAs 异质结系统,随着宽禁带半导体材料的快速发展,不断推动技术革新,推陈出新,改革创新,GaNHEMT 已发展成为微波大功率电子器件的最前沿。其高击穿电压、大功率密度和高工作频率等特性,使其成为宽频带、高增益、大功率微波电路应用的首选器件。GaN 是极稳定的化合物,具有强的原子键、高的热导率、在Ⅲ-Ⅴ族化合物中电离度是最高的、化学稳定性好,使得 GaN 器件比 Si 和 GaAs 有更强抗辐照能力,同时 GaN 又是高熔点材料,热导率高,GaN 功率器件通常采用热传导率更优的 SiC 作衬底,因此 GaN 功率器件具有较高的结温,能在高温环境下工作。在基站端 GaN 射频器件更能有效满足 5G 的高功率、高通信频段和高效率等要求,使 GaNHEMT 成为 5G 基站射频功放主流,其必将成为未来微波功率器件的主流。

参 考 文 献

[1] 赵小宁,李秀清.国外军事和宇航应用宽带隙半导体技术的发展.趋势与展望,2009,34(7):621-625.

[2] Adivarahan V, Gaevski M, Koudymov A, et al. Selectively Doped High-Power AlGaN-InGaN-GaN MOS-DH-FET[J]. IEEE Electron Device Let. ,2007,28(3):192-194.

[3] Micovic M, Kurdoghlian A, Hashimoto P, et al. GaN MMICs for RF Power Applications in the 50GHz to 110GHz Frequency Range[C]. IEDM Proceedings,2006:1-3.

[4] Palacios T, Chakraborty A, Heikman S, et al. AlGaN/GaN High Electron Mobility Transistors with InGaN Back-bariers[J]. IEEE Electron Device Let. ,2006,27(1):13-15.

[5] Le J W, Kuliev A, Kumar V, et al. Microwave Noise Characteristics of AlGaN/GaN HEMTs on SiC Substrates for Broad-band Low-noise Amplifiers[J]. IEEE Micro-wave and Wireless Compon,2004, 14(6):259-261.

[6] Cai Y, Zhou Y, Chen K J, et al. High-performance Enhancement-mode AlGaN/GaN HEMTs Using

Fluoride-based Plasma Treatment[J]. IEEE Electron Device Let. ,2005,26(7):435-437.

[7] Palacios T,Suh C S,Chakrabority A,et al. High-performance E-mode AlGaN/GaN HEMTs[J]. IEEE Electron Device Let. ,2006,27(6):428-430.

[8] Cai Y,Cheng Z G,Yang Z C,et al. High-Temperature Operation of AlGaN/GaN HEMTs Direct-Coupled FET Logic(DCFL) Integrated Circuits[J]. IEEE Electron Device Let. ,2007,28(5):328-331.

[9] Vetury R,Zhang N Q,Keler S,et al. The Impact of Surface States on the DC and RF Characteristics of AlGaN/GaN HFETs[J]. IEEE Trans. Electron Devices,2001,48(3):560-566.

[10] 程知群,周肖鹏. 高线性度 $Al_x Ga_{1-x}N/Al_y Ga_{1-y}N/GaN$ HEMT 研究[D]. 杭州:杭州电子科技大学,2009.

[11] 冷永清. GaN 高电子迁移率晶体管特性及其功率放大器研究[D]. 长沙:湖南大学,2013.

[12] 蒲金荣. AlGaN/GaN 高电子迁移率晶体管器件建模及特性研究[D]. 成都:电子科技大学,2012.

第 8 章 新工具、新技术在微电子学中的应用

CHAPTER 8

本章将介绍微电子学方面一些新的设计工具、设计方法,如神经网络技术在设计电路时的应用、智能优化算法、异步设计和超低功耗设计等。这些新工具、新设计方法为现代微电子学和集成电路设计的发展提供了强大的进步思路。

早在电子计算机出现之前,人类就已经开始了对智能秘密的探索,并且期盼着有一天可以重新构造大脑,让其去代替人脑完成相应的工作。神经网络是采用自下而上的方法,从脑的神经系统结构出发来研究脑的功能,研究大量简单的神经元的集团信息处理能力及其动态行为。目前神经网络对几十年来一直困扰计算机科学和符号处理的一些难题可以得到比较令人满意的解答,特别是对那些时空信息存储及并行搜索、自组织相连存储、时空数据统计描述的自组织以及从一些相互关联的活动中自动获取知识等一般问题的求解,更加显示出了其独特的能力。

8.1 人工神经网络

8.1.1 人工神经网络概述

人工神经网络(Artificial Neural Networks,ANN),是一种模仿动物神经网络行为特征,进行分布式并行信息处理的算法数学模型。这种网络依靠系统的复杂程度,通过调整内部大量节点之间相互连接的关系,从而达到处理信息的目的。

人工神经网络具有自学习和自适应能力,可以通过预先提供的一批相互对应的输入/输出数据,分析掌握两者之间潜在的规律,最终根据这些规律,用新的输入数据来推算输出结果,这种学习分析的过程称为"训练"。由大量处理单元互联组成非线性、自适应信息的处理系统。它是在现代神经科学研究成果的基础上提出的,试图通过模拟大脑神经网络处理、记忆信息的方式进行信息处理。

人工神经网络中,神经元处理单元可表示不同的对象,例如特征、字母、概念,或者一些有意义的抽象模式。网络中处理单元的类型分为三类:输入单元、输出单元和隐单元。输入单元接收外部世界的信号与数据;输出单元实现系统处理结果的输出;隐单元是处在输入和输出单元之间,不能由系统外部观察的单元。神经元间的连接权值反映了单元间的连接强度,信息的表示和处理体现在网络处理单元的连接关系中。人工神经网络进行一种非程序化、适应性、大脑风格的信息处理,其本质是通过网络的变换和动力学行为得到一种并

行分布式的信息处理功能,并在不同程度和层次上模仿人脑神经系统的信息处理功能。它是涉及神经科学、思维科学、人工智能、计算机科学等多个领域的交叉学科。

人工神经网络是并行分布式系统,采用了与传统人工智能和信息处理技术完全不同的机理,克服了传统的基于逻辑符号的人工智能在处理直觉、非结构化信息方面的缺陷,具有自适应、自组织和实时学习的特点。

8.1.2 人工神经网络基础

人工神经网络是根据人们对生物神经网络的研究成果设计出来的,它由一系列的神经元及其相应的连接构成,具有良好的数学描述特性,不仅可以用适当的电子线路来实现,而且更可以方便地使用计算机程序加以模拟。

在讨论人工神经网络之前,需要对生物神经网络有一定的了解。

生物神经网络(Biological Neural Networks)一般指生物的大脑神经元、细胞、触点等组成的网络,用于产生生物的意识,帮助生物进行思考和行动。主要包括细胞本体(soma)、树突(dendrites)、轴突丘(hillock)、轴突(axon)和突触(synapse)等,其简易图如图8.1所示。

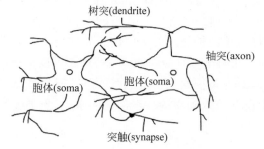

图 8.1 典型的生物神经元
(图片来自蒋宗礼《人工生物医学导论》)

其主要工作原理:树突从胞体伸向其他神经元,这些神经元在突触接收信号(突触为连接点),在突触的接收侧,信号被送入胞体,且在其内综合(其中有的输入信号起刺激作用,有的起抑制作用)。当胞体中接受的累加刺激超过一定阈值时,胞体就会被激发,并沿着轴突通过树突向其他神经元发出信号。

在这个系统中,每一个神经元都通过突触与系统中很多其他的神经元相联系。即同一个神经元通过由其伸出的树突发出的信号是相同的,而这个信号可能对接收它的不同神经元有不同的效果,这一效果主要由相应的突触决定:突触的连接强度越大,接收的信号就越强,反之亦然。

总结起来,生物神经网络系统有六个基本特征:
(1) 神经元及其连接;
(2) 神经元之间的连接强度决定信号传递的强弱;
(3) 神经元之间的连接强度是可以通过训练改变的;
(4) 信号可以是起刺激作用的,也可以是起抑制作用的;
(5) 一个神经元接收的信号的累积效果决定该神经元的状态;
(6) 每个神经元可以有一个阈值。

1. 基本构成

从上述可知,神经元是构成神经网络的最基本单元结构。因此,要想构造一个神经网络系统,首要任务是构造一个人工神经网络模型。而且我们希望,这个模型不仅是简单容易实现的数字模型,而且还应该具有上述生物神经元的六个基本特性。

对于每一个人工神经元,它可以接收一组来自系统中其他神经元的输入信号,每个输入对应一个权,所有输入的加权和决定该神经元的激活状态。这里,每个权就相当于突触的连接强度。其基本模型如图 8.2 所示。

设 n 个输入分别用 $x_1, x_2, \cdots, x_n$ 表示，它们对应的连接权值依次为 $w_1, w_2, \cdots, w_n$，所有的输入及对应的连接权值分别构成输入向量 $\boldsymbol{X}$ 和连接权向量 $\boldsymbol{W}$：

$$\boldsymbol{X} = (x_1, x_2, \cdots, x_n) \tag{8-1}$$

$$\boldsymbol{W} = (w_1, w_2, \cdots, w_n)^{\mathrm{T}} \tag{8-2}$$

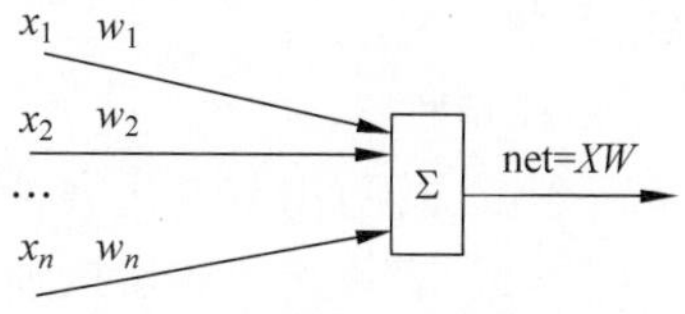

图 8.2 不带激活函数的人工神经元基本模型

用 net 表示该神经元所获得的输入信号的累积效果，为简便起见，称之为该神经元的网络输入：

$$\text{net} = \sum x_i w_i \tag{8-3}$$

写成向量形式则为

$$\text{net} = \boldsymbol{XW} \tag{8-4}$$

2. 活函数

神经元在获得网络输入后，它应该给出适当的输出。按照生物神经元的特性，每个神经元有一个阈值，当该神经元所获得的输入信号的累积效果超过阈值时，它就会处于激发态；否则，应该处于抑制态。为了使系统有更宽的适用面，希望人工神经元有一个更一般的变换函数，用于执行对该神经元所获得的网络输入的变换，这就是激活函数，也可以称为激励函数、活化函数，用 f 表示：

$$o = f(\text{net}) \tag{8-5}$$

式中，o 是该神经元的输出。

由式(8-5)可以看出，函数 f 同时也用来将神经元的输出进行放大处理或限制在一个适当的范围内。典型的激活函数有线性函数、非线性斜面函数、阶跃函数、S 型函数 4 种，其函数曲线如图 8.3 所示。

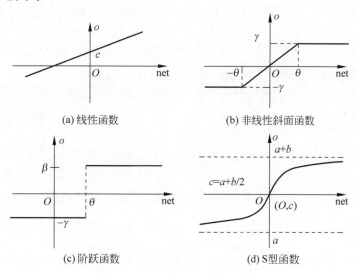

(a) 线性函数　　(b) 非线性斜面函数

(c) 阶跃函数　　(d) S 型函数

图 8.3　4 种常用的激活函数

3. P-M 模型

将人工神经网络的基本模型和激活函数合在一起构成人工神经元，这就是著名的

McCulloch-Pits 模型,简称为 M-P 模型,也可称为处理单元(PE),图 8.4 所示为 P-M 模型所给出的人工神经元。

4. 拓扑特性

为了理解方便,用节点代表神经元,用加权有向边代表从神经元到神经元之间的有向连接,相应的权代表该连接的连接强度,用箭头代表信号的传递方向,如图 8.5 所示。

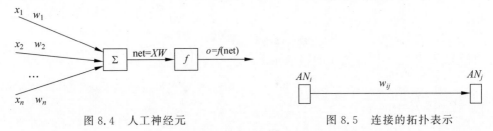

图 8.4 人工神经元　　　　图 8.5 连接的拓扑表示

1) 连接模式

在生物神经系统中,一个神经元接收的信号可以对其起刺激作用,也可能对其起抑制作用。在人工神经网络系统中,注意到神经元是以加权和的形式接收其他神经元给它的信号的,所以无须特意去区分它们,只用通过赋予连接权的正、负号就可以了。

用正号("+",可省略)表示传送来的信号起刺激作用,它用于增加神经元的活跃度;

用负号("-")表示传送来的信号起抑制作用,它用于降低神经元的活跃度。

如何组织网络中的神经元呢？研究发现,物体在人脑中的反映带有分块的特征,对一个物体,存在相应的明、暗区域。这一点启发我们可以将这些神经元分成不同的组,也就是分块进行组织。在拓扑表示中,不同的块可以被放入不同的层中。另外,网络应该有输入和输出,从而就有了输入层和输出层。

层次(又称为"级")的划分,导致了神经元之间三种不同的互连模式:

(1) 层(级)内连接。又叫区域内连接或侧连接,指的是本层内神经元之间的连接,可用来加强和完成层内神经元之间的竞争,需要组内加强时取正,竞争时取负。

(2) 循环连接。循环连接在这里特指神经元到自身的连接,用于不断加强自身的激活值,使本次的输出与上次的输出相关,是一种特殊的反馈信号。

(3) 层(级)间连接。指不同层中的神经元之间的连接。这种连接用来实现层间的信号传递。

2) 网络的分层结构

为了更好地组织网络中的神经元,可以把它们分层到各层(级)。按照上面对网络的连接的划分,称侧连接引起的信号传递为横向反馈;层间的向前连接引起的信号传递称为层前馈(前馈);层间的向后连接引起的信号传递称为层反馈。横向反馈和层反馈统称为反馈。

(1) 单级网。

虽然单个神经元能够完成简单的模式侦测,但是为了完成较复杂的功能,还需要将大量的神经元连成网,有机的连接使它们可以协同完成规划的任务。

① 简单单级网。

最简单的人工网络如图 8.6 所示,该网接收输入向量 X,经过变换后输出向量 O。

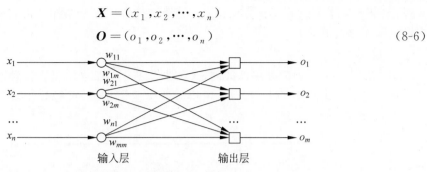

$$X = (x_1, x_2, \cdots, x_n)$$
$$O = (o_1, o_2, \cdots, o_n) \tag{8-6}$$

图 8.6 最简单的人工网络

图 8.6 表面上看是一个两层网,但是由于其中的输入层是神经元,不对输入信号做任何处理,它们只起到对输入向量 X 的扇出作用。因此,在计算网络的层数时习惯上并不将它作为一层。

设输入层的第 i 个神经元到输出层的第 j 个神经元的连接强度为 w_{ij},即 X 的第 i 个分量以权重 w_{ij} 输入到输出层的第 j 个神经元中,取所有的权构成(输入)权矩阵 W:

$$W = (w_{ij}) \tag{8-7}$$

根据信息在网络中的流向,称 W 是从输入层到输出层的连接权矩阵,这种只是一级连接矩阵的网络称为简单单级网。

② 单级横向反馈网。

在简单单级网的基础上,在其输出层加上侧连接就构成单级横向反馈网,如图 8.7 所示。

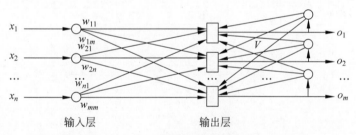

图 8.7 单级横向反馈网

设输出层的第 i 个神经元到输出层的第 j 个神经元的连接的强度为 v_{ij},即 O 的第 i 个分量以权重 v_{ij} 输入输出层的第 j 个神经元中。取所有的权构成侧连接权矩阵 V:

$$V = (v_{ij}) \tag{8-8}$$

在此网络中,对一个输入,如果网络最终能给出一个不变的输出,也就是说,网络的运行逐渐会达到稳定,则称该网络是稳定的;否则称为不稳定的。网络的稳定性问题是困扰有反馈信号的网络性能的重要问题。因此,稳定性判定是一个非常重要的问题。

由于信号的反馈,使得网络的输出随时间的变化而不断变化,所以时间参数有时也是在研究网络运行中需要特别给予关注的一个重要参数。下面假定,在网络的运行过程中有一个主时钟,网络中的神经元的状态在主时钟的控制下同步变化。

(2) 多级网。

研究表明,单级网的功能是有限的,适当地增加网络的层数是提高网络计算能力的一个途径,这也部分地模拟了人脑某些部位的分级结构特征。从拓扑结构上来看,多级网是由多个单级网连接而成的。

① 层次划分。

图 8.8 是一个典型的多级前馈网,又称为非循环多级网络。在这种网络中,信号只被允许从较低层流向较高层。我们约定,用层号确定层的高低,层号较小者,层次较低;层号较大者,层次较高。

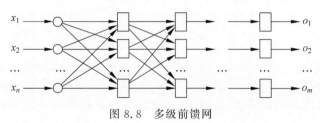

图 8.8 多级前馈网

② 非线性激活函数。

非线性激活函数在多级网络中起着非常重要的作用。实际上,它除了能够根据需要对网络中各神经元的输出进行变换外,还使得多级网络的功能超过单级网络,为解决人工神经网络所面临的线性不可分问题提供了基础。增加网络的层数在于提高网络的计算能力。但是,如果使用线性激活函数,则多级网络的功能不会超过单级网络。非线性激活函数是多级网络的功能超过单级网络的保证。

(3) 循环网。

如果将输出信号反馈到输入端,就可构成一个多层的循环网络,如图 8.9 所示。其中的反馈连接还可以是其他的形式。

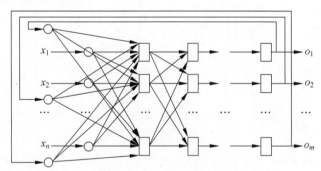

图 8.9 多级循环网络

实际上,引入反馈的主要目的是解决非循环网络对上一次地输出记忆的问题。在非循环网络中,输出仅仅由当前的输入和权矩阵决定,而和较前的计算无关。在循环网络中,它需要将输出送回到输入端,从而使当前的输出受到上次输出的影响,进而又受到前一个输入的影响,如此形成一个迭代。在这个迭代过程中,输入的原始信号被逐步地"加强"和"修复"。

这种性能在一定程度上反映了人脑的短期记忆特征——看到的东西不是一下子就从脑海里消失的。

当然,这种反馈信号会引起网络输出的不断变化。如果这种变化逐渐减小,并且最后消失,一般来说,这种变化就是我们所希望的变化。当变化最后消失时,我们称网络达到了平衡状态。如果这种变化不能消失,则称该网络是不稳定的。

(4) 存储与映射。

人工神经网络是用来处理信息的。可以认为,所有的信息都是以模式的形式出现的:输入向量是模式,输出向量是模式,同层的神经元在某一时刻的状态是模式,所有的神经元在某一时刻的状态是模式,网络中任意层的权矩阵、权矩阵所含的向量都是模式。在循环网络中,所有神经元的状态沿时间轴展开,这就形成一个模式系列。所以,在人工神经网络中,有两种类型的模式:空间模式(Spatial Model)和时空模式(Spatiotemporal Model)。网络所有的神经元在某一时刻的状态所确定的网络在该时刻的状态称为空间模式;以时间维为轴展开的空间模式系列称为时空模式,这两种模式之间的关系如同一个画面与整个影片的关系。仅在考虑循环网络的稳定性和网络训练的收敛过程时涉及时空模式,一般情况下,只研究空间模式。另外,在人工神经网络技术中,空间模式的存取还有另外两种方式。所以,按照信息的存放与提取的方式的不同,空间模式共有三种存储类型:

① RAM 方式:即随机访问方式(Random Aces Memory),该方式就是现有的计算机中的数据访问方式,这种方式需要按地址去存取数据,即将地址映射到数据。

② CAM 方式:即内容寻址方式(Content Addressable Memory),这种方式下,数据自动地找到它的存放位置。换句话说,就是将数据变换成它应存放的位置,并执行相应的存储。

③ AM 方式:即关联存储方式(Associative Memory),这种方式是数据到数据的直接转换,在人工神经网络的正常工作阶段,输入模式经过网络的处理,被转换成输出模式,即将数据映射到数据。

(5) 人工神经网络的训练。

人工神经网络最具有吸引力的特点是它的学习能力。其学习过程就是对它的训练过程。所谓训练就是在将由样本向量构成的样本集合输入到神经网络的过程中,按照一定的方式调整神经元之间的连接权,使得网络能够将样本集的内涵以连接权矩阵的方式存储起来,从而使得在网络接收输入时,可以给出适当的输出。

从学习的高级形式来看,一种是有导师学习,另一种是无导师学习,而前者看起来更为普遍些;从学习的低级形式来看,则只有无导师的学习形式。

8.1.3 人工神经网络在微电子学中的应用

8.1.2 节讲的是神经网络的一些基本知识,以对人工神经网络有一个初步的认识。本节将结合实际问题讨论人工神经网络是如何在微电子学中应用的。

1. 基于人工神经网络的 IC 互连可靠性研究

鉴于有限元分析耗时耗资源的缺点,为了加速集成电路的互连可靠性分析,提出将传统的有限元建模和人工神经网络(ANN)建模技术结合来实现 IC 的建模和仿真分析。采用有限元 ANSYS 参数化设计语言(APDL)实现 IC 三维模型的自动构建和原子通量散度(AFD)计算,之后通过对计算所得的可靠性数据进行训练和测试,采用神经网络技术对模型的输入/输出关系进行建模,使模型达到足够高的精度。神经网络模型构建好后,可以在短时间产生一个可靠性数据库。通过对数据的统计分析可以得到电路在不同条件下的互连可靠性,进而分析各因素对电路互连可靠性的影响,为集成电路的互连可靠性分析和设计提供重要指导。

以反相器电路为例来实现神经网络建模加速互连可靠性分析的过程。

图 8.10 是反相器电路原理图,图 8.11 是在 ANSYS 中构建的反相器电路三维模型。模型主要由一个 PMOS 和一个 NMOS 晶体管组成。如图 8.11(a)所示,PMOS 晶体管有 8 个互连接触,其中 PS_01～PS_04 为源极的 4 个互连接触,PD_01～PD_04 为漏极的 4 个互连接触,而 NMOS 晶体管源极和漏极的接触分别为 NS 和 ND。如图 8.11(b)所示,阻挡层厚度 D、晶体管的漏极通孔与源极通孔之间的距离 L 以及漏极(源极)接触的间距 W 这些几何参数与晶体管密切相关,它们也是影响电路 AFD(全格式译码器)分布的重要因素。

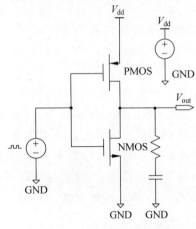

图 8.10　反相器电路原理图

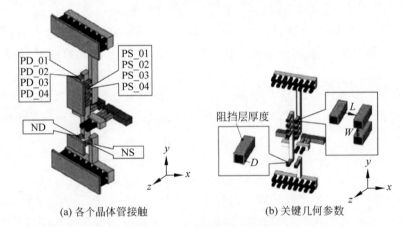

(a) 各个晶体管接触　　　　　(b) 关键几何参数

图 8.11　反相器三维模型

用 APDL 编程构建反相器的模型,这样模型可以在程序运行的同时被快速构建出来,实现了模型的自动化。如果模型需要调整,编程时可以将关键的几何参数设置为变量,只需改变相关的参数后重新执行程序即可。这样既避免了手动构建模型的烦琐,又提高了建模的效率。

电路模型的构建和模拟都是在有限元仿真软件 ANSYS 中进行的。

在不同温度、电流和其他几何参数条件下电路的 AFD 分布不同。要想深入分析电路的互连可靠性,必须得出不同情况下电路的 AFD 值及分布情况。但是,即使在不计模型构建的编程时间前提下,只使用有限元软件计算一组输入情况下的 AFD 分布,在配置为双核,硬盘容量为 20GB 的计算机上运行,平均需要 2h,这对电路的可靠性分析十分不利。为了实现互连可靠性的快速分析,必须想办法克服有限元分析耗时耗资源的缺点。

2. 神经网络建模

采用有限元建模进行互连可靠性分析十分耗时耗资源,而人工神经网络技术有能力构建高非线性模型并快速生成解。因此,这里将结合使用从 ANSYS 中得到的仿真数据与神经网络技术,来加速实现电路的互连可靠性分析。

图 8.12 给出了建模流程。

多层感知器(multilayer perceptron, MLP)是非线性模型中使用最广泛的一种结构。这里使用了常见的 MLP 神经网络结构,即第一层和最后一层分别是输入层和输出层,位于中间的是神经网络的核心层(隐藏层)。隐藏层中神经元的个数是构建神经网络的关键,其数目是通过在训练过程中不断尝试增加或删除神经元的个数来确定的。

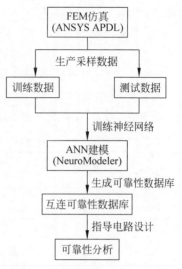

图 8.12 结合 FEM 和 ANN 的建模流程

如前所述,ANN 有能力根据输入数据准确地计算出输出数据。为了构建神经网络模型,需要对 ANSYS 仿真得到的数据进行测试和训练。这些采样数据被分成训练数据和测试数据两组,分别用于神经网络的训练和测试。训练误差和测试误差用来衡量神经网络的精度。训练误差是指训练数据和神经网络训练时输出的差值,而测试误差是测试数据和神经网络测试时输出的差值。通过不断的训练,当训练误差和测试误差都足够小且十分接近时,就说明神经网络模型的训练已完成并达到良好学习的状态。一般来讲,过少的训练数据和过多的隐藏神经元都会引起神经网络的过度学习,这意味着神经网络已经学习了所有的训练数据,训练误差已经足够小而测试误差却很大。其主要原因是没有足够多的训练数据,并且过多的隐藏神经元会带来更多的自由度。这就需要减少隐藏神经元的个数或增加训练数据来改进模型的精度。而过少的隐藏神经元会引起欠学习,这意味着神经网络不能学习所有的训练数据,使训练陷入了局部最小值,此时可以通过增加隐藏神经元的个数,再不断进行训练来改进。

由于互连中总的 AFD 是由热机械应力梯度导致的驱动力决定的,所以其大小也取决于互连在一定温度时的热机械应力梯度与温度梯度的乘积,因此温度、电流和热机械应力都是电迁移的主要驱动力,在评估电迁移可靠性时必须考虑。同时,温度和电流是影响电路互连可靠性的重要因素。当电路正常工作时,由于电压、电流的不断增加使其温度升高,进而互连线的温度也会随之升高,这种由内部产生能量使电路升温的现象称为焦耳热。除此之外,热对流、热传导以及热扩散也会使电路中的温度分布变得不均匀。而电流密度是造成互连线发生电迁移,使互连线产生可靠性问题的最根本原因。当晶体管尺寸减小时,互连线尺寸也随之减小,互连线中的电流密度就会变大,在高强度的电流密度下,互连线中的金属原子发生迁移,使互连线中形成原子堆积和空洞,进而导致互连线发生失效。此外,互连结构形状和材料的变化会使互连线中产生温度梯度,进而影响互连线的可靠性。这里温度和电流是主要影响 AFD 分布的外部变量,可以在仿真程序中进行设置来改变。而其他 3 个几何参数是模型的内部变量,也会影响模型的 AFD 分布。

所以,这里选择温度 θ、电流 I、漏极通孔与源极通孔之间的距离、晶体管漏极(或源极)相邻接触的间距 W 和阻挡层厚度 D 作为输入层的 5 个变量,根据 CMOS 工艺规范,这里设定 θ 为 $30\,^\circ\mathrm{C} \sim 200\,^\circ\mathrm{C}$,$I$ 为 $5 \sim 50\mathrm{mA}$,L 为 $0.3 \sim 0.8\mu\mathrm{m}$,$W$ 为 $0.25 \sim 0.6\mu\mathrm{m}$,$D$ 为 $5 \sim 30\mathrm{nm}$。电路 AFD 值最大的位置在互连接触,选用 10 个接触作为该模型的输出层。

这里用 $x = [\theta, I, L, W, D]$ 代表输入变量,用 $y = [\mathrm{AFD\_PS01}, \mathrm{AFD\_PS02}, \mathrm{AFD\_}$

PS03,AFD_PS04,AFD_PD01,AFD_PD02,AFD_PD03,AFD_PD04,AFD_NS,AFD_ND] 代表 10 个输出参数,输入和输出的关系可表示为

$$y = f_{\mathrm{ANN}}(x) = f_{\mathrm{ANN}}(\theta, I, L, W, D) \tag{8-9}$$

式中,f_{ANN} 为人工神经网络映射关系。

为了研究模型输入/输出的关系,在各个参数可选的范围内选定了神经网络训练各参数的个数和值,其选择情况如表 8.1 所示。

表 8.1　神经网络各参数的训练数据与测试数据

参　　数	训　练　数　据		测　试　数　据	
	最大值	最小值	最大值	最小值
$\theta/\mathrm{℃}$	200	30	180	50
I/mA	50	5	40	6
$L/\mu\mathrm{m}$	0.8	0.3	0.7	0.5
$W/\mu\mathrm{m}$	0.6	0.25	0.5	0.3
$D/\mu\mathrm{m}$	30	5	25	10

这里每一个采样个数和采样分布都是经过慎重选择得到的。因为互连可靠性的高非线性,需要更多的采样才能实现良好学习。为了保证训练数据可以提供建模空间内的所有信息,采用了均匀采样的策略进行采样。采样数目的多少主要由变量的范围及其对 AFD 影响的大小决定。一般来说,对于采样范围大并且对 AFD 影响大的变量应选择更多的采样,反之亦然。当然,这也与模型的复杂度和研究者的经验有密切关系。

考虑到模拟时间和模型准确度的平衡,必须进行不断尝试才能找到最佳选择。训练时最终选了 4 个温度值,5 个电流值,其他各几何参数均为 3 个值。测试数据必须在训练数据范围内进行选择,其数目也少于训练数据的数目,因此测试数据选了 3 个温度值,4 个电流值,其他各几何参数均为 2 个值。当数据量的增加对精确度没有影响时,就可以确定数据量的大小了。因此,最终训练数据的数量为 $4\times5\times3\times3\times3=360$,测试数据的数量为 $3\times4\times2\times2\times2=96$。

通过采用不同数目的隐藏神经元进行不断的训练和测试,最后比较测试误差和训练误差,就可以确定隐藏神经元个数的最佳选择。最终构建了一个 MLP 的神经网络模型,如图 8.13 所示,其中输入神经元 5 个,输出神经元 10 个,隐藏神经元 15 个。

通过不断地测试和训练,得到测试误差和训练误差分别为 1.02% 和 1.13%。其足够小并且相互接近,说明神经网络已经达到了足够的精度,达到了良好训练的状态。

图 8.14 给出了训练神经网络的一个输出节点的输出与对应测试数据输出的比较。其中,n 为采样个数;$\nabla\cdot J_{\max}$ 为原子通量散度最大值。从图中可以看出,这两条曲线几乎完全重叠,说明该神经网络模型可以代表反相器模型输入和

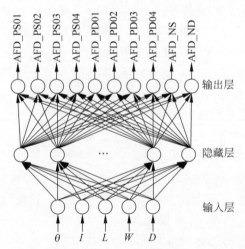

图 8.13　互连可靠性建模的 MLP 结构

输出之间的非线性关系。也就是说,该神经网络模型可以用来预测电路的互连可靠性。

互连线中与接触相关的几何参数还有晶体管的漏极通孔与源极通孔之间的距离 L 和晶体管漏极(或源极)相邻接触的间距 W,它们对接触互连线的 AFD 会有较大的影响。

图 8.15 为不同 L 下 PMOS 晶体管漏极接触的原子通量散度 $\nabla \cdot J_{PD}$ 与 W 的关系,从上至下分别是 L 为 $0.3 \sim 0.8 \mu m$(间隔 $0.1 \mu m$)下 PMOS 晶体管 $\nabla \cdot J_{PD}$ 与 W 的关系曲线。从图中可以看出,随着 L 的减小,$\nabla \cdot J_{PD}$ 的值越来越大,这是因为 L 的变小不利于热扩散,互连线

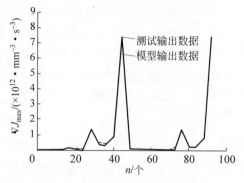

图 8.14　建模数据和测试数据比较

中的热积累导致互连线中温度升高,进一步导致总的 AFD 变大。当 $L>0.6\mu m$ 时,W 越大,总的 AFD 就越大;当 $L<0.6\mu m$ 且 $W<0.35\mu m$ 时会影响互连结构的散热,进而会导致 AFD 值较高。

同理,图 8.16 为固定的 AFD 值下 L 和 W 的解空间。若 AFD 的值固定为 $1\times 10^{10} \mu m^{-3} \cdot s^{-1}$,可以选择 $0.45\mu m/0.35\mu m$ 或者 $0.55\mu m/0.55\mu m$ 等 L/W 的组合来实现对 AFD 值的要求。假如,要求的 AFD 在 $1\times 10^{10} \sim 1.5\times 10^{10} \mu m^{-3} \cdot s^{-1}$ 内,那么在这两条线之间的区域对应的 L/W 值都可以满足要求。

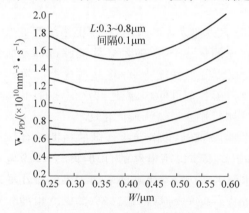

图 8.15　不同 L 下 PMOS 晶体管 $\nabla \cdot J_{PD}$ 与 W 的关系曲线

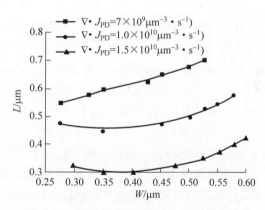

图 8.16　固定 AFD 值时 L 和 W 的解空间

从以上分析可以看出,由于互连结构的尺寸对 AFD 影响很大,因此在设计电路版图时应该尽量避免因布局不合理对互连线可靠性造成的影响。由人工神经网络技术建立的模型,设计者可以了解到尺寸参数的变化对 AFD 的具体影响,以便在设计过程中合理安排版图的布局和形状。

表 8.2 给出了 FEM 和 ANN 建模技术时间和内存的耗费比较。这个比较是在先得到 360 组训练数据和 96 组测试数据在实现神经网络建模的前提下进行的。通过在 APDL 程序中设置一个循环,就可以完成这 456 组数据的计算。总的计算时间约为 364.5h,总的计算内存约为 45.5GB。基于这些数据,使用 Neuro Modeler 软件对数据进行训练和测试,总的计算时间约为 3.5h,内存耗费约为 2.54MB。通过和 ANSYS 比较,可以看出在 ANN 中

的时间和内存耗费显得十分微不足道。也就是说,如果训练数据都准备好,再使用神经网络技术来构建模型是十分高效的。

表 8.2　FEM 和 ANN 时间及内存耗费比较

建模方式	CPU 时间/h	计算内存
FEM	364.5	45.5GB
ANN	364.5+3.5	45.5GB+2.54MB

从上述内容可以看出,使用神经网络建模的另外一个优点是可以实现在很短的时间内获得输入向量下的各处 AFD 值。一旦模型建立好,就可以用这个模型快速地生成一个可靠性数据库,从而为电路的可靠性设计提供一定的指导和帮助。

以上是用一个经典的反相器电路模型为例来分析互连电迁移可靠性,模型的最大 AFD 值和位置用来识别电路的互连失效。使用 ANSYS 参数化建模语言完成了模型的自动化构建。同时,通过将 ANSYS 的仿真数据与人工神经网络建模技术结合,实现了快速互连可靠性分析的目的。这样,设计者可以快速得到一个可靠性数据库,来指导电路可靠性设计和分析。同时,FEM 与 ANN 结合的方法可以推广用于其他电路的互连可靠性分析。

8.2　智能优化算法

8.2.1　概述

由于大量芯片制造技术变革,使得集成电路具有更加庞大的规模,在片上系统有更多复杂性的设计,要求在进行芯片设计时,不仅具备相应的集成电路知识,还要能够进行更加快捷的电路设计。在进行相应的电路设计时,需要权衡各个性能指标,将其最优性能发挥出来,使用更多目标化的领域进行电路优化,还需要权衡各个目标,保证达到最优化的同时,不会消耗各自的性能,保证各个目标间不存在恶劣影响,并互相保证最优化功能。

对于系统复杂性的设计,通过对设计过程的加速,来进行相应计算机的辅助综合性分析。数字电路能够更加简单地将不同逻辑层次进行抽离,提高电路的自动分布。模拟电路设计因为种类繁多,结构差异巨大,设计时需要大量的人力物力和技术指导。在一个小的芯片中,射频电路虽然占用面积小,但是设计成本和设计时间却要超出想象,其中产生的相应寄生效应会导致电路的失真,无疑会对电路优化增加阻碍。智能优化算法通过自然界的生物群体进行相关智能表现的一系列现象,能够设计出较为基础的优化算法,并同生物一样,能够将集成电路进行更加优化的智能设计,通过极好地调整自我适应周围环境变化。有效地将智能算法在各种大范围的电路设计中进行应用,可以更好地提高电路设计效率,解决集成电路中存在的多冲突指标;还能够发挥出自身潜在特点,为设计者提供相应的数据库进行电路方面的设计工作。

那么什么是智能优化算法呢？

人们利用自然界来认识更多的事物,并通过事物的来源进行想象和创造。智能优化算法也就是基于自然界,进行适应性启发,从而模拟进化出来的利用计算机进行表达的方法。智能优化算法具体可以包括模拟退火、禁忌搜索、群智能优化等,能够通过各种模拟自然界的相关程序,扩大搜索范围,具有较强的全局搜索特点,可以得到更为优化的解决传统问题的办法,从任何研究角度,都能提供较为新颖的解决办法。

下面将具体介绍几种智能优化算法。

8.2.2 禁忌搜索算法

禁忌搜索算法是通过对人类的大脑进行记忆启发的算法,具有更加广阔的搜索范围,有全局搜索的功能。

禁忌搜索算法需要寻找到一个较为可行的点作为当前的初始解,再通过对其所在结构的函数邻域解来进行相关领域的创建工作,随后选出一定的邻域解作为候选。如果选出的候选是最优目标,测得结果比搜索出来的最优还好,就称为"超过预想状态",可以忽略其禁忌特点,用其作为当前解填入禁忌中,修改每任禁忌对象;如果选出的候选不是最优目标,那么这一结果就不能够出现在禁忌中,忽略禁忌中的最优解和当前解之间的差异,将其填入禁忌中,改动每任禁忌对象,反复搜索,直至找到"超过预想状态"。具体的禁忌算法流程见图 8.17。

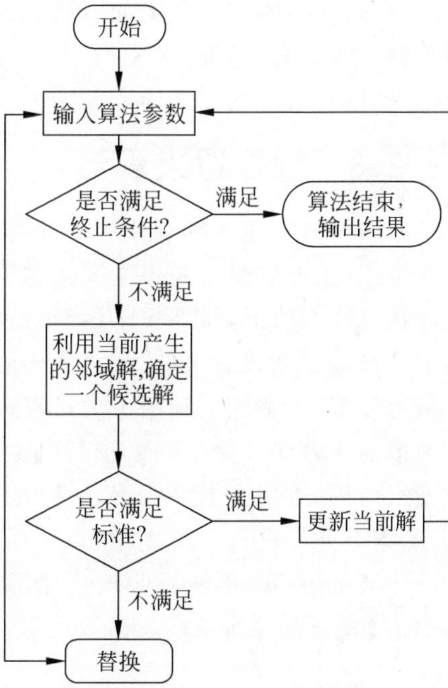

完整的最优算法通常包括多种要素,禁忌算法也如此,这些要素都会影响禁忌搜索是否能够找到最优解。

(1) 初始解,也就是进行搜索时的最初状态。初始解是通过随机方法生成的,遇到复杂约束时,随机生成的初始解就不一定可行,因此具有很大的局限性。对于初始解的选取,在一个集成电路的设计中占据较为重要的地位,选定合适的初始解,能够有效降低工作量,提高搜索效率和搜索质量。

(2) 移动与邻域。一个生成新的最优解的过程就是所谓的移动。移动通常需要依据具体情况进行针对性的分析。邻域就是利用当前所解,通过一系列的移动产生的新的最优解,邻域主要视具体情况而定,而邻域结构能够高质量地保证其搜索产生的最优解,从而提高算法的效率。

(3) 候选解,作为当前邻域解中的最优解,其范围大小通过搜索速度来确定。遇到较大规模的问题时,候选解的范围则会变大,结合邻域搜索的速度,通常只用当前解作为候选集。

图 8.17 禁忌算法流程

(4) 适配值函数,类似于遗传算法中的适应度函数,主要是为了评价单个个体的优劣情况。通常适配值函数都会通过改变目标函数来选择,当遇到的目标函数具有较大的计算量时,需要简单地改进适应算法,只要能够将两者保持在一定范围内,就可以当作适配值函数。

(5) 禁忌表,作为设计禁忌对象时的特有结构,能够有效防止搜索陷入重复的死循环僵局,也能够保证算法不会拘泥于局部最优解之内。而禁忌对象和长度作为禁忌表中的两个主要因素,前者影响表内的变化,通常改变这些元素能够有效避免其搜索到的结果是局部最优解,可以使用状态本身当作禁忌对象;而禁忌长度则表示了禁忌表的范围。

(6)藐视准则,代表的是一种渴望与破禁的水平,当移动后的解要优于最优解时,就可以进行移动,不论该结果是否存在于禁忌表之中。满足这个条件,就是藐视准则。通常情况下,这一准则就是为了预防遗失最优解而设立的。

(7)终止准则,当使用禁忌法进行搜索时,找不到最优解,也就是说搜索到的结果不能够保证是全局最优解,也不能够利用目前已知的数据进行判断,所以需要使用终止准则进行停止搜索的工作。

同智能优化的其他算法比较,禁忌优化算法能够更好地跳出思维的局限,利用全局进行搜索,并且该算法可以接受一定的差解,可以很好地进行局部搜索,又兼顾全局搜索。而禁忌优化算法的缺点则是对于初始解和邻域的依赖程度较大,不能够很好地进行串行算法,降低了全局搜索的能力,多个关键性参数导致其并行算法的影响小,一旦出现不当的设置,很容易降低整体算法的计算能力。由于禁忌优化算法能够更好地解决小规模问题的优化,所以对于最短时间内解决设计超大规模的集成电路芯片问题时具有较多的应用,在生产、组合、电路设计、神经网络等领域应用较为广泛,并有很多函数方面的全局最优解研究,通过不断改进禁忌算法,能够拥有更加广泛的适用范围。近年来,对于模拟退火算法同禁忌优化算法结合的方案也有一定的研究,利用二者配合使用的混合式搜索算法,能够较好地解决相关问题,并进行算法的优化工作。

8.2.3 模拟退火算法

模拟退火算法是一种利用概率来接受新事物的 Metropolis 准则。进行组合间最优解的寻找工作,主要的思想是根据固体物质在退火时,依据温度的变化,选出的最高熵值(即内部无序状态),熵值下降(即粒子逐渐出现一定的规律),通过这一过程进行温度的平衡状态,从而达到基本温度状态,也就是最低熵值(即固体内部最低内能),这一过程同寻求最优解的过程极为相似,概率论上利用退火过程进行模拟来解释相关模型。

模拟退火算法开始于一个较高温度,随着温度的降低,呈现一种跳跃的征象,利用目标函数搜索全局,寻找全局最优解。模拟退火算法可以说是一种能够进行多问题解决的优化办法,基本上能够进行全局优化。

(1)Metropolis 准则:假设一个系统的自由能等于系统内能与系统温度的差值,用式(8-10)代表,s 是系统的熵。假设恒温系统的两个状态是 i 和 l,使用式(8-11)和式(8-12)表示。

$$F = E - Ts \tag{8-10}$$

$$F_i = E_i - Ts_i \tag{8-11}$$

$$F_l = E_l - Ts_l \tag{8-12}$$

通过计算可以得出,$\Delta F = F_l - F_i = E_i - E_l - (Ts_i - Ts_l) = \Delta E - T\Delta s$。当系统从状态 l 变成状态 i 时,ΔF 则会小于正常值,说明能量明显减少,熵值明显增加,对自身变化影响较大。因此,温度恒定,系统会把自身的非平衡状态转变为平衡状态,由温度决定两因素的地位。假设微粒的原始状态 l 是固体物质当前所处的状态,使用能量状态 E_i 来表示,随后利用一个抗干扰装置,随机改变微粒位置,产生了一个新的能量状态 E_l,如果 $E_i < E_l$,新状态则占据较为重要的底部,使用固体概率来决定其状态值,即用式(8-13)来表示。

$$R = e^{-(E_i - E_l)/kT} \tag{8-13}$$

式中，T 为绝对温度；k 为常数；$R<1$。

在 $[0,1]$ 区间内，随机产生的数 s，如果出现 $s<R$，则代表新状态是重要状态；如果 $s>R$，则不采用。当新状态 i 是一个比较重要的状态，则 i 能够取代 l 作为当前状态，否则 l 仍是当前状态，遇到微粒的大幅度变化时，系统的能量逐渐降低至一个较为平稳的状态，固体概率分布可以用式(8-14)表示。

$$P_l = \frac{1}{z} e^{-(E_l/kT)} \tag{8-14}$$

P_l 代表系统处于微观 l 的概率，$e^{-(E_l/kT)}$ 是分布因子。当处于较高温度时，系统能够接收能量差距极大的新状态，当温度处于一个较低的水平时，系统接收的新状态要求仅有极小幅度的变化。所以，对于不同温度，具有相同的热运动原理，但是温度是 0℃ 时，任何的 $E_i > E_l$ 均是不成立的。

（2）流程：假定初始温度是 T_0，初始点是 X_0，计算初始点的函数值是 $f(X_0)$，随机产生的扰动为 ΔX，新点则变为式(8-15)。计算该函数 $f(X_1)$ 和该函数同初始值之间存在的差异，即式(8-16)。

$$X_1 = X + \Delta X \tag{8-15}$$

$$\Delta f = f(X_1) - f(X_0) \tag{8-16}$$

如果差异函数 Δf 低于正常值，则下一次进行退火的模拟初始点可以使用新的点来代替；如果差异函数 Δf 高于正常值，则需要计算新点接收的概率，即式(8-17)。

$$P(\Delta f) = e^{-(\Delta f/kT)} \tag{8-17}$$

在 $[0,1]$ 区间内，伪随机产生的数 s，如果 $P(\Delta f)$ 低于 s，则下一次进行退火的模拟初始点可以使用新的点来代替，否则需要重复 Metropolis 准则，直到选出合适的数值为止。

模拟退火算法的关键要素：

（1）状态空间和邻域函数。状态空间也就是搜索空间，包括所有编码后产生的可行解。在进行候选解的创建时，需要尽可能使用原始状态函数进行创建，从而充满整个空间。

（2）状态转移概率。也就是接收概率，使用 Metropolis 准则，在进行可行解的转换时，也受到 T（温度参数）的影响。

（3）冷却进度表 T。是从高温 T_0 到低温冷却时进行相应管理的一个进度表。如果使用 $T(t)$ 来表示温度，经典的模拟退火算法进行冷却的方式用式(8-18)表示，快速冷却法则可以用式(8-19)表示。

$$T(t) = T_0 / \lg(1+t) \tag{8-18}$$

$$T(t) = T_0 / (1+t) \tag{8-19}$$

以上两种办法都能够降低模拟退火点至全局最小。冷却进度表也说明该算法的效率，并且要想得到最佳组合，需要进行大量实验才能够得到。

（4）初始温度。如果具有较高的初始温度，那么会有较高的概率搜到高质量解，但需要更长的运算时间。初始温度给定时，需要结合算法优化所消耗的时间和效率，通常有两种办法，一种是利用均匀办法产生的一种状态，将每一个目标函数都设定为初始温度；另一种办法是使用任意产生的状态，利用最大目标函数进行确认，记录其差值，即 Δ'_{max}，根据差值使用某一函数作为初始温度。

（5）外循环终止准则。又称为终止算法准则，常用准则包括设置温度终止阈值、外循环的迭代、系统熵稳定程度的判定。

（6）内循环终止准则。也就是 Metropolis 准则，利用不同温度选出不同候选解，又称为抽样稳定性质准则，主要包含以下内容：目标函数均值是否稳定，连续若干目标函数变化幅度，采样办法。

模拟退火算法通过概率的办法寻求全局最优解，不受初始值的影响，能够缓慢进行收敛，能够较好地进行多数据的并行、扩展和通用，以极高的效率进行有关最优化组合问题的求解。不足之处是在一定程度上，虽然能够降低程序陷入优化僵局的可能性，但在进行大范围搜索时，需要多次进行计算，从而寻找到最优解。在实际的应用中，这一缺点极大地增加了工作量，不利于优化计算效率。

作为一种较为通用的使用随机办法进行搜索的计算方法，模拟退火算法已经广泛应用于机器学习、神经、生产、图像等领域，对自动设计的模拟集成电路，应用模拟退火算法进行设计，多目标进行优化设计等。

8.2.4 遗传算法

遗传算法是基于达尔文生物进化论中有关自然选择同生物进化过程进行相关的计算所制作出来的模型，用以满足适者生存与优胜劣汰的生物界遗传机制。

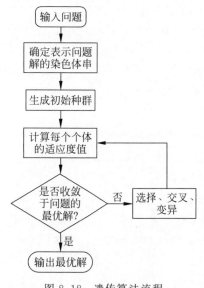

图 8.18 遗传算法流程

遗传算法优化问题的解称为个体，通常使用变量序列来表示，称为染色体或基因串。利用简单的字符或数字表示染色体，通常使用"0"和"1"的二进制进行表示，或利用其他特殊问题表示，称为编码。遗传算法开始于种群，依据适者生存与优胜劣汰的生物界遗传机制，不断进行迭代进化，通过选择、交叉和变异生成新种群，从而产生最优解。遗传算法流程如图 8.18 所示。

遗传算法依据适者生存与优胜劣汰的生物界遗传机制，主要优点包括：①不需要使用函数，能够直接对结构对象进行有关求导的操作；②整体优化不受梯度的影响，只受目标和适应度的影响；③使用一定概率进行变迁，不需要固定在某一区域，可以很好地对搜索方向进行校正和适应，从而自动获得结果；④具有较强的全局搜索力。以上这些优点很好地为相对较为复杂的问题进行有关系统求解提供了相应的框架，因此广泛应用于人们各个领域的生活中。

8.2.5 遗传算法在集成电路设计中的应用

1. 遗传算法在模拟集成电路中的应用

在参数最优化方面，模拟集成电路以往大都采用约束拟牛顿法（Constrained Quasi-Newton Method，CQN）、序列二次规划（SQP）等算法，这些算法要求有较好的迭代初值，但需要把系统约束方程转换为非约束方程来处理，会降低求解效率。而遗传算法在解决约束化非线性最优问题上却有很强的适用性。因此，遗传算法的应用能够为模拟集成电路提供新的设计实现方法和技术。

作为模拟集成电路中应用最广泛的单元模块运算放大器（Operational Amplifier, OPA），其优化对象属于多目标优化范畴，设计中可以将多目标优化问题嵌入到遗传算法中。遗传算法凭借其强大的全局搜索能力，能够极大地提高 OPA 的设计效率，实现对电路自动合成。为了能够同时使增益、功耗及面积等多个设计目标在合理的取值范围内同时达到最优，Zebulum 等对密勒补偿二级运放中晶体管的尺寸、偏置电流和补偿电容进行取值范围内的等分离散取值，这些参数的离散的取值能使遗传算法在有一定限制的空间范围内进行全局搜索，从而找到最优解。优化结果与手动设计相比，实验结果表明采用遗传算法优化得到的多个电路性能更接近所要求的设计目标。对于三级运算放大器，Zebulum 等采用了同样的设计思路对其进行优化，能使电路的功耗降低到 $10\mu W$ 以下。但上述优化方法精度不够，而且在迭代过程中收敛到全局最优解也需要耗费大量时间。Taherzudeh 等提出将遗传算法和仿真工具 HSPICE 相结合，其中 HSPICE 作为适应度的评估工具对没有精确解析方程的时域性能进行评估，此设计方法提高了运放的精度和收敛速度。

基于仿真软件的优化设计方法的优点是采用了更精确的器件模型，但由于解空间巨大，往往需要多个工作站并行进行仿真和评估，所耗费的时间也是惊人的。因此，Krasnicki 等提出采用一种基于电路性能解析方程的遗传算法来实现电路优化，这种方法设计时间短，所优化的性能指标最终也能得到一定改善。在设计目标不是非常苛刻时，采用基于方程的方法设计二级运放一般只需要 2~3s 的 CPU 运行时间，大大缩短了运放的设计周期。从上述方法可以看出，将电路仿真软件和电路性能解析方程相结合的方法不仅能够进一步提高仿真结果的精度，还能缩短设计周期。但因遗传算法本身的一些局限性，在寻优过程中遗传算法很容易早期就收敛到局部最优解，最终导致搜索结果无法达到全局最优。

2. 遗传算法在射频集成电路中的应用

传统的射频（Radio Frequency, RF）集成电路设计，方法是设计者基于专业知识和设计经验，经过反复多次的模拟试验对电路性能进行优化。这种设计方法不但需要很长的设计时间，而且很难达到多项性能的最优化。随着现代优化算法的发展，人们可以通过计算机进行电路自动优化。这种优化技术最初应用于模拟集成电路的尺寸最优化，设计者可以通过某一优化算法进行电路尺寸自动搜索，直至电路性能达到设计要求。

SRFCC 工具是 2002 年提出的射频 CMOS 电路自动合成工具，优化过程中采用的评估工具是分级模拟性能评估器。应用 SRFCC 工具对低噪声放大器（Low Noise Amplifier, LNA）进行设计实验验证，得到三阶互调节点评估误差 8.0%，操作频率评估误差 2.7%，增益评估误差 7.7%。为了降低计算复杂度，王晓木等提出了一种基于模糊遗传算法的 RFIC 优化设计的新方法，该方法中引进了精英策略，而为了增加搜索的随机性，劣质的种群可以获得最多 2% 的变异概率。算法的特点在于将"模拟逻辑"作为评估器引入遗传算法中。以 LNA 作为验证电路的实验结果表明，与传统的 NSGA-II 达 18.8h 的运算时间相比，模糊遗传算法只需 13.7h。

国内近几年提出了一种以遗传算法作为全局搜索方法、以性能方程作为评估器的 CMOS 混频器电路自动优化方法。该方法是通过搜索空间限定法实现器件宽和长变量的条件约束，而对于电路的其他设计参数，如偏置信号电流、本振信号振幅和负载电阻，则采用罚函数进行处理。对在解空间中无对应可行解的个体，计算其适应度时除以一个罚函数，从而降低该个体的适应度,使该个体被遗传到下一代群体中的机会减少。设计目标是最大化转换增益、线性度、最小化噪声系数和功耗。整体适应度沿用了模拟集成电路中适应度函数的选取。但是该方法预测的电路性能值与仿真结果之间存在一定偏差,方程的模型精度还有待提高,并且电路表示法的选择、适应度评估技术以及搜索方法在实际操作中还不是很明了。

近期 Palecek 等提出一种基于辅助电路设计方法的遗传算法,进行了两种电路的设计优化:15.12GHz 单刀双掷(SPDT)开关设计和 5GHz 的单片微波集成电路(MMIC)低噪声放大器设计。MMIC LNA 设计中,优化目标是最小化噪声系数和漏极电流以及最大化功率增益和电路稳定性;SPDT 开关设计中,优化目标是设计低插入损耗、高隔离以及低功耗的开关。由于两种电路的约束条件和优化模型不同,所以不同的规格参数采用了不同的适应度函数,并在适应度函数中引入了惩罚值。整体的概率模型是通过使总体适应度函数最小化达到优化目的。

3. 遗传算法在数字集成电路中的应用

数字集成电路可以很容易地抽象出不同层次的逻辑单元,这种抽象大大促进了数字集成电路的设计自动化。从高层次的自动综合到最低层次的集成电路版图布局布线,都有较成熟和实用的自动设计软件工具。近几年,包志国等提出了采用遗传算法对具有代表性的全加器进行自动优化设计。所选用的电路拓扑结构图是将全加器中的每个逻辑门看作一个小单元,对于三输入/两输出的全加器看成一个 3×3 的二维单元数组,如图 8.19 所示。

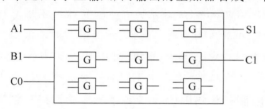

图 8.19　三输入的全加器的拓扑结构图

染色体用三个基因一组的一系列单元序列表示,第一、二个基因代表主要输入端的可能,取值范围为 0～-1(主要输入端个数)。对于单元组中的第三个基因,代表的是 10 种可能的逻辑门。交叉操作中采用的交叉方式是单元间的多点交叉。算法的优化目标是得到 100% 正确的目标电路,以及关于复杂度、功率和时延的最大评估值的解决方法。适应度函数采用了两个函数 F_1 和 F_2。F_1 是正确的输出与所有测试数据的比率,F_2 则是关于电路复杂度、功率和时延的评估函数。适应度函数 F_1 将优化电路的输出响应与真值表中所想要的正确值进行了比较。如果所有的都相匹配,则 F_1 应该是 100。F_2 则是以复杂度、功率和时延的评估形式来搜索最优解决方法。不同的评估值对应不同的门电路,即对应不同的设计方法。此设计方法采用了特有的交叉方式、精确的适应度评估函数,可以发展成自适应系统以适应不断变化的操作环境。

4. 基于遗传算法的二级运放电路优化

利用遗传算法进行有关系统优化能够使用更少的资源来设计自动化电路,既降低硬件的成本又缩短设计的使用时间。利用仿真软件进行有关电路设计的优化,能够使用更加精确的模型进行优化,但是其缺点在于巨大的求解空间导致耗费时间长。所以目前有一种提法是根据电路性能进行相关遗传算法的解析,具有用时短、操作性能有所改善的优点。对于要求不是很严格的设计条件,可以使用二级运放进行电路设计,更加缩短设计时间。

首先对二级运放电路进行电路分析,进行有关集成电路的模拟,使用运算放大器,能够很好地将单元模块进行高倍放大。通常情况下,使用反馈网络进行有关电路模块功能的重组。运算放大器作为一种较为重要的模拟和数模信号的系统电路模块,已经被应用到各种系统的电路设计之中。运算放大器主要包括输入差分、增益中间、缓冲输出以及电路偏置和补偿四种,其基本结构如图 8.20 所示。

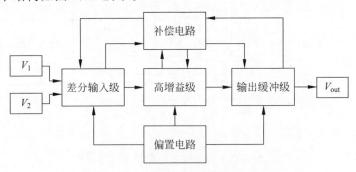

图 8.20 运算放大器的基本结构

下面通过二级运算放大器的交流小信号模型对运放的重要性能进行分析。第一级运放为 M1-5 的差分运放构成,第二级运放为 M6-7 的共源放大器构成。二级运放等效模型如图 8.21 所示。

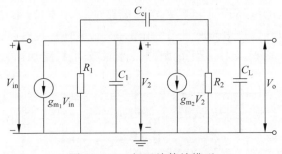

图 8.21 二级运放等效模型

转换速率又称为压摆率,也就是说在运算放大器进行电压输出时产生的转换速率,可以很好地提示运放速度。在输入端连接一个比较活跃的信号,通过运放输出测得最大上升速率。目前一种较为新颖的优化电路生成办法是在小环境范围进行有关二级运放的优化。具体编码方式包括集合染色体内的各种未知参数,使用"0"和"1"的二进制代码,代表不同的设计电路方案。使用每个指标的性能函数相乘,得到适应度函数,从而显示出最大化目标函数和最小化目标函数。

自适应免疫遗传算法是目前较为新颖的智能优化改进算法,求解模拟相关生物学中的免疫系统,利用抗体的产生来排除抗原。自适应免疫遗传算法使用一种质量较高的节约资源进行有关机制的克隆,对于优化解(即抗体)进行高概率的选择,同适应度函数有一个正比例关系。选定个体后将其复制传代,放弃本身的亲和力,也就是抗原抗体的匹配度,将优化的目标函数作为个体抗原。利用自适应免疫遗传算法,提出相应电路图的设计图案,如图 8.22 所示。

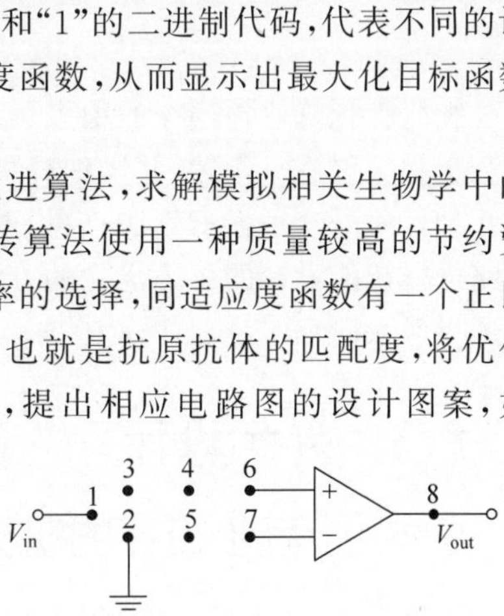

自适应免疫遗传算法引入生物界免疫系统相关概念与免疫系统方法,有效提升遗传算法进行全局搜索的能力,并有效进行相关速度的收敛。改进后算法能够有效克服传统算法中过早收敛的问题,以及盲目进

图 8.22 自适应免疫遗传算法电路图

行交叉和变异的操作。进行自适应免疫遗传算法电路的优化如图 8.23 所示。

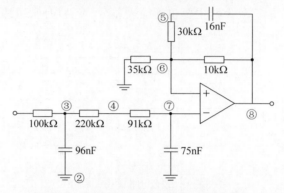

图 8.23 自适应免疫遗传算法电路的优化

运算放大器作为进行电路的集成模拟过程中应用最为广泛的电路，也具有较大的功耗和时间模块，所以不同的方法设计显示出不同的电路性能。比较具有代表性的二级运算放大器的电路图如图 8.24 所示。从图 8.24 可以看出，对于具有特定结构的功能电路，如果拥有较为合理的尺寸设计，可以得到一个较为固定的电路指标，某一性能改变会导致其他性能的变化。可以依据自身的电路设计经验和实际电路的设计要求，来选择合理的电路设计。虽然使用优化算法可以在设计电路时进行一定的优化，但是有关电路性能方面的解析、有关目标函数准确性模型的建立，具有一定的限制条件，需要进行更加深入的研究。

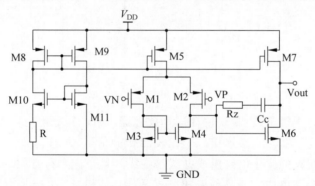

图 8.24 二级运算放大器电路图

智能优化算法在当今的很多领域内都是重点的研究项目。本节主要针对智能优化算法的产生和发展进行阐述，并详细分析了几种较为典型的智能优化算法。其中，最具有代表性的几种算法是禁忌搜索算法、模拟退火算法和遗传算法等。虽然本节分析和研究的是集成电路进行智能设计的更为优化的方法，但是今后对于集成电路的智能设计，还有很多问题值得进行深入研究。

8.3 异步设计

8.3.1 异步设计的研究

近年来，随着集成电路制造工艺的飞速发展，集成电路的特征尺寸不断降低，半导体工艺已进入超深亚微米阶段，这使得在设计规模不断增大的同时，也产生了很多未曾预料的问题,如时钟分布、时序收敛、功耗、工艺偏差以及设计复杂性等,这无疑加大了集成电路设计的难度,高速同步集成电路的设计遇到了前所未有的挑战。而由于异步集成电路中没有时钟,使得其在很多方面和同步设计相比具有不可比拟的优越性,从而使异步集成电路的设计开始得到更多的关注。

目前已经实现的异步微处理器都不同程度地采用了全定制设计流程,自动化程度低,开发时间长。而当前流行的同步集成电路设计一般采用基于标准单元库的半定制设计流程,具有方法简单、工具成熟、自动化程度高等优点。如何用基于标准单元库的半定制流程实现异步集成电路设计,是异步集成电路设计中的难题之一。

同步电路利用同步时钟来对硬件组合逻辑进行划分,每个划分中的组合逻辑只需要在下一时钟沿到来之前完成相应的操作就可以保证整个电路正确地工作。异步电路没有全局时钟,不同模块之间采用握手电路进行交互。握手协议定义异步模块在通信时请求和应答信号的时序,它主要包括两相握手协议和四相握手协议。两相握手协议是基于事件的,数据有效和数据应答都是通过信号的上升沿或者下降沿来表示。四相握手协议是基于电平的,无论是请求应答信号还是数据信号都需要归零,数据有效和数据应答信号的上升沿表示有效动作,下降沿表示归零动作。

在异步电路中数据编码方式可以有多种,主要可以分为绑定数据方式和延迟无关方式。为了便于编/解码和数据的拆分,常用的延迟无关编码方式是双轨编码方式。在绑定数据方式中,发送方通过 Req 信号表示数据的有效,接收方通过 Ack 信号表示数据已经正确采样。在双轨编码方式中,1 位数据使用 2 位数据线{d,t,d,f}进行传输,其中 00 表示无数据,01 表示有数据请求且数据为 0,10 表示有数据请求且数据为 1,11 为非法状态。双轨编码协议和完成检测电路可以配合使用,并自动生成表示数据有效的 Req 信号。

根据对门延迟和线延迟的不同假设,异步电路可以分为延迟无关(Delay Insensitive,DI)电路、准延迟无关(Quasi-Delay Insensitive,QDI)电路、速度无关(Speed Independent,SI)电路和有限延迟(Bundled Delay,BD)电路,如表 8.3 所示。

表 8.3 异步电路模型分类

电 路 模 型	门延迟模型	线延迟模型
DI	任意延迟	任意延迟
QDI	任意延迟	任意延迟+等延迟分叉线约束
SI	任意延迟	延迟为 0
BD	有限延迟	有限延迟

按照 DI→QDI→SI→BD 的顺序,延迟模型对电路延迟的假设约束是逐渐加强的。DI 电路对电路延迟没有任何假设,即门延迟和线延迟都可以是任意的,但是真正意义上的延迟无关电路是非常少的,且应用也很有限。QDI 电路假设门延迟和线延迟都可以是任意的,但是电路在遇到分支时信号到达分支端点的时间必须是等时的,即必须满足等时分叉线原则。SI 电路假设门延迟可以是任意的,但是线延迟为 0 或者可以忽略。在以前工艺水平相对落后的时期这种假设是成立的,但是随着工艺水平的不断进步,线延迟所带来的影响已不容忽视。BD 电路一般假设一段组合逻辑的延迟的最大值要小于匹配延迟,这样才能保证异步电路功能的正确。事实上,同步电路是对电路延迟要求最严格的电路模型,它是在几乎已知电路延迟的情况下对电路进行设计的。

异步电路设计方法是集成电路研究中的一个重要分支,其发展过程可以大致分为如表 8.4 所示的三个阶段。

表 8.4 异步电路设计方法发展历程及分类

阶段	时间	异步电路设计方法研究内容	电路模型
第一阶段	1950—1980	异步电路设计方法的理论基础	DI
第二阶段	1980—2000	基于转换的方法	DI,SI
		微流水线	BD
		基于猝发模式异步有限状态机方法	QDI
		基于 STG 图的方法	SI,BD
第三阶段	2000—至今	语法驱动转换的方法	QDI,BD
		同步-异步转换方法	QDI,BD
		基于定制的细粒度高性能异步流水线设计方法	BD

第一阶段为 20 世纪 50 年代中期到 80 年代初期,这个阶段是异步电路设计方法发展的初期。Huffman、Muller、Unger 以及 McCluskey 等的研究奠定了异步电路设计方法的理论基础,其中有关异步有限状态机的研究对之后的异步电路设计方法的发展具有深远的影响。这一时期的异步电路设计方法的研究还不成熟,设计出的异步电路具有很大的局限性,而且性能也比较低。

第二阶段为 20 世纪 80 年代初到 20 世纪末,这一时期的异步电路设计方法有了较快发展,主要的设计方法包括基于转换的方法和基于控制通路和数据通路划分的方法两类。

(1) 基于转换的方法首先采用类 CSP 语言对异步电路进行描述,然后对该描述进行化简及转换,将高层描述翻译成产生式规则集,最后再将其直接映射成门级网表。基于转换的方法可以在高层对异步电路进行描述,该方法比较直接,不需要对控制通路和数据通路进行划分;但是该方法要求设计人员对异步电路有很深刻的理解,同时整个设计过程涉及复杂的人工化简和优化工作。

(2) 基于控制通路和数据通路划分的方法将电路设计中控制通路和数据通路进行显式的分离,然后分别用不同的工具和流程对其进行设计,最后将设计好的控制通路和数据通路连接在一起构成整个异步电路。基于控制通路和数据通路划分的方法主要包括微流水线结构设计方法、基于 STG(Signal Transition Graph)的设计方法和基于猝发模式(Burst-Mode)异步有限状态机的方法。

第三阶段为从 21 世纪初至今,异步电路设计方法在这一时期取得了长足发展,其自动化程度不断提高,设计规模也越来越大,并且在高性能领域也开始崭露头角。目前,主流的异步电路设计方法可根据描述方式和设计粒度大致分为 3 类:语法驱动转换的设计方法、同步-异步转换的设计方法和基于定制的细粒度高性能流水线异步电路设计方法。语法驱动转换的设计方法在原有的基于转换的方法基础上开发异步电路高级硬件描述语言(Hardware Description Language,HDL),采用编译技术将高级语言描述翻译成由握手部件构成的中间描述,然后采用直接映射的方法将中间描述映射成异步电路门级网表,最后采用成熟的同步后端设计流程进行物理设计。

随着异步集成电路设计方法的研究和发展,出现了很多实用的集成电路,这些成功的实例证明了异步集成电路的优势。其中主要的是通信领域的低功耗设计和计算机领域的高性能设计。

国外在异步集成电路研究方面已经取得了不少成果,很多大的公司也在着手这方面的研究。如 SUN 公司的一种新的处理器结构——Counterflow Pipeline Processor。

在异步处理器方面,有 AMULE、Mini MIPS、微控制器异步 80C51 等。复旦大学报道了异步 PIC 微控制器的实现。Philips 公司的异步 80C51 已经进入实际应用。实践证明,异步处理器较同步处理器在功耗方面有一定的优势。

在数字信号处理方面也有异步 DSP 与异步数据通路的报道,应用异步处理方式可以降低运算功耗。

在同步电路中也可以应用部分异步处理单元,如应用在高性能处理器中的异步指令长度译码器,可以提高电路处理速度。另外也可以应用于特殊场合,如通信设备待机电路、助听器 IFIR 滤波器、CD 机译码电路、异步智能电路、异步 DCT 等。

虽然异步集成电路具有很多的优点,但它在超大规模集成电路应用方面还面临着许多挑战。发挥异步集成电路的优点需要合适的应用系统。异步集成电路应用中,最突出的两个优点是低功耗和潜在的高性能,但这些优点不是无条件的。异步集成电路没有整体时钟,使用本地握手协议进行时序控制,需要增加一些电路模块来完成这些工作。这些附加的电路模块往往会对功耗和性能产生负面影响。因此,发挥异步集成电路低功耗和高性能的特点需要合适的应用对象,比如,在待机很频繁的场合容易实现低功耗;在平均性能与最差性能相差较大的场合,有利于实现高性能。

异步集成电路设计没有统一的设计方法和成熟的 EDA 工具。现有的异步集成电路的设计方法,大部分是针对集成电路中某些局部问题的解决方法。超大规模集成电路设计的一个重要特征是 EDA 工具的广泛应用,同步集成电路的 EDA 工具已经相当成熟,而异步集成电路设计的工具仅仅局限于某些部分的算法研究和自动化。因此,在集成电路发展到超大规模和 SOC 时代后,主要的问题是解决面向超大规模集成电路的异步集成电路设计方法,以及选择合适的领域发挥其优点。

8.3.2 异步控制器的实现

基于异步握手协议的多种多样,以及 Muller C 单元及延时模块实现的多样性,设计异步控制必须满足以下要求:

(1) 考虑到 CMOS 组成的 Muller C 单元比对称 Muller C 单元更适于 VLSI 实现,选择由 CMOS 组成的 Muller C 单元来实现异步控制器;

(2) 基于同样的考虑,放弃运算运输结束检测模块实现而选择缓冲器链作为异步控制器中的延时模块;

(3) 如无特殊说明,使用的握手协议为推动式四项数据捆绑的异步握手协议。

1. 由 Muller C 单元构建的异步控制器

以 Muller C 单元为基础,可实现得到异步控制器,如图 8.25 所示。由图可见,ReqIn 直接输入 Muller C 单元的 b 引脚;AckOut 反相输入 Muller C 单元的 a 引脚;AckIn、ReqOut 和锁存信号 Lt 均由 Muller C 单元的 y 引

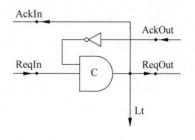

图 8.25 由 MulerC 单元构建的异步控制器

脚输出。

2. 流水线结构异步控制器的实现

级联图 8.25 所示的异步控制器,并加上辅以由缓冲器构成的缓冲器链,很容易就可以得到如图 8.26 所示的流水线结构异步控制器。

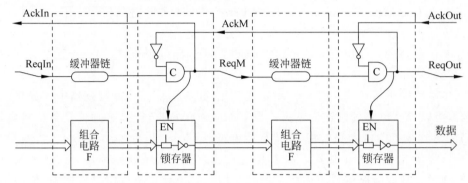

图 8.26　由 Muller C 单元级联构建带有延时链的流水线结构异步控制器

对于此流水线异步控制器,ReqI 输入有效后,经过第一个缓冲器链到达第一个 Muller C 单元时,第一级的组合逻辑运算已经结束,Muller C 单元的输出跳变为高电平,这使得该级 Latch 锁存本机组合逻辑运算结果,并将 ReqM 和 AckIn 置高电平。同样,ReqM 经过第一个缓冲器链到达第二个 Muller C 单元时,第二级的组合逻辑运算也已经结束,第二个 Muller C 单元的输出跳变为高电平,使得第二级锁存器可以保存新的运算结果,并同时将 AckM 和 ReqOut 置高电平。

但是此结构的异步控制器有一个极大的缺陷,称为级间耦合。以图 8.26 级联的流水线异步控制器为例,ReqIn 置高电平有效后,先经过第一个缓冲器链的延时之后到达第一个 Muller C 单元,此时 ReqM 置高电平有效,同时 AckIn 置高电平有效;但是还要经过第二个缓冲器链之后才能得到高电平的 AckM,使得 AckIn 置低电平。此时 ReqIn 方可有效接收下一个有效请求输入。这种耦合使得每次逻辑运算所需实际时间等于本级组合逻辑运算延时与下一级组合逻辑运算延时之和。异步握手协议之所以如此设计,是因为下一级接收数据的时间不确定,为了防止数据丢失,在接收到下一级应答信号之前,本级不能再接收上一级的新数据,用这种级间耦合来保证数据不会因下一级接收数据"晚点"而造成丢失。但是在流水线结构集成电路设计中,这种机制是不必要的,因为在 AckIn 置高电平时,即经过了第一个缓冲器链的延时之后,第一级的输入数据就已经不再需要了。之后再经过第二个缓冲器链的延时 AckIn 才能变低电平,这段时间完全是浪费。从实际直接级联异步控制器构成的流水线结构异步控制器仿真测试结果可以看到,实际流水周期近似于最大单级组合逻辑延时的 2 倍。这势必增大异步流水线的完全流水周期,降低异步流水线的吞吐率,严重浪费异步流水线结构集成电路的性能。因此在异步流水线中,希望在保留上述握手协议的请求应答机制的前提下,去掉其中的防数据丢失耦合机制。

为进一步改进该流水线异步控制器,提出了准对称去耦合异步流水线控制器,如图 8.27 所示。

本设计沿用了前面提到的冗余 Muller C 单元的机制,每一级控制器使用两个 Muller C 单元,但是不同之处在于两个 Muller C 单元都有对应的缓冲器链,且两个缓冲器链中的缓

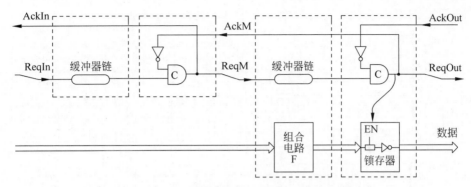

图 8.27　准对称去耦合异步流水线控制器

冲器数目相等或相差为一,从而提供的延时也近似相等,又因为两部分的 Muller C 单元构造相同,故称之为准对称。注意,应该使两个缓冲器链的总延时稍大于本级组合逻辑关键路径延时。另外,本级锁存器的锁存信号是由第二个 Muller C 单元的输出提供。其他 Ack 信号和 Req 信号等的定义类似于前面各种异步控制器的定义。

　　级联 N 个这种准对称去耦合异步流水线控制器,即可得到对应于 N 级流水的流水线异步集成电路所需控制通路。每一级流水线的组合逻辑的运算结果对应的锁存器锁存信号由该级异步控制器提供。实际上,此时级间耦合并未真正消除,但是由于每个 Muller C 单元对应的延时链的延时最大值近似于最大单级组合逻辑运算延时的 1/2,因此在级间耦合的作用下,完全流水最小有效周期近似于最大单级组合逻辑运算延时,从结果上看,仿佛消除了级间耦合的影响。

　　但是这里还有两个问题,级间耦合使得异步控制器提供的锁存器锁存信号高电平(有效电平)过宽,近似等于最大延时缓冲器链的延时。这就增加了每一级锁存器锁存的保持时间约束的要求,且这一要求还会因组合逻辑关键路径延时大小的改变而改变,非常不利于 VLSI 的设计要求。

　　由此设计了一个脉冲发生模块 F011T010, 如图 8.28 所示,让第二个 Muller C 单元的输出经过该模块之后再输入该级锁存器的使能端。该模块的主要功能是把 Muller C 单元提供的随最大单级组合逻辑运算延时而变化的锁存器锁存信号高电平转换为一个 1.5～2.5ns 宽度可控的脉冲高电平。这样不仅使得锁存器保持时间约束的要求大大降低,还使得锁存信号有效电平

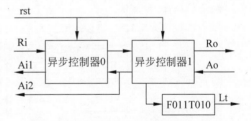

图 8.28　带有脉冲发生模块的准对称去耦合异步控制器

宽度从随组合逻辑变化而变化改变为随设计人员的需求变化而变化。

　　另外,使用本书设计的准对称去耦合异步控制器时还要注意一点,如图 8.28 所示,级联构成异步流水线控制器时第一级流水线的异步控制器的 Ai 接 Ai2,其余各级流水的 Ai 均接为 Ai1。

　　图 8.29 所示为本书设计的准对称去耦合异步控制器和单个 C 单元构成的基本控制器所组成的 3 级流水异步控制器仿真波形图。由图可见,前者的完全流水有效周期(对应于 Ro 由低电平跳变到高电平的间隔)远小于后者,且前者每级流水线异步控制器提供的锁存

器锁存信号宽度(对应于 Ctr2[2]、Ctr2[1]、Ctr2[0]的高电平宽度)远小于后者。

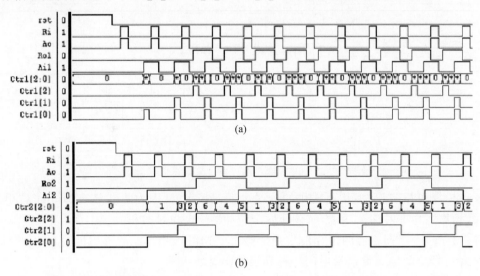

图 8.29 准对称去耦合控制器与基本控制器波形比较及准对称去耦合控制器与基本控制器波形比较

3．状态机结构异步控制器的实现

同步数字集成电路可归结为图 8.30 所示结构：每个态对应一个组合逻辑模块(在图中用多边形表示)，在每个有效始终沿到来时，通过对状态寄存器(NState)中的内容解码并通过 MUX 选择对应态组合逻辑的输出结果保存到对应寄存器里，且在下一个时钟有效沿到来之前，组合逻辑运算出新的结果供下一个时钟沿时寄存器寄存，这相应于同步数字集成电路中的建立时间约束。每个组合逻辑的输出结果包括数据结果和次态结果分别寄存到数据

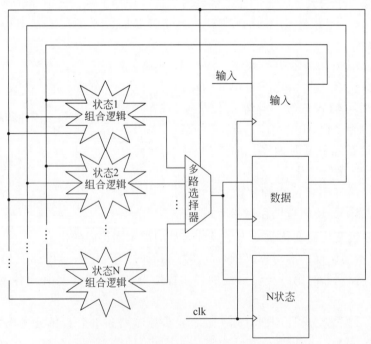

图 8.30 状态机控制同步数字集成电路框架

寄存器和状态寄存器；输入包括数据寄存器和次态寄存器内容，可选输入包括输入寄存器（对应于次态与输入相关的状态机）。且在最后运算结束时给出一个 Done 信号表示运算完毕。

同样，异步数字集成电路也可以归结为类似的结构，如图 8.31 所示：每个态对应的组合逻辑保持不变；寄存器转换为相应的锁存器，同时增加了一组当前态锁存器（PState Latch）；增加了两个译码器，分别对次态和当前态锁存器的内容进行译码，由此对对应态对应的异步控制器发出有效的 Req 信号和 Ack 信号，使之提供锁存器锁存信号。

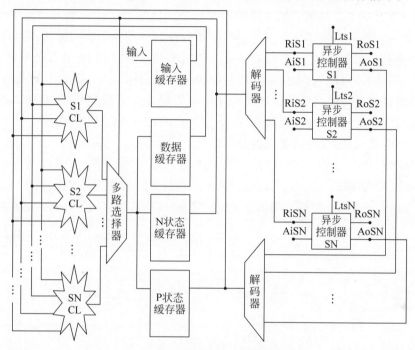

图 8.31　状态机控制异步集成电路框架

相对于异步流水线控制器，异步状态机控制器的时序复杂度要高出一个量级，在同步 VLSI 设计环境下由 EDA 工具自动综合并自动优化得到的网表更是晦涩难懂。因此，本书对状态机异步控制器的实例化实现尚未得到正确的网表仿真结果，即尚未得到正确的后仿结果。但是正确的前仿真结果表明，此种状态机设计方法切实可行。

8.4　卷积神经网络

近几年深度学习领域已经取得了显著性的进展，人工智能的发展，已成为当今国际社会百年未有之大变局中各个国家争相发展的领域。有一种典型且具有局部权值共享特性的深度学习方法名为卷积神经网络，其对平移、变形和缩放变形具有鲁棒性。卷积神经网络已经应用于图像分类和语音分析等诸多领域。

8.4.1　卷积神经网络概述

卷积神经网络（Convolutional Neural Networks，CNN）相比传统算法有了很大的进步。在将 CNN 应用于图像处理时，首先需要对初始的图形图片进行预处理，然后再根据不同的处理要求来选取相应的参数。需要特别注意的是,在这个预处理的过程中,最为关键的步骤是对网络输入数据集进行特征的提取。一般来说,这个过程是通过多个卷积层来不断地连续提取一个又一个特征,随着低级特征的层层连续提取,这些低级特征的集成和提取就会变成高级特征。由于局部权值共享是 CNN 的一个重要特性,因此在训练模型时,相对于完全连接的神经网络而言,模糊神经网络参数的数量会显著减少。

CNN 的基本结构如图 8.32 所详细展示。通常情况下多个卷积层、池化层以及多个全连接层构成 CNN 的基本结构。输入图像后首先进行预处理操作后得到神经网络模型的输入,在一次又一次的 conv 操作和 pooling 操作之后得到愈发复杂的特征图,之后在全连接层进行特征的链接;最后通过 Softmax 函数计算概率值,再进行归一化操作并排序,挑选出概率最大的节点后,将概率最大的节点作为所要预测的目标,并产生分类结果输出。

图像识别技术是一种利用物体之间的共性来实现分类的新兴技术,它将具有相同共性的图像归结为同一类别,比如按照类别、颜色、大小、形状等方向来进行分类,在进行分类后,根据分类标准的不同,得到各式各样的分类结果。

图 8.33 为利用深度学习实现图像识别的流程图,其工作原理为:等待识别图像输入后,先对输入图像进行图像预处理操作,再通过特征提取来抽取出能够反映图像本质的一系列特征,最后将其输入至经由训练样本训练好的网络模型中,这样就获得了所需求的识别结果。

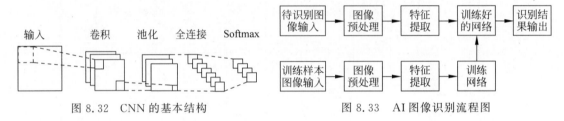

图 8.32 CNN 的基本结构　　　　　图 8.33 AI 图像识别流程图

1. 卷积层工作原理

每个卷积核用作从图像中提取特征的模板。卷积层的作用是:提取图像中每个小部分里所拥有的相应特征。卷积层越多,提取的特征也就愈发细致,从而能够更有效地利用信息资源,提高识别效率;同时也有利于对不同类别的样本分类处理。此外,卷积层通常具有多个卷积核,可以成功地实现对图像的多重特征提取。如图 8.34 所示,卷积核提取特征时,将

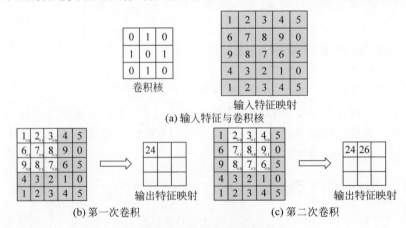

图 8.34 卷积操作示意图

按规则顺序扫描待扫描图像中的每一行和每一列,将处于感受野范围之内的输入数据与卷积核的权值进行矩阵点乘的操作之后,将结果与偏置值相加以获得提取的特征元素。当所有像素点至少被覆盖一次后,生成卷积层输出。

由于初始阶段机器并不知道在一开始的时候要识别的部分具有哪些具体特征,所以机器是通过与不同的卷积核相互作用而得到输出值,通过对这些输出值的相互比较,借此来确定哪一个卷积核能够最好地描述图像。换句话说,卷积核对所需要识别的特征具有很高的输出值;反之,对其他的特征具有较低的输出值。卷积层的输出值越高,就说明匹配程度越高,也就意味着越能表现该图片的特征。

一般来说,假设卷积核为 K 个,每一个卷积核的尺寸为 $N \times N$。卷积层第 L 层的输入有 C 个输入特征层,每个输入特征层的尺寸为 $H^L \times W^L$,步进置1。则卷积计算公式为

$$y_{m,n,k} = \sum_{c}^{C} \sum_{j}^{H} \sum_{i}^{W} f_{i,j,k,c} \times x_{m \times s+i, n \times s+j, c} + b_k \tag{8-20}$$

式中,$y_{m,n,k}$ 代表第 $L+1$ 层的第 k 个输出特征图。L 层的第 c 个通道的特征输入是 $x_{m \times s+i, n \times s+j, c}$,步长为 s。其中,m,n 分别为卷积后提取的第 k 个特征图的横纵坐标。$f_{i,j,k,c}$ 则是第 $L+1$ 卷积层中第 k 个卷积核参数,c 代表着每个卷积核所拥有的卷积通道数量,每个卷积通道分别与 C 个输入特征图相乘后相加,i,j 则是在第 k 个卷积核中的第 c 个卷积通道的卷积模板的横纵坐标,b_k 代表 $L+1$ 层中第 k 个卷积核的偏置值。

2. 池化层工作原理

池化层就是仿照动物的视觉神经系统来对图像进行识别的过程,将输入图像进行降维后提取相关特征。池化层的输入即为卷积层输出的原数据与相应的卷积核相乘后的输出矩阵。池化层的作用简单来讲,即提取图片中每一个小部分所具有的图像特征,并且只保留了图片中最显著的信息,减小了过拟合现象,减少传递噪声的同时,优化了训练参数所需要的数量,这样一来也就达到了最初需要降低维数的需求。下面将列举两种最为常用的池化方式。其中一种方式为最大池化(max-pooling),而另一种常用的池化方式则为均值池化(mean-pooling),也称为平均池化。如图 8.35 所示,图(a)为 mean-pooling 示意图,它的实现原理为:选取指定池化核区域内的数值相加后,将经过运算后得到的数值取得平均值作为输出值,将得到的输出值用以来代替整片区域的数值;图(b)为 max-pooling 的示意图,它的实现原理为:选取池化核区域内的所有数据之中最大的一个数据作为输出值,将这个输出值用来代替整片区域的数值,将所选取的池化核区域内的所有数据之中最大的一个数据以外的其余数据舍弃不予以使用。

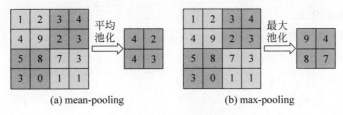

(a) mean-pooling   (b) max-pooling

图 8.35 池化操作示意图

相对应的均值池化和最大池化计算表达式分别可以用式(8-21)和式(8-22)来表示:

$$y_{m,n,k} = \max_{0 \leqslant i \leqslant W, 0 \leqslant j \leqslant H} x_{m \times W+i, n \times H+j, k} \tag{8-21}$$

$$y_{m,n,k} = \frac{1}{H \times W} \sum_{j}^{H} \sum_{i}^{W} x_{m \times W+i, n \times H+j, k} \tag{8-22}$$

式中,设 $x_{m \times W+i, n \times H+j, k}$ 为 L 层的特征值经过 $L+1$ 卷积层后提取的 $L+1$ 层特征值,k 为第 k 个通道,W(wide)代表池化层的宽,H(high)代表池化层的高,$y_{m,n,k}$ 代表第 $L+1$ 层池化后的特征数据。

3. 激活函数

为了能够让神经网络尽可能地趋近任意形式的非线性函数,人们普遍选择非线性激活函数。因为在识别过程中只有选择非线性激活函数,才能够使得神经网络更好地适用于各种非线性模型之中。下面列出常用的三种激活函数,包括 sigmoid 函数、ReLU 函数和 Tanh 函数,以及为了满足各式各样的特定神经网络的 ReLU 函数的各种变形。

在发展的早年间,sigmoid 函数(图 8.36)和 Tanh 函数(图 8.37)的使用场景是比较多的。随着科学不断深入地发展,技术的不断进步,sigmoid 函数和 Tanh 函数都或多或少地展现出不同方面的缺陷。这两个函数产生缺点的问题来源最主要是由于随着人们对卷积神经网络层数的需求越来越高,体现为 CNN 层数的不断加深。

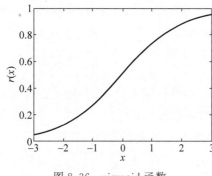
图 8.36 sigmoid 函数

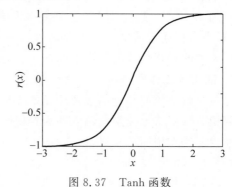
图 8.37 Tanh 函数

sigmoid 函数表达式:

$$f(x) = \frac{1}{1 + e^{-x}} \tag{8-23}$$

Tanh 双曲正切函数表达式:

$$f(x) = \frac{e^x - e^{-x}}{e^x + e^{-x}} \tag{8-24}$$

在训练网络的过程中,一般情况下更新权值会采用梯度下降法,但这就会导致一个较为严重的问题,也就是说在使用 sigmoid 函数和 Tanh 函数时,运用梯度下降法更新权值时,对 sigmoid 函数和 Tanh 函数这两个函数进行求导运算过后会导致梯度消失的问题,这个问题具体表现即为当梯度小于 1 时,所预测的值与实际情况下的值之间的误差每经由一层传播,这个差值就会衰减一次,所以导致了一个比较严重的结果,也就是说如果在深层模型中去运用上述的两种函数,则会导致模型收敛停滞不前。于是,为避免此等问题,当前主要使用的还是 ReLU 函数以及 ReLU 函数的变形体。

ReLU 函数:

$$f(x) = \max(0, x) \tag{8-25}$$

由式(8-25)可知,ReLU 函数的实质其实就是分段的线性函数,ReLU 函数将所有的小于 0 的输入特征值都置为 0,而正值则保持不变,即实现了单侧抑制的功能,这就使得神经元具备了稀疏激活性。而且通过 ReLU 函数处理后实现稀疏激活性的模型能够更为有效地挖掘图像的相关的特征并拟合数据。而且 ReLU 函数的表达能力更为强劲,尤其体现在深度网络中运用 ReLU 函数。对于非线性函数来说,根据图 8.38 显然可知 ReLU 函数非负区间的梯度为常数,也就是说使用 ReLU 函数时就不会存在梯度消失的问题,这就大大加强了模型收敛速度的稳定性,使得模型的收敛速度维持在一个稳定的状态。

Leaky ReLU 函数

$$f(x) = \max(ax, x) \tag{8-26}$$

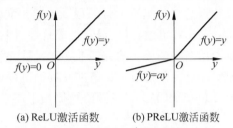

(a) ReLU 激活函数　　(b) PReLU 激活函数

图 8.38　ReLU 与 PReLU 激活函数

尽管 ReLU 函数有如此之多的优势与特点,但 ReLU 函数的使用仍有一些不可避免的缺憾,那就是在使用 ReLU 函数进行训练时有概率出现训练死亡,于是为了解决一些使用 ReLU 函数可能导致训练死亡的问题,通过将 ReLU 函数的负半部分使用 ax 替代 0,经过对 ReLU 函数优化后所得到的 Leaky ReLU 函数理论上不仅完美继承了 ReLU 函数的所有优点,并且很完美地避免了 ReLU 激活函数有可能会训练死亡的隐患。但其实在实际工程中并没有明确的证据来严格意义证明 Leaky ReLU 函数会有明显相对 ReLU 函数的优势。

4. 全连接层

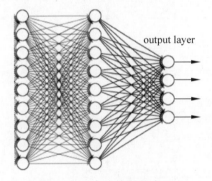

图 8.39　全连接层的实现

上文提及使用卷积层、池化层、激活函数的目的是提取原始图像的隐含特征,由图 8.39 可知全连接层的功能则是将通过训练得到的不同特征映射到样本标记空间上,这样做是为了找寻出其中相对有效的特征,对进行目标分类提供了极大的便利。

对于一般情况下的全连接层,设卷积核提取的特征图的个数为 K 个,输入为 $x_{i,j,k}$,y_n 表示 n 维特征。$W_{i,j,k,n}$ 表示全连接层有 N 个卷积核,每个卷积核有 k 个通道。偏置值通过 b_n 来具体表示。计算式为

$$y_n = f\left(\sum_{n}^{N}\sum_{k}^{K}\sum_{j}^{H}\sum_{i}^{L} W_{i,j,k,n} \times x_{i,j,k} + b_n\right) \tag{8-27}$$

5. softmax 函数

softmax 函数对一个 N 维实数向量进行压缩,将 N 维实数向量中的所有元素都压缩成为 0~1 范围内的向量,且保证全部向量之和为 1,进行这样运算处理的目的是解决多元分类问题。其定义式为

$$\sigma(z)j = \frac{e^{z_j}}{\sum_{n=1}^{N} e^{z_k}} \tag{8-28}$$

8.4.2　基于 FPGA 的 CNN 图像识别加速与优化

目前用于深度学习可选的硬件有 CPU、GPU、ASIC 和 FPGA 等,它们通常具有高性

能、低功耗、高可靠性等特点。其中,CPU 通常被用作处理复杂逻辑指令的中央处理器。由于大多数晶体管都用于构建 Cache 和控制单元,因此它适用于复杂计算,但对于计算要求较高但控制简单的深度学习来说,CPU 显然不适合用于深度学习。

FPGA 是一种可以由用户自定义编程的硬件电路结构,它提供了一个契合 CNN 的计算特点的并行运算的计算模式,它的可重编程特性也适用于可变网络结构。而且正是因为 FPGA 具有可编程性、灵活性等优点,因此被广泛应用于各种领域。首先,FPGA 使用两种技术用来实现更大的并行度,分别是并行技术和流式技术。其次,在条件允许的情况下,FPGA 可以允许用户在条件允许的范围内实现自己的逻辑电路。最后,为了减少开发的成本,FPGA 内部逻辑可随时根据当下需求进行相应改变。

1. 卷积层优化

若要对卷积层进行优化,首先要明确的是卷积的本质就是进行乘与加操作,所以对于一个卷积层来说,计算一个像素点需要不断地进行大量的乘与加的操作,这样会导致一个非常致命的问题,即在进行卷积计算的过程中,会无端增加大量的时间成本。为解决这个问题,使用并行计算和数据向量化进行相关优化。如图 8.40 所示,卷积原理如下。

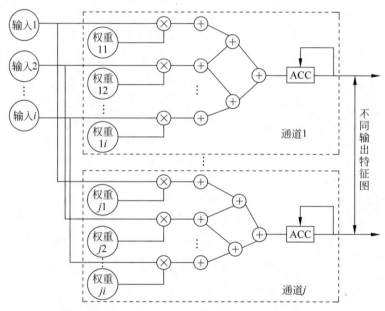

图 8.40 卷积操作示意图

首先,在三维空间中对输入特征图分为每组 i 个的不同组,在四维空间中将卷积核分为每组 j 个的不同组。输入特征和权重向量化后在不同通道进行流式传输,同时进行 i 个输入特征图的卷积运算过程,运算结束后将运算结果存入累加器 ACC。图 8.40 中虚线部分为并行输出特征图的操作,其中,通过 i 控制流入流出的数据量,为了提高运算速度使用 j 控制多通道并行运算。在资源充分利用的情况下进行运算,在每个周期之内,可以实现 i 乘以 j 个卷积运算。在进行卷积运算之后,为了保障在一定范围内减小误差,需要对卷积后的特征图进行激活操作。这样通过并行计算的操作,提高了运行速度。

2. 全局内存优化

在 FPGA 之中进行数据传输的过程即为将数据从一个内核传输至另一个内核,这样使数据在内核之间多次传输，从而避免了在计算过程中，内核与全局内存之间进行数据的多次存取。这样降低了数据的读取和存储量，数据的并行性得到了一定程度的提高，也就降低了整个系统的延迟。从图8.41可以看出，采用通道将数据进行内核间传输并将数据先发送给全局内存，而后再将数据从全局内存传输至最初想要将数据传输至的内核处，即并非采用通道进行数据传输。比较来看，内核访问全局内存的次数在使用通道传输后大大减少了，这样也就达到了降低传输延迟，提高传输数据效率的目的。

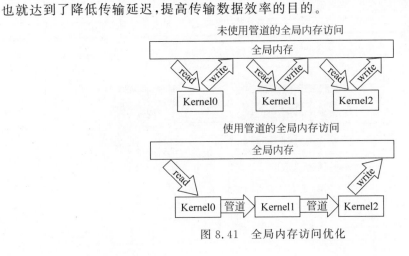

图 8.41　全局内存访问优化

8.4.3　G-CNN

1. G-CNN 流程

在训练阶段，首先在图像中获取叠加的多尺度的规则网格（实际网格相互叠加，图 8.42 中显示平铺以视觉化），然后通过 ground truth（有监督学习的训练集的分类准确性）与每一个网格的 IoU（Intersection over Union，一种测量在特定数据集中检测相应物体准确度的标准）进行每一个网格 ground truth 的分配，并完成训练过程，使得网格在回归过程中逐渐接近 ground truth。在检测阶段，对于每一个 box 针对每一类获得置信分数，用最可能类别的回归器来更新 box 的位置。

图 8.42　迭代算法 G-CNN 的示意图

2. 网格结构

CNN 训练是 CNN 向目标移动和缩放固定的多尺度网格边界框。这个回归器的网络架构如图 8.43 所示。这个架构的主干可以是任何 CNN 网络（例如，AlexNet，VGG 等）。与 Fast R-CNN 和 SPP-Net 一样，在卷积层之后的架构中包含了一个 ROI 池化层。给定每个盒子的位置信息，该层通过汇集 ROI 内的全局特征来计算 box 的特征。在完全连接层之后，网络以一个线性回归器结束，该回归器输出每个当前边界框的位置和规模的变化，条件是该框正在向一个类的对象移动。从网络结构可以看出，G-CNN 主要定义检测问题：所有可能 bbox 的迭代搜索问题。因此，其目标是训练网络使得网格最后可以将初始的网格向着目标 ground truth 移动。这一点与 Fast R-CNN 有较大区别。

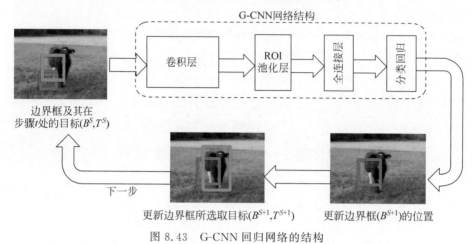

图 8.43　G-CNN 回归网络的结构

8.5　小结

本章分别介绍了几种常见的异步握手协议分类方式，并详细叙述了各种异步握手协议的时序定义；然后分析了常见的 MULERC 单元的实现以及延时模块的实现，以及对本书设计的几种不同结构的异步控制器展开了论述。其中准对称去耦合异步流水线控制器和异步状态机控制器为本书对他人成果的改进和自行设计成果。

最后介绍了基于 cnn 的目标检测技术 G-CNN，将目标检测问题建模为在所有可能的边界框空间中的迭代搜索。其模型从一个固定框的网格开始，无论图像内容如何，将它们迁移到图像中的对象。由于这个搜索问题是非线性的，通过一个分段回归模型，迭代地一步一步地将 box 移向目标。该技术的主要贡献是将目标提议阶段从检测系统中移除，这是目前基于 CNN 的检测系统的瓶颈。G-CNN 比 Fast R-CNN 快 5 倍，并达到与最先进的探测器相当的结果。

参 考 文 献

[1] 沈涛，甘骏人，姚林声. 一种可用于布局的人工神经网络[J]. 电子学报，1992，10：100-105.

[2] 孙守宇，郑君里. 一种改进的 Hopfield 神经网络算法用于单元布局[J]. 清华大学学报（自然科学版），1996，5：7-11.

[3] 沈涛，甘骏人，姚林声. 模糊人工神经网络方法在电路划分问题中的应用[J]. 计算机学报，1992，9：3-9.

[4] 梁艳，靳东明. 基于 CMOS 模拟电路的径向基函数神经网络[J]. 半导体学报，2008，02：197-202.

[5] 王为之，靳东明，张洵. 基于 CMOS 模拟电路的高速模糊神经网络设计[J]. 电子学报，2007，35，5：946-949.

[6] Vidal V F. Design approach for analog neum/fuzy systens in CMOS digital technologies[J]. Comput

Electr Eng,1999,25(5):309-337.

[7] Gonzalez R J N,Verdu F V,Vazquez A R,et al. Neuro-fuzy chip to handle complex tasks with analog performance[J]. IEEE Trans Neural Networks,2003,14(5):1375-1392.

[8] Bose B K. Expert systems,fuzy logic,and neural network applications in power electronic and motion control[J]. Proc IEEE,1994,82(8):1303-1323.

[9] Haykin S. Neural Networks:A Comprehensive Foundation[M]. New Jersey:Prentice-Hall,1999.

[10] 郭裕顺,李昆仑,张星,等.基于神经网络的GaAs微波及高速集成电路CAD技术[J].半导体情报,2000,1:12-17.

[11] Zebulum R S,Pacheco M A,Velasco M. Synthesis of CMOS Operational Amplifiers Through Genetic Algorithms[C]//Procedings of the XI Brazilian Symposium on Integrated Circuit Design,1998:125-128.

[12] 解光军,肖晗.基于遗传算法的运算放大器建模与自动设计[J].电子测量与仪器学报,2009,23(1):91-95.

[13] Deb K,Pratap A,Agarwal S,et al. A fast and elitist multiobjective genetic algorithm:NSGA-I[J]. IEEE Transactions on Evolutionary Computation,2002,6(2):182-197.

[14] Boyd S P,Le T H,et al. Optimal design of a CMOS opamp via geometric programming[J]. IEEE Transactions on Computer-Aided Design of Integrated Circuits and Systems. 2001,20(1):1-21.

[15] Mandal P,Visvanathan V. CMOS op-ampsizing using a geometric programming formulation[J]. IEEE Transactions on Computer-Aided Design of Integrated Circuits and Systems,2001,20(1):22-38.

[16] 郑维山,张萌,吴建辉.基于方程和遗传算法的CMOS模拟单元电路优化[J].电路与系统学报,2007,12(2):131-134.

[17] 周明,孙树栋.遗传算法原理及应用[M].北京:国防工业出版社,1997.

[18] 解光军,肖晗.基于遗传算法的运算放大器建模与自动设计[J].电子测量与仪器学报,2009,23(1):91-95.

[19] Taherzadeh M S,Lotfi R,Zare H H. Design optimization of analog integrated circuits using simulation based genetic algorithm [C]//International Symposium on Signals,Circuits and Systems,2003,65(8):73-76.

[20] 李亨.模拟集成电路优化方法研究[D].上海:复旦大学,2012.

[21] Amde M,Felicijan T,Efthymiou A,el al. Asynchronous on-chip networks[J]. Computers and Digital Techniques,2005,152(2):273-283.

[22] Nielsen S F,Sparso J,Madsen J. Behavior alsynthesis of asynchronous circuits using syntax directed translation as backend [J]. IEEE Transactions on Very Large Scale Integration(VISI) Systems,2009,17(2):248-261.

[23] Berkel K V. Handshake circuits:an asynchronous architecture for VISI programming [M]. Cambridge:Cambridge University Press,1993.

[24] Davis A,Coates B,Stevens K. The Post Office experience:designing a large asynchronous chip[C]// Procedings of the 26th Hawaii International Conference on System Sciences,1993,1:409-418.

[25] Muler D E,Bartky W S. A Theory of Asynchronous Circuits[C]//Procedings of an International Symposium on the Theory of Switching,1959,4:205-243.

[26] Martin A J,Lines A,Manohar R,et al. The design of an asynchronous MIPS R3000 microprocesor [C]//Procedings Sevententh Conference on Advanced Research in VISI,1997:164-181.

[27] Taylor S,Edwards D A,Plana L A,et al. Asynchronous datadriven circuit synthesis[J],IEEE Transactions on Very Large Scale Integration(VLSI)Systems,2010,18(7):1093-1106.

[28] Edwards D,Bardsley A. Balsa:an asynchronous hardware synthesis language[J]. The Computer

Journal,2002,45(1):1.

[29] Zhou F Y,Jin L F,Dong J. A review of convolutional neural network research[J]. Journal of Computer Scinence,2017,40,(6):1229-1251.

[30] He K,Zhang X,Ren S,et al. Deep residual learning for image recognition[C]//Proceedings of the IEEE conference on computer vision and pattern recognition,New York,2015,770-778.

[31] Wu Q,Ha Y,Kumar A,et al. A heterogeneous platform with GPU and FPGA for powerefficient high performance computing[C]//2014 International Symposium on Integrated Circuits(ISIC),Singapore,2014,220-223.

[32] Wu Y X,Liang K,Liu Y,et al. Progress and Trend of Deep Learning FPGA Accelerator[J]. Chinese Journal of Computers,2019,42(11):2461-2480.

[33] Guo K,Zeng S,Yu J,et al. A Survey of FPGA-Based Neural Network Accelerator[J]. ACM Trans,2018,27-35.

[34] Mittal S. A survey of FPGA-based accelerators for convolutional neural networks[J]. Neural Computing and Applications,2018,1-31.

[35] 陈煌,祝永新,田犁. 基于FPGA的卷积神经网络卷积层并行加速结构设计[J]. 微电子学与计算机,2018,35(10):85-88.

[36] 齐延荣,周夏冰,李斌,等. 基于FPGA的CNN图像识别加速与优化[J]. 计算机科学,2021,48(4):8.

[37] Najibi M,Rastegari M,Davis L S. G-CNN:An Iterative Grid Based Object Detector[C]//2016 IEEE Conference on Computer Vision and Pattern Recognition(CVPR). IEEE,2016.

[38] Carreira J,Agrawal P,Fragkiadaki K,et al. Human Pose Estimation with Iterative Error Feedback [J]. IEEE,2015.

[39] Redmon J,Divvala S,Girshick R,et al. You Only Look Once:Unified,Real-Time Object Detection [C]//Computer Vision & Pattern Recognition. IEEE,2016.

[40] Simonyan K,Zisserman A. Very Deep Convolutional Networks for Large-Scale Image Recognition [J]. arXiv e-prints,2014.

第 9 章　集成电路的超低功耗设计

CHAPTER 9

9.1　硅基集成电路技术简介

近50年来,硅基集成电路技术一直沿着摩尔定律高速发展。根据2011年国际半导体技术发展蓝图(ITRS)的预测,目前这种发展趋势至少可以持续到2026年,其器件的特征尺寸将缩小至6nm。因此,在未来的较长一段时期内,硅基集成电路仍将是微电子技术的主流。传统集成电路设计,以更小的面积、更快的速度完成运算任务是不懈努力的目标。然而随着硅基集成电路技术发展到纳米尺度,面积与时间已经不再是集成电路设计中需要考虑的唯一目标,功耗带来的挑战日益突出,已经成为制约集成电路发展的瓶颈问题。在手持和便携设备等产品中,功耗指标甚至成为第一要素。例如,苹果公司 iPhone4S 手机的双核 A5 处理器和三星公司 Galaxy S3 手机的四核 Exynos4412 处理器均基于 ARM 多核、超低功耗架构 Cortex-A9,分别使用 45nm 和 32nm 工艺,主频分别为 1GHz 和 1.4GHz。这是由于一方面大多数便携式设备均采用电池供电,其核心集成电路的功耗成为决定其使用时间的关键因素对集成电路设计提出了苛刻的功耗要求。另一方面,SoC 技术的发展使得所有的处理部件集成到单个芯片成为可能,这些处理部件可以包括多个不同的处理器核、不同的功能模块,以及存储单元甚至模拟单元。如此众多的处理部件,其功耗会全部转换成热能,使芯片工作温度升高,加剧硅失效,导致可靠性下降。因此,微电子技术的发展已经进入"功耗限制"的时代,功耗成为集成电路设计和制备过程中的核心问题。降低功耗有可能替代原来提高集成度、缩小器件尺寸而成为未来集成电路发展的驱动力。低功耗集成电路的实现是一项综合的工程,需要同时考虑器件、电路和系统的功耗优化,需要在性能和功耗之间进行折中。

目前国际先进的芯片低功耗解决方案大多基于硅基 CMOS 技术,从系统实现方法、体系架构设计、功耗管理技术、电路结构直至 CMOS 器件材料、结构与工艺进行多角度、多层次的综合优化和折中,其中多核技术和高 K/金属栅结构等的应用是当代低功耗集成电路解决方案的一些核心技术。但是随着集成电路进入纳米尺度,适于低功耗应用的 CMOS 技术平台由于 MOSFET 泄漏导致的电流增大、寄生效应严重等问题愈发突出,目前的许多低功耗技术成为了"治标"的解决方案,难以从根本上解决集成电路发展中遇到的功耗限制问题,一定程度上影响了纳米尺度集成电路的可持续发展。本章在深入分析影响集成电路功耗的各个方面的基础上,介绍了超低功耗集成电路的工艺、器件结构以及设计技术。

9.2 集成电路的功耗分析

CMOS集成电路的功耗一般包括动态功耗、静态功耗和短路功耗三部分,如图9.1所示。

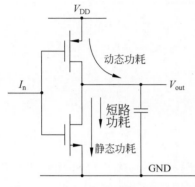

图 9.1　CMOS集成电路功耗示意图

总功耗可以表示为

$$P = P_D + P_{SC}$$
$$= \alpha C_L V_{DD}^2 f + I_{SC} V_{DD} + I_{leak} V_{DD} \quad (9\text{-}1)$$

式中,P_D为动态功耗,是电路在开关过程中对负载电容充放电所消耗的功耗,与电源电压V_{DD}、负载电容C_L、工作频率f和开关活动率α相关;P_{SC}为短路功耗,也称为直通功耗,由于电路的输入波形不是理想方波,存在上升沿和下降沿,因此在输入电平处于V_{TN}至$V_{DD}+V_{TF}$这段范围内,会使CMOS电路中的PMOS和NMOS晶体管都导通,产生从电源到地的短路电流I_{SC},从而引起开关过程中的附加短路功耗;短路功耗与$V_{DD}-2V_T$有强烈依赖关系。对于一定的电源电压,增大阈值电压V_T有助于减小短路功耗;P_S为静态功耗,也称为泄漏功耗。理想情况下CMOS电路的静态功耗为零,因为在稳态下或者NMOS晶体管截止,或者PMOS晶体管截止,电路不存在直流导通电流。但是实际上CMOS电路的静态功耗不为零,因为处于截止态的MOS晶体管存在泄漏电流I_{leak},形成电路在稳态下的直流电流,引起静态功耗。对于纳米尺度的CMOS器件,泄漏电流主要包括亚阈值电流I_{ST}、源-漏区P-N结反向电流I_j、栅-漏覆盖区的氧化层隧道电流I_g、栅感应的漏极泄漏电流I_{GIDL}以及源-漏穿通电流I_{PT}等。

由式(9-1)可以看出,集成电路总的功耗涉及很多因素,如跳变因子、负载电容、电源电压、工作频率、阈值电压以及器件尺寸等。低功耗设计就是从这些基本因素出发,在设计的各个阶段综合运用不同的策略以消除或降低诸因素对功耗的影响,以取得更好的低功耗效果。

9.3 纳米尺度工艺的功耗趋势

通常对于CMOS电路,静态功耗与动态功耗相比可以忽略不计,但随着器件特征尺寸进入纳米尺度,静态功耗会变得越来越严重。在亚微米尺度时,一般通过降低每个工艺节点的工作电压来控制总功耗的增长速率。但是随着电源电压的不断下降,CMOS器件的泄漏电流呈指数增长。研究表明,在90nm以下工艺中,由于泄漏电流的增加,静态功耗在某些设计中已经占整个电路功耗的42%以上。可以预期在达到最小的可制造尺寸之前,集成电路就会首先面临功耗的限制问题。同时,集成电路的速度和功耗一直是一对矛盾体,提高速度往往意味着将消耗更多的能量,高性能与低功耗难以兼得,目前解决的办法只能是根据电子系统的应用,在速度和功耗之间进行折中,采用牺牲速度以获得低功耗,或是牺牲功耗以获得高速度(性能)的办法。近10年来,功耗带来的问题日益严重,对于系统的散热、成本、可靠性乃至可持续发展提出了严峻的挑战。

在纳米尺度的技术节点,超低功耗集成电路的实现是一项复杂的综合工程,需要同时考虑器件、电路和系统的功耗优化,提高它们的功耗效率,因此底层的逻辑/存储器件及相关工艺、芯片内部的局域互连和芯片间的全局互连以及超低功耗的设计方法学和热分布模型模拟预测成为超低功耗解决方案中不可或缺的部分。比如在高性能应用领域,以 Intel 的 Nehalem-EX CPU 为例,采用 45nm 生产技术,引入了对抑制泄漏电流有非常重要作用的高 K/金属栅工艺,它采用 8 核 16 线程的并行处理体系架构,集成了 23 亿个晶体管。采用的主要超低功耗技术有:①采用尽可能低的工作压(0.85V 的芯片核电压,0.9V 缓存电压);②对非工作核实行休眠的栅控功耗技术;③动态供电/频率技术;④非关键晶体管采用长沟器件。其中高 K/金属栅工艺的应用使得 NMOS 的栅泄漏电流减小到 4%,PMOS 的减小更高达 0.1%。

9.4 超低功耗集成电路的工艺及器件结构

超低功耗集成电路的实现需要从器件结构及电路设计多个层次进行努力。常规机理的 MOSFET 器件结构优化方面主要的目标是通过材料、工艺及器件结构的优化降低器件泄漏电流,或者在保持泄漏电流不变的情况下提高器件特性,从而降低无用功耗在电路总功耗中所占的比例。对于纳米尺度的 MOS 器件,泄漏电流主要包括栅-漏覆盖区的氧化层隧道电流 I_g、栅感应的漏极泄漏电流 I_{GIDL}、亚阈值电流 I_{ST} 以及源/漏结反向电流 I_j 等。随着器件尺寸不断减小,为了有效抑制短沟效应道,提高栅控能力,栅氧化层厚度需要持续减薄,超薄栅氧厚度会使栅隧穿泄漏电流指数级增加,功耗增加。采用高 K/金属栅技术可以增大栅介质的物理厚度,有效降低栅泄漏电流。源漏亚阈值漏电与阈值电压有关,而且 GIDL 效应和穿通效应会分别在低栅压和较高漏压情况下导致较大的亚阈值漏电。亚阈值漏电增大的根本原因来自栅控能力的下降,通过采用超薄体 SOI 器件、双栅器件、多栅/围栅器件则可以逐渐增强栅控能力,有效降低源漏亚阈漏电,成为纳米尺度低功耗器件的良好选择。使用高迁移率的沟道材料是提高器件特性的一个有效途径。超低功耗器件结构的另一个研究热点是采用超低亚阈值斜率(SS)器件,如隧穿场效应晶体管(TFET)和悬栅 MOSFET,利用其超陡亚阈值特性可以在超低功耗集成电路方面有很好的应用前景。接下来主要对高 K/金属栅技术、高迁移率的沟道材料 MOSFET 以及超低亚阈值斜率器件等方面的最新研究进展分别给予具体介绍。

1. 高 K/金属栅技术

随着 MOSFET 器件特征尺寸的缩小,栅氧化层物理厚度减小使得栅电流增加,成为一个主要的泄漏电流来源。针对这一问题,主要的解决方案是采用高 K/金属栅技术。器件特征尺寸减小的同时,为了抑制器件短沟道效应,需要降低器件的等效栅氧化层厚度(EOT),增加栅对沟道的控制能力。而当栅氧化层物理厚度低于 3nm 时,直接隧穿效应变得显著,栅电流急剧增加,成为泄漏电流的一个主要来源。解决这个问题的最好办法就是采用高 K 材料作为栅介质层,使得 EOT 减小的同时栅介质层的物理厚度可以保持一个较大的值,从而抑制直接隧穿电流。为了消除多晶硅耗尽效应,在高 K 栅介质引入的同时,金属栅也被引入。Intel 公司的 45nm 及 32nm 技术都采用了高 K/金属栅技术。目前高 K/金属栅技术的研究重点主要是需要通过工艺和材料优化进一步提高栅介质层的质量，降低栅漏电，以及寻找具有更低电阻率且功函数可调、工艺兼容性好的栅电极材料及集成工艺。Ragnarsson 等报道了可以在 EOT 为 0.97nm 栅压 1V 将栅电流控制在 $2\mu\text{A}/\text{cm}^2$ 以下的氧化铪栅介质工艺技术，可以满足将 EOT 降低至 0.5nm 的需要；Kwon 等则实现了适于 20nm 及以下技术节点的低电阻率、高填充质量的高 K/金属栅技术后栅工艺。

2. 高迁移率沟道材料

器件的开态电流与载流子的迁移率成正比，使用高迁移率材料提高器件的开态电流不仅对于高性能应用具有重要意义，对于超低功耗应用同样具有重要意义。开态电流的提高，意味着可以使用更高的器件阈值电压 V_T 或者使用更低的工作电压就能获得相同的驱动电流。高的 V_T 表明可以有更低的关态漏电流，静态功耗可以得到降低；工作电压的降低也带来功耗的下降。因此，高迁移率沟道材料技术也是超低功耗集成电路技术的重要研究内容。应变硅技术是目前已经得到广泛应用的一种提高沟道材料迁移率的技术，施加合适的应力可以导致材料能带改变，使载流子有效质量降低、散射下降，从而使迁移率得到提升。对于纳米尺度器件，由于高 K/金属栅的使用以及多栅结构的引入，需要开发与之兼容的应力引入技术，相关文献中报道了使用碲化锗（GeTe）作为应力覆盖层的适于 FINFET 器件的应力技术。图 9.2 给出了使用该技术后器件输出特性及跨导的提升变化，可以看到器件特性得到明显提高，对于栅长 35nm 器件跨导的特性提升最大达到了 98%。

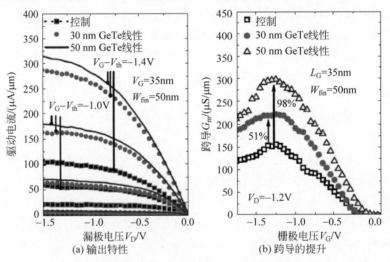

图 9.2 使用碲化锗应力层后器件

提高沟道迁移率的更有效方式是使用高迁移率的材料作为沟道材料。根据已知半导体材料的特性，一个比较好的方案是使用锗（Ge）作为 PMOSFET 沟道材料，使用高电子迁移率的化合物半导体材料作为 NMOSFET 沟道材料。目前 GeMOSFET 和化合物半导体材料 MOSFET 已经成为研究热点，研究的重点是提高栅介质与高迁移率材料的界面特性以及开发与现有工艺兼容的工艺集成技术等。近年来，GeMOSFET 的 P 型器件性能也得到了很好的提升，化合物 MOSFET 方面锗锡（GeSn）成为研究的热点。高迁移率沟道材料的研究也与一些新结构器件研究相结合，比如接下来将要介绍的隧穿场效应晶体管。

3. 超低亚阈值斜率器件

泄漏电流直接受器件亚阈值斜率(SS)的影响。对于 MOS 器件亚阈值斜率在室温下极限值为 60mV/(°)，这是造成纳米尺度器件动态功耗和泄漏功耗的重要因素。因此研究亚阈值斜率突破 60mV/(°)极限的新机制器件引起了广泛的关注。超低亚阈值斜率器件的研究方面，隧穿场效应晶体管(TFET)、悬栅 MOSFET 器件尤其受到青睐，它们分别采用量子力学隧穿、静电力等方法实现器件的导通，可以突破传统 MOSFET 常温下亚阈值斜率为 60mV/(°)的理论极限，降低器件亚阈值漏电，从而有效降低器件静态功耗。另外，由于其超低的 SS，使得阈值电压的物理最小极限值可以大大降低，可以使用超低工作电压，极大地降低功耗，因此在超低功耗应用领域具有很大潜力。悬栅 MOSFET 器件是利用静电力作用，通过施加的偏压对悬浮的栅极施加作用力，使得栅极发生机械形变，与漏极连通或者断开，从而控制漏端回路的开启和关断，图 9.3 给出了一个 6 端悬栅器件结构及其转移特性曲线。由于悬栅器件的开启和关断转换非常陡直，其直通功耗非常小，同时其关态泄漏电流也非常低，静态功耗也很小，因此非常适用于超低功耗应用。目前其面临的主要技术挑战包括器件尺寸缩小、器件的疲劳特性以及可靠性等。

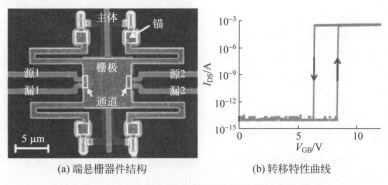

(a) 端悬栅器件结构　　　(b) 转移特性曲线

图 9.3　6 端悬栅器件结构及其转移特性曲线

隧穿场效应晶体管主要是利用量子学隧穿效应作为控制电流的主要机制，使用栅压控制器件内部电势分布形状，从而影响隧穿发生条件，当条件满足时器件开启，当条件不满足时器件电流迅速下降关断，其转换的斜率不受常规 MOSFET3/2KT 的限制。

虽然人们很早就证明了 TFET 亚阈特性的优势，但硅基 TFET 突破常温 60mV/(°)的实验报道不多。另外，TFET 的亚阈值斜率还是栅电压的强函数，随着栅压升高，器件的亚阈值特性趋于恶化。对于 TFET，如何降低平均亚阈值斜率是一个难点问题。此外，由于开态电流主要由隧穿电流提供，受隧穿点面积的限制，与传统 MOSFET 相比，TFET 的导通电流较小。如何在保证很低关态电流的同时，提高 TFET 的开态电流，以满足器件工作的要求是目前关注的一个热点。图 9.4 给出了采用 InAs 纳米线/硅异质结的 TFET 晶体管的亚阈值特性，$V_{DS}=0.1\sim1V$ 时，最小的亚阈值斜率 SS=21mV/(°)。目前 TFT 研究中涉及的器件结构通常利用的是 P-N 结或异质结的带带隧穿(BTBT)效应。也有使用金属半导体肖特基接触势垒隧穿效应，涉及的材料包括了几乎所有的半导体材料类型。当前 TFT 结构的研究重点是找到能在大的电流范围内保持超低亚阈值斜率的器件结构。

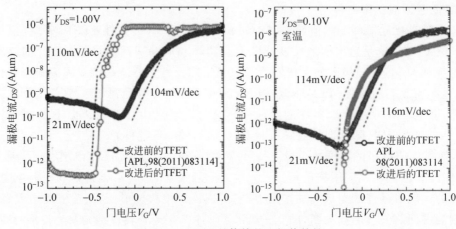

图 9.4 TFET 晶体管的亚阈值特性

9.5 集成电路的低功耗设计技术

1. 多阈值 CMOS/功率门控技术

前面提到,随着工艺进入深亚微米和纳米尺度,由于泄漏电流的增加,静态功耗已经成为不可忽视的部分。降低静态功耗就是要降低泄漏电流,而亚阈值漏电流 I_{ST} 是主要的泄漏电流,其基本表达式如下:

$$I_{ST} = I_0 \exp \frac{V_{GS} - V_T}{S/\ln 10} \tag{9-2}$$

式中,V_{GS} 为 MOS 器件的栅源偏置电压;V_T 为器件的阈值电压;I_0 为 $V_{GS}=V_T$ 时器件的关态电流;S 为亚阈值斜率。

从降低功耗考虑,器件的阈值电压 V_T 应该尽可能地大,但从电路工作速度考虑又希望尽量减小 V_T。为了解决速度和功耗的矛盾,基于多阈值 CMOS(MTCMOS)的功率门控(power gating)技术逐渐在集成电路设计中被广泛采用。MTCMOS 技术是指在一个电路中用多个阈值电压来控制亚阈值电流,其基本原理如图 9.5 所示。

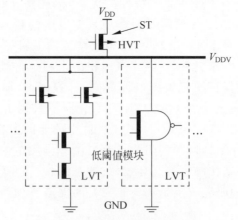

图 9.5 MTCMOS 技术示意图

对影响速度的关键路径器件采用低阈值电压(LVT)器件,称为低阈值模块。为了抑制低阈值模块的泄漏电流,在该模块和电源(或地)之间连接高阈值电压(HVT)器件,也称为休眠管(ST)。slep 信号是低阈值模块是否工作的控制信号,当 slep=0 时,ST 管导通,此时该模块就跟电源(V_{DD})连接,ST 的漏极相当于一个虚的电源(V_{DDV}),低阈值模块处于工作状态。当 slep=1 时,ST 管断开,低阈值模块处于不工作状态,此时该模块就跟 V_{DD} 断开,V_{DDV} 相当于悬空。由于 ST 的阈值电压较高,其泄漏电流较小,所以低阈值模块的泄漏电流被 ST 抑制,减小了电路的泄漏电流。功率门控技术正是基于 MTCMOS,当设计中一些模块没有使用时,通过 ST 临时将其关断,降低了电路的静态功耗。功率门控技术按照 ST 管控制单元多少通常分为细粒度、中粒度和粗粒度3种。在细粒度功率门控中,设计者要在每个库单元和地之间放置一个 ST 管。这种方法能精确实现对每个单元的控制,但消耗的面积过大。而且为了避免真正电源/地和虚拟电源/地之间过大的 IR 压降,ST 管的尺寸都比较大。在粗粒度功率门控中,设计者要建立一个电源开关网络,它基本上是一组 ST 管,并行地将整个块打开或关闭。这一技术不存在细粒度技术的面积问题,但很难在单元基础上作特性描述。中粒度功率门控技术则是一种折中,将整个芯片分为多个独立控制的分立电源域,功率门控单元将单独为各个域供电。

2. 动态阈值技术

随着集成电路特征尺寸的减小,电路的电源电压会不断减小。为了保证器件和电路速度,降低电源电压的同时一般需要降低阈值电压,但阈值电压降低又会带来器件泄漏电流的增加,而且噪声容限也会受到影响。对于纳米尺度的器件,电源电压降低到 1V 以下,器件阈值电压的设计会变得困难。动态阈值 MOS(DTMOS)器件和衬底调制技术可以保证器件在工作时具有较低的阈值电压,在关断时阈值电压较高,从而较好地折中速度和功耗的矛盾,可实现超低压工作电路。这类技术不改变 Foundry 工艺,兼容性好,已有不少电路应用。动态阈值可以通过衬底偏置来实现,对于 NMOS 器件,其阈值电压的表达式如下:

$$V_T = V_{T0} + \gamma \sqrt{2\varphi_F - V_{BS}} - \sqrt{2\varphi_F} \tag{9-3}$$

式中,V_{BS} 为 MOS 器件的衬源偏置电压;V_{T0} 为衬底偏压为零时的阈值电压;γ 为体效应系数;φ_F 为半导体的费米势。

由式(9-3)可以得知,当衬底加负偏压($V_{BS}<0$)时,阈值电压增大;当衬底加正偏压($V_{BS}>0$)时,器件阈值电压减小。实现动态阈值的方法可以通过衬底单独偏置,进行衬底动态调制,改变阈值电压;也可以直接通过采用栅体短接实现 DTMOS。将 MOS 管的体端和栅端连接在一起作为输入端,这样 DTMOS 中栅电压变化时,其阈值也发生变化。对比常规 MOS 器件,DTMOS 当 MOS 管输入电压高时,不仅阈值电压在高栅压下会降低,而且该器件中垂直于沟道方向的电场会降低,可提高载流子迁移率,使得驱动电流大大提高;当输入电压低时,阈值电压相对较高,可保持较小的关态漏电流;而且器件可以拥有接近理想的亚阈值斜率。图 9.6 是一个基于 DTMOS 的可在亚阈区工作的六管 SRAM 单元,其中 PMOS 管采用 DTMOS。在 90nm 的工艺条件下,该电路可工作在 135mV 电压下,功耗只有 0.13μW。

3. 超低工作电压技术

从式(9-1)可以看到,降低电源电压是降低功耗的最直接的有效途径。理论上,理想

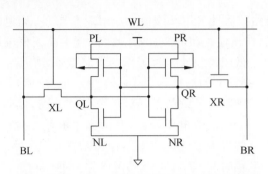

图 9.6 基于 DTMOS 的低功耗六管 SRAM 单元

MOS 管允许的最小电源电压为

$$V_{DD,min} = 2(\ln 2)kT/q = 36\text{mV}(300\text{K}) \tag{9-4}$$

超低的电源电压对电路的功耗是有益的,但如何在较低的电源电压下保证足够的电流驱动能力是设计者面临的难题。自举电路(boot strap)作为一种超低工作电压下提高电路速度的技术逐渐被采用。图 9.7 给出了加入了自举电路的 CMOS 反相器电路,它分别包含了上拉和下拉自举控制模块驱动 PMOS 和 NMOS 的栅极。当电路不工作时,自举控制模块将 PMOS 和 NMOS 的栅压保持在 $V_{DD} \sim 0$ 之间。当电路作驱动用时,控制模块将 PMOS 和 NMOS 的栅压置为 V_{DD} 和 $2V_{DD}$,此时 $|V_{GS}| = 2V_{DD}$,有效地增加了驱动电流。自举控制电路不可避免地都会增加电容单元,电容单元的大小和最终自举获得的电压有直接关系,影响自举效率。如何在较小的面积下实现较高的自举效率是目前超低工作电压技术仍需研究解决的问题。

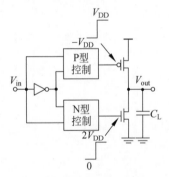

图 9.7 采用自举控制电路的 CMOS 反相器电路

超低电压工作的另一个途径是采用亚阈值工作电压 CMOS 逻辑技术,虽然在通常的 CMOS 逻辑中栅压低于阈值被认为是关断,实际上处于亚阈值区的 MOS 器件,其漏端电流 I_D 与有效栅压之间是指数关系,因此相比零栅压时的电流,在亚阈值区工作的 MOS 器件还是能提供足够大的电流保证足够大的开关态电流比。将工作电压降为亚阈值范围,通过牺牲速度作为代价,获得的是功耗的极大降低。使用亚阈值工作器件的阈值电压可以设定为一个较高值,可以对纳米尺度工艺的器件特性涨落有更高的耐受度。亚阈值工作的另一个好处是单位器件宽度上 NMOS 和 PMOS 的开态电流是相同的,不需要通过加宽 PMOS 器件来实现 NMOS 和 PMOS 的匹配。

由于亚阈值工作对器件特性的要求与常规 CMOS 逻辑并不相同,需要对器件结构进行有针对性的优化。Vitale 等提出了一种针对亚阈值工作优化的全耗尽 SOI 器件结构,如图 9.8 所示,经过优化后的器件结构更好地抑制了器件特性涨落。对于亚阈值工作 CMOS 技术需要解决的挑战主要来自电源电压下降后的电路噪声容限下降,对电路的设计提出更高要求。

4. 门控时钟技术

动态功率的 1/3～1/2 消耗在芯片的时钟分配系统上。RTL 级低功耗技术主要通过减

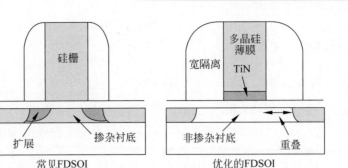

图 9.8 针对亚阈值工作优化的 FDSOI 器件结构(b)与常规 FDSOI 器件结构(a)对比

少寄存器不希望的跳变(glitch)来降低功耗。这种跳变虽然对电路的逻辑功能没有负面的影响,但会导致跳变因子 α 的增加,从而导致功耗的增加。时钟门控技术可以说是当前最有效减少跳变的方法,可以减少 30%~40% 的功耗。它的基本原理就是通过关闭芯片上暂时用不到的功能及其时钟,从而实现节省电流消耗的目的。时钟门控技术可以作用于局部电路或一个模块,也可以作用于整个电路。作用范围越大,功耗减少越显著。为了进一步减小功耗,可以采用多级门控时钟。在多级门控时钟技术中,一个门控单元可以驱动其他一个或一组门控单元,通过分级减少了门控单元的数目。

5. 能量回收技术

电路工作时,从电源获取能量。通常这些能量只能被使用一次。前面提到的动态阈值、超陡亚阈值斜率和门控时钟等技术,都只是针对如何降低能量单次使用的消耗。为了将电源中获取的能量充分利用,需引入循环措施,这就是能量回收(energy recovery)技术。采用能量回收技术的电路中利用交流电压时钟控制,在整个工作过程中交流电压源回收储存在节点电容上的能量,达到减小功耗的目的。常用的能量回收电路结构有 ECRL、DSCRL、CAL、CTGAL、PAL-2n、Boost-Logic 等。图 9.9 给出了采用能量回收技术的 5 管 SRAM 单元。在 65nm 的工艺条件下,该电路相比常规 6 管 SRAM 单元可以降低 98% 的功耗。

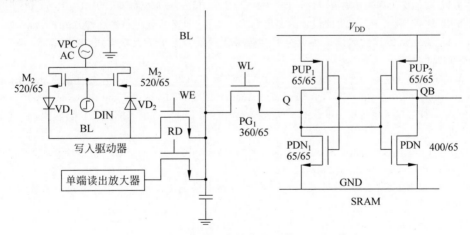

图 9.9 采用能量回收技术的 5 管 SRAM 单元

9.6 小结

在 CMOS 器件及其集成电路中,高性能往往意味着将消耗更多的能量,通常高性能与低功耗难以兼得。于是,如何从根本上解决进入纳米尺度后由于 MOSFET 泄漏加剧、寄生效应严重等引起的功耗限制成为纳米尺度集成电路的可持续发展亟待解决的问题。目前国际先进的芯片低功耗解决方案大多基于硅基 CMOS 技术,从系统实现方法、体系架构设计、功耗管理技术、电路结构直至 CMOS 器件材料、结构与工艺进行多角度、多层次的综合优化和折中,但许多方案只停留在"治标"的层面,难以从根本上解决集成电路发展中遇到的"功耗限制"问题,一定程度上影响了纳米尺度集成电路的可持续发展。在纳米尺度 CMOS 器件中虽然提出了诸如高 K/金属栅等一些降低器件功耗的方法,但这些技术目前仍不能从根本上解决超低功耗高性能器件技术的难题。新型的超陡亚阈斜率器件和动态阈值器件等低功耗的器件结构和技术,虽然能够降低功耗,但还需要进一步优化以提高性能。从根本上解决功耗问题的方法就是寻找可大规模集成新结构器件,因此如何在 CMOS 平台上实现超低功耗的高性能器件仍然是亟待解决的重要科学问题,需要在新型器件结构、新材料以及器件工艺等方面进行创新和突破。

参 考 文 献

[1] 蒋宗礼.人工神经网络导论[M].北京:高等教育出版社,2001.
[2] 林倩,蒋维,陈民海.基于人工神经网络的 IC 互连可靠性研究[J].半导体技术,2017,42(7):536-543.
[3] Silvestre M R,Ling L L. Statistical Evaluation of Pruning Methods Applied in Hidden Neuron sof the MLP Neural Network[J]. IEEE Latin America Transactions,2006,4(4):249-256.
[4] Rayas-Sanchez J E. EM-based optimization of microwave circuits using artificial neural networks:the state-of-the-art[J]. Microwave Theory & Techniques IEEE Transactions,2004,52(1):420-435.
[5] 方惠蓉.智能优化算法在集成电路设计中的应用研究[J].科技创新导报,2015(22):44-47.
[6] 吕琳君,张瑛.应用于集成电路设计的遗传算法研究[J].计算机技术与发展,2013:33-38.
[7] 郑力新.采用遗传算法的模拟集成电路参数最优设计[J].华侨大学学报(自然版),1998,19(2):128-132.
[8] Rutenbar R A,Gielen G G E,AntaoB A. DARWIN:CMOS opamp Synthesis by means of a Genetic Algorithm[M]. Computer-Anded Design of Analoy Integrated Circuits and Systems,2009.
[9] 解光军,肖晗.基于遗传算法的运算放大器建模与自动设计[J].电子测量与仪器学报,2009,23(1):91-95.
[10] Deb K,Pratap A,Agarwal S,et al. A fast and elitist multiobjective genetic algorithm:NSGA-Ⅱ[J]. Evolutionary Computation,2002,6(2):182-197.
[11] 唐守龙,郑维山,吴建辉.一种新的 CMOS 混频器电路优化设计方法[J].电路与系统学报,2008,13(2):72-78.
[12] 唐守龙.高性能 CMOS 混频器设计技术研究[D].南京:东南大学,2005.
[13] 任洪广,石伟,王志英,等.异步集成电路设计方法综述[J].计算机辅助设计与图形学学报,2011,23(3):543-552.
[14] Myers C J. Asynchronous Circuit Design[M]. DBLP,2001.

[15] Sutherland I E. Micropipelines[M]. ACM Turing Award lectures. ACM,2007:720-738.
[16] Berkel K V. Handshake circuits: an asynchronous architecture for VLSI programming[M]. Cambridge: Cambridge University Press,1993.
[17] 王尧. 异步集成电路设计方法研究[D]. 合肥:中国科学技术大学,2010.
[18] 张兴,杜刚,王源,等. 超低功耗集成电路技术[J]. 中国科学:信息科学,2012,42(12):1544-1558.
[19] Gonzalez R,Gordon B M,Horowitz M A. Supply and threshold voltages caling for low power CMOS[J]. IEEE Journal of Solid-State Circuits,1997,32(8):1210-1216.
[20] Ragnarson L Å,Adelmann C,Higuchi Y,et al. Implementing cubic-phase HfO_2 with K-value~30 inlow-VT replacement gate P-MOS devices for improved EOT-Scaling and reliability[J]. Digest of Technical Papers-Symposium on VLSI Technology,2012:27-28.
[21] Kwon U,Wong K,Krishnan S A,et al. A novel low resistance gate filfor extreme gate length scaling at 20nm and beyond for gate-lasthigh-k/metal gate CMOS technology[J]. Symposium on VLSI Technology Digest of Technical Papers,Hondwlu,2012:29-30.
[22] Dewey G,Chu-Kung B,KotlyarR,et al. Ⅲ-Ⅴ field effect transistors for future ultra-low power applications. In: Symposium on VLSI Technology[J]. Digest of Technical Papers,Honolulu,2012:63-64.
[23] Liu T J K,Hutin L,Chen I R,et al. Recent progres and challenges for relay logic switch technology[J]. Symposium on VLSI Technology Digest,Honolwlu,2012.
[24] Tomioka K,Yoshimura M,Fukui T. Step-slope tunnel field-effect transistorsusing Ⅲ-Ⅴ nanowire/Siheterojunction. In: Symposium on VLSI Technology[J]. Digest of Technical Papers,Honolulu,2012:47-48.
[25] Hwang M E,Roy K. A 135mV 0.13μW process to lerant 6T subthreshold DTMOSSRAM in 90nm technology[C]//Custom Integrated Circuits Conference,2008:419-422.
[26] Vitale S A,Kedzierski J,Healey P,et al. Work-Function-Tuned TiN Metal Gate FDSOI Transistors for Subthreshold Operation[J]. IEEE Transactions on Electron Devices,2011,58(2):419-426.
[27] Rajapandian S,Xu Z,Shepard K L. Energy-effcient low-voltage operation of digital CMOS circuits through charge-recycling[C]//Symp VLSI Circuits Digest of Technical Papers,New York,2004:330-333.
[28] Samson M,Mandavali S. Adiabatic 5T SRAM[C]//Hyderabad: International Symposium Electronic System Design,2011.

第 10 章
CHAPTER 10

新型工艺

10.1 半导体工艺

10.1.1 半导体工艺概述

从 1947 年开始,半导体工业就已经呈现出在新工艺和工艺提高上的持续发展。工艺的提高导致具有更高集成度和可靠性的集成电路的产生,从而推动了电子工业的革命。这些工艺的改进归为两大类:工艺和结构。

工艺的改进是指以更小尺寸来制造器件和电路,并使之具有更高密度、更多数量和更高的可靠性。

结构的改进是指新器件设计上的发明使电路的性能更好,实现更佳的能耗控制和更高的可靠性。

集成电路中器件的尺寸和数量是 IC 发展的两个共同标志。器件的尺寸是以设计中的最小尺寸来表示的,称为特征图形尺寸,通常用微米(μm)和纳米(nm)来表示。半导体器件一个更专业的标志是栅条宽度。晶体管由三部分构成,其中一部分是允许电流流过的通路。在当今的技术中,最流行的晶体管是金属-半导体(MOS)结构,其控制部分称为栅。通过生产更小和更快的晶体管及更高密度的电路、更小的栅条宽度推动着产业发展。目前,工业界正推向 90nm 的栅条宽度,根据国际半导体技术路线图(ITRS),在 2016 年达到 22nm 的尺寸。

英特尔公司的创始人之一 Gordon Moore 在 1965 年预言芯片的晶体管数量会每 18 个月翻一番,这个预言立即被称为摩尔定律。业界观察家们已经使用这个定律预测未来芯片上的密度。多年来,它已被证明十分准确并推动技术进步(表 10.1),它是由半导体工业协会开发的国际半导体技术路线图的基础。

表 10.1 芯片的管数随年代的变化表

年 份	晶体管数	年 份	晶体管数
1978	29000	1993	7500000
1982	275000	1997	9500000
1985	1200000	2001	55000000
1991	3100000		

集成度水平(integration level)表示电路的密度,也就是电路中器件的数量。集成度水平(表 10.2)的范围从小规模集成(SSI)到甚大规模集成电路(ULSI),ULSI 集成电路有时也称为极大超大规模集成电路(VVLSI),大众刊物上称最新的产品为百万芯片(mega chip)。

表 10.2 IC 集成度表

集成度等级	缩　写	每个芯片上器件数
小规模	SSI	2~50
中规模	MSI	50~5000
大规模	LSI	5000~100000
超大规模	VLSI	超过 100000~1000000
甚大规模	ULSI	>1000000

电子工业可分为两个主要部分:半导体和系统(或产品)。半导体部分包括材料供应商、电路设计、芯片制造商和半导体工业设备及化学品供应商。系统部分包括设计和生产众多基于半导体器件的、涉及从消费类电子产品到太空飞船的产品。电子工业还涵盖了印制电路板制造商。

半导体产业由两个主要部分组成。一部分是制造半导体固态器件和电路的企业,生产过程称为晶圆制造(wafer fabrication)。在这个行业中有三种类型的芯片供应商,一种是集设计、制造、封装和市场销售为一体的公司,称为集成器件制造商(IDM);一种是为其他芯片供应商制造电路芯片,称为代工厂(foundry);还有一种是做设计和晶圆市场的公司,他们从晶圆工厂购买芯片,称为无加工厂公司(fabless)。以产品为终端市场的经销商和为内部使用的生产商都生产芯片。以产品为终端市场的生产商制造并在市场上销售芯片,以产品为内部使用的生产商的终端产品为计算机、通信产品等,生产的芯片用于他们自己的终端产品,其中一些企业也向市场销售芯片。还有一些生产专业的芯片供内部使用,在市场上购买其他的芯片。20 世纪 80 年代,在以产品供内部使用的生产商中进行的芯片制造的比例有上升的趋势。

10.1.2　半导体工艺发展现状

20 世纪 50 年代发起基本的和粗糙的产品及工艺已经成长为一个重要的制造工业。在要求新的制造工艺、新的材料和新的制造设备以制造出新产品的推动下,20 世纪 60 年代是该行业开始成长为成熟工业的十年。行业的芯片价格下降趋势也是 20 世纪 50 年代建立的产业发展的推动力。

半导体技术随着工程师在硅谷、波士顿以及得克萨斯州的不同公司间的流动而传播。到了 20 世纪 60 年代,芯片制造厂的数量猛增,并且工艺接近了吸引半导体特殊供应商的水平。

20 世纪 50 年代的许多关键人物创建了新公司。Robert Noyce 离开 Fairchild 建立了英特尔(与 Andrew Grove,Gordon Moore 一起),Charles Sporck 也离开了 Fairchild 开始经营国家半导体公司,Signetics 成为了第一家专门从事 IC 制造的公司。新器件设计通常是公司开始的动力,然而,价格的下跌是一个残酷的趋势,会将许多新老公司驱逐出局。

1963 年,塑封在硅器件上的使用加速了价格的下跌;同年,RCA 宣布开发出了绝缘场效应管(IFET)，为 MOS 工业的发展铺平了道路。RCA 还制造出了第一个互补型 MOS(CMOS)电路。

20 世纪 70 年代初，半导体 IC 的制造主要在 MSI 的水平，向有利润并高产的 LSI 的发展在某种程度上受到了掩模板引起的缺陷和由接触光刻机(Contact Aligner)造成的晶圆损伤的阻碍。Perkin 和 Elmer 公司开发出了第一个实际应用的投射光刻机，从而解决了掩模板和光刻机的缺陷问题。

在这十年中，洁净制造间的结构和运行得到了提高，并出现了离子注入机，用于高质量掩模板的电子束(E-beam)机，以及用于晶圆光刻掩模步进式光刻机(Stepper)开始出现。

工艺过程的自动化从旋转涂胶/烘焙和显影/烘焙开始，从操作员控制发展到工艺过程的自动控制提高了产量和产品的一致性。

当工艺与设备结合时，这个时期的发展就面向了全世界，工艺的提高使人们对固态器件物理有了更细致的理解，这使得全世界学习这一工艺的学生、未来的工程师们也掌握了这一技术。

20 世纪 80 年代的焦点是如何从生产区域去掉操作工以及如何实现晶圆制造和封装的全程自动化。自动化提高了制造效率，使加工失误减到最小。人员是在工艺加工过程中主要的沾污源之一，通过限制操作人数以保持晶圆制造区更清洁。

自动化的特色之一是机动性。像在汽车工业自动化一样，特别是在设计领域，设计者开始设计更复杂的芯片。反过来，新设计又给制造商提出了新的挑战从而导致新工艺的开发。在这精密复杂的水平上，就需要机器的自动化来完成工艺控制和重复性。

20 世纪 80 年代初，美国和欧洲占统治地位。20 世纪七八十年代，$1\mu m$ 特征图形尺寸的障碍显示了机遇和挑战。机遇是指，这会是一个具有极高的速度和存储能力百万芯片的纪元。挑战是指传统光刻由于新增层、更大的晶圆表面台阶高度变化、晶圆直径增大造成的局限。$1\mu m$ 的障碍是在 1990 年年初被突破的，50% 的微芯片生产线在生产微米级和低于微米级的产品。

工业发展到成熟时期，就将更多传统上的重点放在生产和市场问题上。早期的盈利策略是走发明的途径，也就是总要把最新和最先进的芯片抢先推向市场，以获得足够的可支付研发和设计费用的利润。这种策略带来的利润可以克服良品率和低效率的问题。工艺控制上的技术(竞争)和改进把更多工业的重点转移到了产品问题上。几个主要的产能因素是自动化、成本控制、工艺特性化与控制，以及人员效率。

控制成本的策略包括：设备成本关系的详细分析；新厂的布局(如集束机器)；自动化机械手；晶圆隔离技术(WIT)；计算机集成制造(CIM)；先进完善的统计工艺控制；先进的测量仪器；即时库存系统，以及其他。

技术推动的因素、特征图形尺寸减小、晶圆直径增大和良品率的提高，都存在客观和统计上的限制。但是产能的提高(包含许多因素)是持续获利的源泉。

晶圆工厂的投资巨大(10 亿～30 亿美元并且还在增长)，其设备和工艺开发同样耗资巨大。在研发 $0.35\mu m$ 以下的技术时，X 射线和深紫外线(DUV)光刻或传统光刻技术的改进都是巨大的花费，同样，在生产中也花费巨大。

半导体协会技术发展路线图(IRTS)的挑战是要求生产下一代芯片的许多工艺还处于未知或非常原始的开发状态。然而，好消息是产业正沿着演变的曲线而不是依靠革命性的突破向前推进。工程师在学会如何在以技术飞跃来解决问题之前,正从工艺过程中挖掘生产力。这是工业成熟的另外一个信号。

可能这十年的主要技术改变就是铜连线。铝连线在几个方面显现出局限性,特别是和硅的接触电阻。铜是一种较好的材料,但它不易沉积和刻蚀,如果它接触到硅,会对电路造成致命的影响。IBM开发出了可实用的铜工艺,并在20世纪90年代末几乎立刻被业界所接受。

微观技术在公众的感觉中意味着"小",在科学中是指 10^{-9}。因此,特征图形尺寸和栅条的宽度以微米来表示,如 $0.018\mu m$。纳米技术正在被广泛使用。

在半导体协会的国际技术发展路线图(ITRS)中,对半导体通向未来纳米的道路做了描绘。随着器件尺寸变得更小,会有一系列可预见的事情,其优点是更快的运行速度和更高的密度。然而,更小的尺寸要求更精密的工艺和设备。

栅条区域是MOS晶体管非常关键的部分。更小的栅条更易受污染的干扰,这将推动更洁净的化学品和工艺的发展。低度的污染要求更敏感的测量技术。

表面粗糙度成为一个需要控制的参数。随着器件之间更加紧凑,需要更多层的金属连线层结构,而同时,要保持表面足够平坦以满足光刻的要求,这就给平面技术带来了一定的压力。更多层的金属连线会带来更高的电阻,这样就推动了对新金属材料的需求,例如铜。随着在芯片上电功能的提高以及内部温度的升高,推动了对散热技术的需求。

要取得这些进步就需要更洁净的制造厂,极为纯净的材料和化学品以及集束设备的使用,将对污染的暴露减至最小并提高生产效率。

晶圆的直径将会达到450mm以上,工厂的自动化水平也将遍及机器之间,并且带有集成的工艺监测系统。更多高水平的工艺将会要求更高产量的晶圆制造厂,这些工厂具有更精密的工艺自动化和工厂管理。这些大工厂的成本将高达100亿美元。来自巨大投资的压力迫使研发和建厂的速度更快。

未来,半导体工业和集成电路会与现今大不相同,并将达到硅晶体管物理上的极限。硅以后的生产材料还没有确定,但是产业将继续成长。并非所有集成电路都必须使用最先进技术。烤面包机、电冰箱和汽车不太可能使用最新的尖端器件。新材料正在实验室中研发。化合半导体,如镓/砷化物(GaAs)就是候选者。技术如分子束(MBE)可能被用来以"一次一个原子"的方式制作新材料。

"纳米"这个术语的另一个用法是一种建立非常小的结构的方法,又称为纳米技术。它是基于碳平面晶体结构的发现,其形状像一个空管(纳米管)。这些结构具有许多应用前景。在半导体技术中,这些碳原子能被掺杂,担当电子器件的角色,最终形成电子电路。

可以毫无疑问地说,随着材料和工艺的不断向前推进,半导体工业将继续是主导工业;还可以毫无疑问地说,在实现制造强国、质量强国以及促进高质量发展,供给侧结构性改革的过程中,集成电路的使用将继续以未知的方法改变我们的世界。

10.2　7nm 工艺

7nm工艺节点将是半导体厂推进摩尔定律的下一重要关卡。半导体进入7nm节点后,前段与后段工艺皆将面临更严峻的挑战,半导体厂已加紧研发新的元件设计架构,以及金属导线等材料,希望能兼顾尺寸、功耗及运算效能表现。

台积电预告 2017 年第二季 10nm 芯片将会量产,7nm 工艺的量产时间点则将落在 2018 上半年。反观 Intel,其 10nm 工艺量产时间确定将延后到 2017 下半年。

比较双方未来的制程蓝图时间表,台积电几乎确认将于 10nm 工艺节点时超越 Intel。但英特尔财务长 Stacy Smith 在 2016 年 Morgan Stanley 技术会议上强调,7nm 工艺才是彼此决胜的关键点,并强调 7nm 的工艺技术与材料与过去相比,将会有重大突破。

过去,在 90nm 工艺开发时,就有不少声音传出半导体制程发展将碰触到物理极限,难以继续发展下去,如今也已顺利地走到 10nm,更甚至到 7nm 或是 5nm 工艺节点,对过去的我们而言的确是难以想象。

Intel 在技术会议上的这一番谈话,引起我们对未来科技无限想象的空间,到底 Intel 将会引进什么样的革新技术,以及未来在制程发展上可能会遭遇到什么样的挑战?

半导体前段制程的挑战,不外乎是不断微缩闸极线宽,在固定的单位面积之下增加电晶体数目。不过,随着闸极线宽缩小,氧化层厚度跟着缩减,导致绝缘效果降低,使得漏电流成为令业界困扰不已的副作用。半导体制造业者在 28nm 制程节点导入的高介电常数/金属栅极(High-k Metal Gate,HKMG),即是利用高介电常数材料来增加电容值,以达到降低漏电流的目的。根据这样的理论,增加绝缘层的表面积亦是一种改善漏电流现象的方法。鳍式场效电晶体(Fin Field Effect Transistor,FinFET)即是由增加绝缘层的表面积来增加电容值、降低漏电流以达到降低功耗的目的。

鳍式场效电晶体为三面控制,在 5nm 或是 3nm 制程中,为了再增加绝缘层面积,全包覆式栅极(Gate Al Around,GAA)亦将是发展的选项之一。但结构体越复杂,将会增加蚀刻、化学机械研磨与原子层沉积等制程的难度,缺陷检测(Defect Inspection)亦会面临挑战,能否符合量产的条件与利益将会是未来发展的目标。

改变通道材料亦是增加 IC 运算效能与降低功耗的选项之一。电晶体的工作原理为在闸极施加一固定电压,使通道形成,电流即可通过。在数位电路中,借由电流通过与否,便可代表逻辑的"1"或"0"。

过去通道的材料主要为硅,然而硅的电子迁移率(Electron Mobility)已不符合需求,为了进一步提升运算速度,寻找新的通道材料已刻不容缓。一般认为,从 10nm 以后,Ⅲ-Ⅴ族或是硅锗(SiGe)等高电子(电洞)迁移率的材料将开始陆续登上先进制程的舞台。10nm 与 7nm 将会使用 SiGe 作为通道材料。锗的电子迁移率为硅的 2~4 倍,电洞迁移率(Hole Mobility)则为 6 倍,这是锗受到青睐的主要原因。

Ⅲ-Ⅴ族的电子迁移率则更胜锗一筹,约为矽的 10~30 倍,但美中不足的是Ⅲ-Ⅴ族的电洞迁移率相当低。N 型通道将会选择Ⅲ-Ⅴ族作为使用材料,并结合锗作为 P 型通道,以提高运算速度。

但要将 SiGe 或是Ⅲ-Ⅴ族应用于现行的 CMOS 制程仍有相当多的挑战,例如非硅通道材料要如何在不同的热膨胀系数、晶格常数与晶型等情况下,完美地在大面积矽基板上均匀植入,即是一个不小的挑战。此外,Ⅲ-Ⅴ族与锗材料的能隙(Band gap)较窄,于较高电场时容易有穿隧效应出现,在越小型元件的闸极中,更容易有漏电流的产生,亦是另一个待解的课题。

0.13μm 之前是使用铝作为导线的材料,但 IBM 在此技术节点时导入了划时代的铜制程技术，金属导线的电阻率因此大大下降，信号传输的速度与功耗将因此有长足的进步。

为何不在一开始就选择铜作为导线的材料？原因是铜离子的扩散系数高，容易钻入介电层或是硅材料中，导致 IC 的电性漂移以及制程腔体遭到污染，难以控制。IBM 研发出双镶嵌法（Dual Damascene），先蚀刻出金属导线所需之沟槽（Trench）与洞（Via），并沉积一层薄的阻挡层（Barrier）与衬垫层（Liner），之后再将铜回填，防止铜离子扩散。与过去的直接对铝金属进行刻蚀是完全相反的流程。

随着线宽的微缩，对于黄光微影与蚀刻的挑战当然不在话下，曝光显影的线宽一致性（Uniformity）、光阻材料（Photo Resist，PR）的选择，都将会影响到后续蚀刻的结果。蚀刻后导线的线边缘粗糙度（Line Edge Roughness，LER），以及导线蚀刻的临界尺寸（Critical Dimension，CD）与其整片晶圆一致性等最基本的要求都是不小的挑战。

后段制程另外一个主要的挑战则是铜离子扩散。目前阻挡层的主要材料是氮化钽（TaN），并在阻挡层之上再沉积衬垫层，作为铜与阻挡层之间的黏着层（Adhesion Layer），一般来说是使用钽（Ta）。

然而，钽沉积的覆盖均匀性不佳，容易造成导线沟槽的堵塞，20nm 节点以前因导线的深宽比（Aspect Ratio，AR）较低而尚可接受。但随着制程的演进，导线线宽缩小导致深宽比越来越高，钽沉积的不均匀所造成的缩口将会严重突显出来，后端导致铜电镀出现困难，容易产生孔洞（Void）现象，在可靠度测试（Reliability Test）时容易失败。另外，钽的不均匀性容易造成沟槽填充材料大部分是钽而不是铜，由于钽金属导线的阻值将会大幅上升，从而抵消原先铜导线所带来的好处。

衬垫层必须具有低电阻率、良好的覆盖均匀性、是铜的良好黏着层等重要特性，钽在 20nm 节点以下已无法符合制程的需求，寻找新的材料已经刻不容缓。

钴（Cobalt，Co）与钌（Ruthenium，Ru）是目前最被看好的候选材料。钴是相当不错的衬垫层，具有比钽更低的电阻率，对铜而言是亦是不错的黏着层，且在电镀铜时具有连续性，不容易造成孔洞现象出现。但钴衬垫层也有其不理想之处，主要是因为铜的腐蚀电位高于钴，因此在铜、钴的接触面上，容易造成钴的腐蚀，此现象称为电流腐蚀（Galvanic Corrosion），亦称为伽伐尼腐蚀。

解决电流腐蚀的问题必须从化学机械研磨（Chemical Mechanical Polish，CMP）与后清洗（Post CMP Clean）着手，使用特殊的化学原料改变铜与钴之间的腐蚀电位，以降低或消除腐蚀现象。目前预计钴衬垫层将可延伸到 10nm 制程节点。

接着在 7nm，阻挡层与衬垫层的候选材料将有可能是钌，铜可以直接在钌上电镀，并有效阻挡铜离子对介电层的扩散。

不过，钌和钴在与铜接触时，一样都会有电流腐蚀问题，只是钌的情况与钴恰巧相反，钌的腐蚀电位高于铜，因此铜金属将会被腐蚀。另外，钌的硬度相当高，且化学性质稳定，不容易与其他化学成分反应，只有使用类似过碘酸钾（KIO_4）这种强氧化剂（过去是使用双氧水作为氧化剂）才可使其氧化，以提高研磨率（100~150A/min）。钌的物理与化学特性为化学机械研磨制程带来不小的挑战，目前业界还在寻找适当的解决办法。

台积电是全球晶圆代工的龙头企业，它的动向对于半导体产业发展都具有重大的影响力，每一季财务发表会的声明皆为半导体产业发展的风向标，故分析其营收趋势，可约略窥探与预测未来全球 IC 产业的发展。

目前台积电主要营收贡献来自28nm。过去40nm营收用了13季超越65nm，28nm因搭上了行动装置的热潮，只用了6季便超越40nm。先进制程如20/16nm工艺从推出至今已达7季，虽维持高档，但仍未超越28nm。从营收的另一个角度观察，价格乘上销售数量等于营收，20/16nm工艺的代工价格必定高于28nm工艺，但营收却未高过于28nm，可依此推论终端客户对20/16nm工艺的需求与投片量相较于28nm工艺应该低不少。且在2016第一季时，20/16nm工艺的营收较上季下滑，28nm工艺却较上季上升。

过去智能手机与平板电脑带动半导体先进制程的发展与高成长，但现在行动通信装置的热潮已明显消退，IC产业链相关厂商亦希望找出下一个杀手级应用，继续带动半导体产业发展。

目前业界一致认为，物联网（Internet of Things，IoT）为最佳候选之一。物联网主要架构是将会使用大量微控制器（Micro Controller Unit，MCU）与微机电感测器（MEMS Sensor），以及微型Wi-Fi芯片作为数十亿计的"物"的控制与连接元件，这些"物"的信号将会传送到背后数以千万计具有高运算能力的服务器进行大数据（Big Data）分析，以提供使用者及时且有用的资讯。

由此可知，与"物"相关的芯片数量应该会相当惊人，但其所需的半导体制程技术应是成熟型甚至是28nm工艺即可应付；而最需要先进制程技术的服务器中央处理器芯片，相较于"物"的数量应会低不少，对相关IC制造厂商的贡献营收是否仍可继续支撑制程开发与设备的投资，仍是未知数。市场给予IC制造厂商的压力与挑战，并不亚于前文所提到的制程挑战。

随着制程技术的演进，遇到的挑战与困难只会多不会少，并且制程节点已进入10nm以下，接近物理极限，所以除了线宽微缩外，改变元件结构或使用新的材料等选项已是一条不可不走的路。

像前段制程的元件部分，除了线宽微缩的挑战之外，其他如功耗的降低或是运算能力的增进，亦是等待解决的课题之一。FinFET将过去的平面式结构转为立体式结构，增加对栅极的控制能力，未来更有可能转为全包覆式的栅极以降低漏电流。

另外，改变通道材料，由过去的矽改为SiGe或是Ⅲ-Ⅴ族等通道材料，为的都是增加电子或是电洞的迁移率。但晶圆制造业者要如何把异质材料整合至矽基板上，又兼顾可靠度，将是避无可避的挑战。

后段金属导线在材料上的选择亦遇到阻挡层与衬垫层沉积的挑战，间接导致电镀铜的困难度增加，过去是使用氮化钽/钽作为阻挡层与衬垫层，但随着金属导线临界尺寸的缩小，钽/氮化钽已渐渐地不符合制程的要求。钴已在20nm制程部分取代了钽，作为衬垫层的主要材料，未来钌更会在7nm制程继续接棒。但因钴、钌与铜电化学与材料的特性，增加了化学机械研磨与后清洗的挑战。

回顾过去的历史，技术上的难关总有办法克服，但接下来半导体产业还要面临经济上的考验。未来的制程节点发展难度将会越来越高，相对的，制程开发与设备的投资金额也将会越来越庞大，最终必定将会反映到晶圆的销售价格上。

上一波便携设备如智能手机与平板装置的热卖，带起了28nm制程营收的高峰，但未来先进制程可能不会再有类似的机遇。在移动通信设备的退烧，以及物联网应用的普及带动下，成熟型制程如MEMS与28nm将仍可持续发光发热，但高成本的先进制程未来在市场的接受度上，仍有不少的质疑声浪与挑战，未来的发展有待持续观察。

10.3 FinFET 技术

CMOS 的发展紧随摩尔定律的步伐,不断缩小特征尺寸的同时,不断增加的亚阈值电流和栅介质漏电流成为阻碍工艺进一步发展的主要因素。于是减少漏电流,提高器件的稳定性成为 CMOS 向 22nm 以下节点发展的重要挑战。独特的 FinFET 器件结构在抑制短沟道效应方面有着绝对的优势。

10.3.1 FinFET 概述

早期的 IC 制程基本都是基于传统的平面型晶体管结构,平面型晶体管指的是 MOSFET 的源极、漏极、栅极和沟道的横截面处于同一平面上的晶体管。虽然平面型晶体管技术发展至今已经相当成熟,成本也日趋低廉,但随着特征尺寸的不断缩小,漏电流和短沟效应对性能的严重影响使得平面晶体管技术已达到瓶颈阶段。为延续传统平面晶体管技术的寿命,同时克服特征尺寸缩小带来的负面效应,制造厂商开发出了很多能够改善传统晶体管性能的技术。这些技术中,有面向改善沟道性能的应变硅技术和改善栅极性能的高 K/金属栅技术(HKMG)。虽然应变硅和 HKMG 技术曾经相当有效,但特征尺寸减小到 32nm 以后,这些技术也开始面临难题。例如,Intel 的应变硅技术在 32nm 节点中已经发展到第四代,而在第四代应变硅技术中,PMOS 管源漏区中 eSiGe 层掺杂的 Ge 元素比例已经达到了 40%,所以很难再为沟道提供更高级别的应变。另外,其高 K/金属栅技术在 32nm 工艺中也已经发展到了第二代,其中高 K 绝缘层的厚度已经减小到 0.9nm,以目前的技术,氧化层厚度很难再减薄下去。所以,传统平面型晶体管所面临的问题越来越难解决。针对这一系列问题,一种新型器件结——Fin-typefield-effect transistors(FinFET)越来越受到人们的关注,Intel 的 22nm 工艺便采用了这种结构。

FinFET 称为鳍式场效晶体管(Fin-typeField-effect transistor),是一种新结构的互补式金属氧化物半导体晶体管。在 FinFET 架构中,栅极成类似鱼鳍的叉状三维结构,可于电路的两侧控制电路的接通与断开。

随着近年来对 FinFET 器件的白热化研究,现在的 FinFET 已经发展成一个大的家族。从是否有 SiO_2 埋氧层以及其特点出发,分为 Silicon-on-Insulator(SOI) FinFET,BulkFin-FET,Body-on-Insulator(BOI) FinFET 等,从栅极的数量和形状出发,分为双栅、三栅、Ω 栅、环栅等。

FinFET 器件相比传统的平面晶体管来说有明显优势。首先,FinFet 沟道一般是轻掺杂甚至不掺杂的,它避免了离散的掺杂原子的散射作用,同重掺杂的平面器件相比,载流子迁移率将会大大提高。

另外,与传统的平面 CMOS 相比,FinFET 器件在抑制亚阈值电流和栅极漏电流方面有着绝对的优势。FinFET 的双栅或半环栅等立体鳍形结构增加了栅极对沟道的控制面积,使得栅控能力大大增强,从而可以有效抑制短沟效应,减小亚阈值电流。由于短沟道效应的抑制和栅控能力的增强,FinFET 器件可以使用比传统更厚的栅氧化物,这样 FinFET 器件的栅漏电流也会减小。并且,由于 FinFET 在工艺上与 CMOS 技术相似,技术上比较容易实现,所以目前已被很多大公司用在小尺寸 IC 的制造中。

对于 FinFET 的制程工艺，以 SOI FinFET 为例。首先是源漏及沟道的图形定义；然后长栅氧和栅；再进行源漏注入和电极生长。在工艺上，形成这种极细的 Fin 需要使用间隔物(spacer)去光刻。这种间隔物在蚀刻过程中需要去除，再形成 Fin。间隔物的宽度需要严格统一，以便减少 Fin 的宽度不统一带来的器件性能的不稳定性。形成规则度高度统一的 Fin 能大大提高器件的性能。

FinFET 的性能很大一部分取决于晶向。当 Fin 是平行或者垂直于标准的(100)晶面的晶圆时，FinFET 的沟道是在(110)晶面上。硅的(110)晶面相比(100)晶面来说，空穴的迁移率增强，电子的迁移率减弱。为了同时获得 NMOS 和 PMOS 最大驱动电流，需要使用(100)的晶面作为 NMOS 的墙面，(110)的晶面作为 PMOS 墙面。

除了优化表面晶向来提高载流子迁移率的方法外，还可以通过使用应力覆盖层(strained carding layer)、应变栅电极(strained gate electrode)、P-FinFET 用 SiGe 作为衬底生长硅，N-FinFET 利用 SiC 层制成应变的源漏区等来提高载流子迁移率，进而提高 FinFET 器件的性能。

FinFET 在制造中会构造多个 Fin，以求获得更大的沟道宽度从来得到更大的电流。有实验表明 5 个 Fin 的器件其通过的电流是单 Fin 器件的 5 倍多。例如一个 32nm 的 FinFET 器件，FinFET 的总的宽度 W_{total} 满足 $W_{total} = n \times W_{min} = n \times (2 \times H_{Fin} + T_{si})$，$n$ 为 Fin 的个数，W_{min} 为最小宽度，H_{Fin} 是 Fin 的高度，T_{si} 为 Fin 的厚度。

虽然 FinFET 器件是 22nm 以下工艺最好的选择，但由于本身是在纳米级别上制造，所以面临着诸多挑战。首先，需要有更精确更好的半导体设备去精确 Fin 的尺寸，保证 Fin 边缘的光滑度来保持载流子的高迁移率。同时也要开发足够精确的测量仪器去检测器件的这些重要参数。其次，由于对短沟道效应的控制和集成度的要求，鳍要做得更细，而更细的鳍，通道中的电阻就更大。另外，对于 FinFET，通过掺杂来调节阈值电压是非常困难的，所以对于电路设计中多阈值电压的运用能否采用 FinFET 结构制造仍然有待解决。

FinFET 结构相比传统的平面型晶体管能更好地抑制短沟道效应。同时，由于不需要对沟道进行重掺杂，避免了离散的掺杂原子的散射作用，能提高载流子迁移率。由于能减少漏电流，提高稳定性，FinFET 对于今后要发展的高集成、低功耗的器件来说是一个很好的解决方法，在器件尺寸发展到 22nm 以后取代平面型晶体管工艺是趋势。

10.3.2　高 K 基 FinFET

随着半导体器件特征尺寸按摩尔定律等比缩小，芯片集成度不断提高，出现的众多负面效应使传统的平面型 MOSFET 在半导体技术发展到 22nm 时遇到了瓶颈。尤其是短沟道效应显著增大，导致器件关态电流急剧增加。尽管提高掺杂浓度可以在一定程度上抑制短沟道效应，然而高掺杂沟道会增大库仑散射，使载流子迁移率下降。目前，针对此问题已经提出了多种可能的解决措施，主要包括全耗尽绝缘体上硅技术(FDSOI)及三维立体 FinFET 等。FinFET 最早由 Cheng ming Hu 教授提出，2011 年 5 月 5 日 Intel 公司发布了基于该结构的 Ivy Bridge 处理器。该处理器结合金属/高 K 技术与 Fin 结构的优点，首次采用三栅 FinFET 技术使芯片集成度显著提高。标志着 FinFET 技术已经逐渐成熟，使半导体器件按摩尔定律继续等比缩小成为可能。

FinFET 与平面型 MOSFET 结构的主要区别在于其沟道由绝缘衬底上凸起的高而薄

的鳍(Fin)构成,源漏两极分别在其两端,三栅极紧贴其侧壁和顶部,用于辅助电流控制。这种鳍形结构增大了栅极对沟道的控制范围,从而可以有效缓解平面器件中出现的短沟道效应。也正由于该特性,FinFET无须高掺杂沟道,因此能够有效降低杂质离子散射效应,提高沟道载流子迁移率。

FinFET不仅有效缓解了短沟道效应,而且由于其Fin的垂直结构,使晶体管更加紧密地连接在一起,因此在相同面积的基板上FinFET晶体管密度较平面结构提高了21%。Intel一位工程师形象地描述了这种结构上的变化,与传统的MOSFET"平房"结构相比,FinFET犹如"摩天大楼",其有效利用了空间优势,在晶体管密度增加的同时其性能也得到了相应改善。

自FinFET提出以来已在结构和材料等方面取得明显进展。结构方面由双栅改进为三栅,尤其是近年来纳米环栅结构的出现进一步增强了栅极对沟道的控制和微缩能力。材料方面主要分为纯硅基FinFET、多晶硅/高K基FinFET和金属栅/高K基FinFET三个阶段。

纯硅基FinFET具有优异的界面性能和热稳定性,并且致密的SO_2薄膜能够阻止更多的氧气和水分子进入栅介质层。此外,多晶硅与衬底硅的功函数差值较小,有利于降低器件的阈值电压,从而提高器件开关速度。

然而,当特征长度降至65nm节点时,隧穿效应会导致栅极泄漏电流的产生,显著增大了器件的功耗。栅偏压为1V时,栅极泄漏电流密度从栅极氧化物厚度为3.5nm时的$1\times 10^{-12} A/cm^2$陡增到1.5nm时的$10 A/cm^2$,这显然不能满足泄漏电流密度需控制在$1.5\times 10^{-2} A/cm^2$以下低能耗便携式电子器件的要求。而且,FinFET特有的鳍形结构会导致栅泄漏电流从三个方向泄漏,严重影响器件的性能。

高K介质的引入能在一定程度上缓解SO_2厚度减薄引起的隧穿效应,进而减少泄漏电流,降低器件功耗。实验结果表明,使用等效氧化层厚度(d_{EOT})为1.5nm的高K材料(如HfO_2),使其在1V栅压下的泄漏电流密度约降至$1\times 10^{-7} A/cm^2$。

然而,当特征长度降至45nm节点时,多晶硅/高K基FinFET出现严重的多晶硅耗尽效应,耗尽层的出现导致平带电压增大。虽然能够通过增加硼掺杂使多晶硅导电性能增强,但这会使FinFET直立的侧壁出现严重的掺杂浓度不均现象。此外,高K介质的引入也会导致界面质量下降,从而降低载流子迁移率。

金属栅极取代多晶硅在一定程度上缓解了上述问题。一方面,金属作为优良导体,不会产生耗尽层,有效地消除了多晶硅耗尽效应,同时也使金属栅极无须通过掺杂提高导电性,进而消除了Fin侧壁掺杂浓度不均的现象。另一方面,与多晶硅栅极相比,金属栅极材料自由电子浓度远大于反型层载流子浓度,这使得金属栅极能够有效抑制高K介质低能光学声子与沟道载流子耦合,从而降低声子散射,提高载流子迁移率。与多晶硅/高K基栅介质结构相比,金属栅极能够有效屏蔽高K介质带来的声子散射,从而提高载流子迁移率,达到与纯硅基相应的水平。然而金属栅/高K基FinFET器件随着摩尔定律继续等比缩小,也会出现一系列负面效应。

FinFET结构本身能够抑制短沟道效应,与金属栅/高K技术结合使器件的微缩能力进一步增强。这使得基于该结构的IvyBridge处理器得到了前所未有的性能提升,主要表现在以下几方面:

与平面型MOSFET相比,金属栅/高K基FinFET延迟时间大幅缩短。延迟时间的缩短主要归因于源漏间饱和电流大幅增加及栅极对沟道的控制能力显著增强。

一方面,源漏间饱和电流(I_{on})是衡量半导体器件运行速度的主要参数,其大小标志着器件工作在阈值区延迟时间的长短。I_{on}越大运行速度越快,延迟时间越短。FinFET 由于三个沟道同时导电,I_{on}较平面型 MOSFET 大幅增加。

另一方面,栅压与沟道电流的关系体现了器件工作在亚阈值区延迟时间的长短,常用跨导(g_m)定量表示。常用 g_m/I_s 消除其增大的影响,其值意味着延迟时间的长短和栅控能力的强弱,与 MOSFET 相比,FinFET 的 g_m/I_s 比值更大,表明金属栅/高 K 基 FinFET 延迟时间更短,并且随着 Fin 宽度的减小,FinFET 器件延迟时间不断缩短。

可靠性是场效应管器件重点研究的特性之一,其正偏压温度不稳定性效应(Positive Bias Temperature Instability,PBTI)与负偏压温度不稳定性效应(Negative Bias Temperature Instability,NBTI)对于半导体器件阈值电压具有重要影响。其中 NBTI 效应产生的原因主要是在偏压与温度应力的作用下,衬底界面注入的电子导致 Si-H 键断裂,断裂的氢原子会结合成氢气分子向栅界面扩散,造成界面不稳定。在 Si-H 键断裂的同时,Si-O 键也会发生断裂,产生的 Si^+ 陷阱在 Si 衬底界面积累,O^- 向介质层扩散,这种反应-扩散模型最终导致阈值电压的变化。

由于金属栅/高 K 结构的引入以及 FinFET 顶部和侧面优异的制造工艺,使 FinFET 器件的 PB-TI 和 NBTI 效应对阈值电压影响与平面型 MOSFET 相比很小,从而保障了可靠性。这主要是由于金属栅极具有有效溶解氧原子的能力,一方面金属栅极可以阻止氧气进入介质层,另一方面退火过程中氧原子的扩散被金属栅极溶解,因此有效地抑制了 PBTI 与 NBTI 效应。

金属栅/高 K 基 FinFET 有效减少器件泄漏电流,从而降低功耗,主要体现在有效控制栅极泄漏、亚阈值泄漏和结泄漏三个方面。首先,高 K 介质的引入有效缓解了隧穿效应导致的栅极泄漏电流;其次,FinFET 特有的鳍形结构能够在很大程度上缓解短沟道效应,并且这种结构能够实现栅极对漏极电场的屏蔽,有效保证了当器件处于关态时,载流子不会从源极直接流向漏极,进而形成亚阈值泄漏电流;最后,由于金属栅/高 K 基 Fin-FET 沟道不用通过高掺杂抑制短沟道效应,从而减少了结泄漏电流。这使得与平面型 MOSFET 相比,金属栅/高 K 基 FinFET 功耗至少降低了 50%。

纵观场效应晶体管器件发展进程,器件的特征尺寸仍会继续下降。Intel 宣布在未来 10 年内继续坚持 Tick-Tock 发展战略,在 2020 年左右使半导体器件进入 5nm 技术节点时代。下面结合国际半导体技术蓝图(ITRS)对半导体器件主要参数等比缩小至 10nm 的预测(表 10.3),分析半导体器件继续等比缩小面临的困难。

表 10.3 半导体器件等比例缩小主要参数

尺寸参数	技术节点/nm				
	45	32	22	14	10
等效氧化层厚度 d_{EOT}/nm	1.2	1.1	1.0	0.8	0.6
Fin 节距 P_{Fin}/nm			40	28	21
Fin 宽度 W_{Fin}/nm			12	8	6
Fin 高度 H_{Fin}/nm			28	20	15

由于金属栅/高 K 基 FinFET 出色的微缩能力,使得等效氧化层厚度、Fin 节距(P_{Fin})、Fin 宽度(W_{Fin})以及 Fin 高度(H_{Fin})在一定程度上能使半导体器件继续等比缩小。然而,这种结构随着器件尺寸的逐渐减小会出现一系列问题,如界面效应等。

首先,金属栅/高 K 基 FinFET 只能缓解短沟道效应,并不能完全消除。当半导体器件特征尺寸减小到一定程度时,对短沟道效应的抑制作用将会消失,造成严重的本体穿通现象,从而导致亚阈值泄漏电流的产生,进而恶化半导体器件的性能。其次,随着器件尺寸的不断减小,Fin 制造工艺将越来越复杂,并且由于 Fin 侧壁与顶部晶面取向不同,导致金属/高 K/Si 衬底间界面态缺陷密度随着尺寸的减小而显著增加,从而大幅降低半导体器件载流子迁移率。最后,随着器件尺寸的进一步微缩,栅极对沟道的距离逐渐减小,同时 Fin 的顶部与侧壁距离也逐渐缩短,将不能忽略电场间的相互影响。

由于特有的鳍与金属栅/高 K 技术的结合使得 FinFET 在电学及可靠性等方面展现出优异的性能,同时功耗也显著降低。该结构不仅保证了半导体器件等比缩小到 22nm 技术节点,而且还具有进一步微缩的能力,使摩尔定律继续有效成为可能。

10.4 GAAFET 技术

当从 5nm 节点(N5)到 3nm 节点(N3)尺寸时,GAA 侧纳米片(LNS)由于短通道效应(如阈下斜率(SS)和漏极诱导势垒降低(DIBL))的大幅上升,短沟道效应(SCE)和功耗损耗对晶体管特征尺寸的进一步缩小提出了巨大的挑战。因此,人们提出环绕栅场效应晶体管(GAA-FET)取代鳍式场效应晶体管(FinFET)用于 3nm 及以上的技术节点,因为它对周围具有栅极结构的通道具有更好的栅极控制,从而提供了更好的 SCE 约束能力。

10.4.1 GAAFET 简介

基于 SiCMOS 技术的集成电路是当今信息社会发展的基础,已成为当今世界百年大变格局中大国之间博弈的焦点之一。20 世纪 70 年代集成电路进入了特征尺寸为 $1\mu m$ 的微电子时代,2004 年集成电路进入了特征尺寸为 90nm 的纳电子时代,2012 年集成电路的特征尺寸进入了 22nm,为增强栅极控制更短沟道中电子的静电能力,创新了三栅鳍式场效应晶体管(FinFET),开始进入以 FinFET 为特点的纳电子发展阶段,集成电路发展进入后摩尔时代。2014 年以第二代 FinFET 为特征的 14nmCMOS 技术达到量产。由于新的极紫外(EUV)光刻技术的创新,在 2016 年和 2017 年相继报道了两个节点技术:10nm Si 基 FinFET 量产技术和采用 EUV 光刻工艺的 7nm FinFET 技术。7nmFinFET 技术的量产为移动网络的智能终端手机用的高性能 SoC 芯片的发展奠定了技术基础。2019 年推出了以成熟的 EUV 和高迁移率沟道 FinFET 为特征的 5nm CMOS 生产技术平台,并于 2020 年投产,为用于新一代 5G 移动网络的智能终端手机中的高性能 SoC 芯片带来了新机遇,也成为当今信息技术制高点的竞争焦点。5nm 以下技术节点是 FinFET 和环绕栅场效应晶体管(GAAFET)两种技术路线转变的交界处,GAAFET 技术下一步发展将成为 CMOS 前瞻技术发展领域的关注点。

10.4.2 GAAFET 发展状况

集成电路 5nm 以下技术节点的发展是 FinFET 向 GAAFET 转变的技术阶段。FinFET 结构在 5nm 以下节点将面临系列挑战：两栅的间距和金属间距需进一步缩小、亚阈值斜率增加、鳍栅高度的增加将导致电容增大等。而 GAAFET 采用纳米线或纳米薄片的四面环栅结构，比三栅结构对沟道具有更强的电场控制能力，因而其在 5nm 以下节点的发展具有结构优势，在应对上述技术挑战难题具有更高的性能。

在 FinFET 纳电子向 10nm 和 7nm 发展的同时，人们就开始研究 GAAFET 新结构，为新一代 GAAFET 纳电子发展奠定了基础，包含垂直叠层水平 Si 纳米线 GAAFET、堆叠纳米薄片的环栅晶体管、梳齿栅极结构的垂直堆叠水平纳米薄片 FET 和以 MBC 为特点的 3nmGAAFET 等。

2016 年，Imec 公司的 Mertens 等报道了采用替代金属栅工艺在体 Si 衬底上实现了具有直径 8nm 的垂直叠层水平 Si 纳米线的 GAAn-MOSFET 和 p-MOSFET，在栅长为 24nm 时器件的 SS 为 65mV/decade，DIBL 为 42mV/V。

2017 年 IBM 等三家公司联合团队的 Loubet 等报道了用于 5nm 技术节点及以下堆叠纳米薄片的 GAAFET。它与 FinFET 相比，采用具有较少复杂模式的 EUV 光刻工艺，增加了在有源区总尺寸上的有效宽度(W_{eff})，提高了性能。在栅长为 12nm 时器件具有良好的静电控制和突破性的 44/48nm 的 CPP，采用与先进的宽叠层的薄片结构和片与片的间距相兼容的工艺，实现功函数金属的替代以及多个阈值电压。

2017 年 Imec 公司的 Weckx 等报道了基于 3nm 技术用于 SRAM 设计和器件同步优化的梳齿栅极结构的垂直堆叠水平纳米薄片 FET。当 SRAM 缩放到 3nm 时，为了实现所预期的栅间距将缩小到 42nm 以下的目标，需要几个缩放新措施降低 SRAM 单胞的高度。为此，提出了采用梳齿栅的垂直堆叠水平纳米薄片结构的 FET。在这种结构中，有源鳍上的栅延伸的边缘得到限制，栅间隔通过器件自对准实现，不仅减小了器件所占用尺寸，也简化了工艺。和纳米线的 GAA 结构相比，其静电控制能力有所降低。但在同等的尺寸下，器件的有效尺寸、导通电流和不匹配的鲁棒性有所增加。在 3nm 技术节点时，采用该结构的 SRAM 单胞的面积将缩小 20%，性能改善 30%。

2018 年三星公司的 Bae 等报道了具有低功耗和高性能的以 MBC 为特点的 3nmGAA 技术。MBCFET 可归类为 GAA 技术；但是，它偏离了使用纳米线的行业标准，而是使用了比导线更宽的片状结构，MBCFET 可以提供几个关键优势，例如通过控制片宽来连续调整沟道宽度。MBCFET 的制备可采用 FinFET 的 90%的工艺，仅需修改几块掩膜板。通过限定沟道之间的垂直间距可实现多个阈值电压的目的。其可靠性和 FinFET 相当，且具有 3 个优点：一是具有更好的栅极控制，短栅长时的 SS 为 65mV/decade；二是具有更高的直流性能以及在相同参照尺寸时具有更大的有效沟道宽度；三是具有可变纳米薄片宽度设计的灵活性。通过高密度 SRAM 设计和实现，已证明 MBCFET 技术用于大规模生产的可行性，为此该技术已成为三星公司未来实现 3nmCMOS 量产首选。

2020 年 9 月有关新闻报道了台积电公司在 2nm 技术节点的新进展。其 2nm 技术采用以 GAA 工艺为基础的 MBCFET 架构，解决了 FinFET 因工艺微缩产生的电流控制及泄漏电流的物理极限问题。EUV 光刻技术的提升使研发多年的纳米片堆叠关键技术更为成熟，良品率提升较预期顺利。

2021年5月,IBM公司公布研发出2nm技术的芯片。该芯片采用三叠层纳米片GAA设计,其单元高度为75nm,单元宽度为40nm,单个纳米片的高度为5nm,彼此之间间隔5nm,其栅极间距为44nm,栅极长度为12nm。该结构首次采用底部介电隔离通道的设计,使12nm栅长成为可能,且其内部的间隔器采用第二代干法工艺设计,有助于纳米片的开发。与当前主流的7nm芯片相比,IBM 2nm芯片的性能预计提升45%,能耗降低75%。与当前领先的5nm芯片相比,2nm芯片的体积更小,速度也更快。

2021年9月,Intel公司公布了将采用Intel20A技术节点,该技术节点的核心器件采用全新的GAAFET晶体管结构,称为RibbonFET,其n-MOS和p-MOS均由四叠层的纳米带构成。该技术创新采用PowerVia的互联技术;传统的互联技术是在晶体管层的顶部进行互连,PowerVia则将电源线置于晶体管的背面,可以腾出更多的资源用于优化信号布线以减少时延。三星电子计划在2022年批量生产3nmSiGAA-FET,并计划在2025年和2027年分别大规模生产2nm和1.4nm节点具有GAA-FET结构的晶体管。Intel 20Å标志着半导体埃米时代的启幕。Intel 20Å下一代工艺Intel 18Å也已在研发中,预计将在2025年年初推出,将会对Ribbon FET进行改进,实现晶体管性能的又一次飞跃。

毫无疑问,因为其具有更好的沟道静电控制能力,GAAFET在未来技术节点中将取代FinFET。随着GAAFET技术的发展,在未来半导体器件有望突破更小特征尺寸。

10.5 小结

随着器件特征尺寸的进一步微缩,金属栅/高K基FinFET仍面临诸多困难。纳米环栅等新结构以及Ge、GaAs和石墨烯等高迁移率沟道材料的出现使场效应管器件继续沿用成为可能,然而这些新技术并不能根除其等比缩小带来的负面效应,微电子产业的发展必将面临巨大的挑战。此外,集成电路的发展已进入FinFET/GAAFET纳电子时代,摩尔定律以其固有的提高单位面积的晶体管密度的速度继续发展,工艺和设计共优化的方法使新的FinFET和GAAFET的器件和电路结构的创新活跃,同时新光刻工艺的深入发展将在FinFET/GAAFET纳电子时代起到关键作用,人们期盼在2nm技术节点后集成电路将进入新的埃米电子时代。

近年来,随着不断朝着高质量发展稳步迈进,基于新原理的新型电子器件不断被开发出来,如忆阻器、量子器件等研究都已取得重要进展,为解决场效应管器件出现的瓶颈问题提供了更多的解决途径。此外,GAAFET技术不断深入发展,使摩尔定律继续生效成为可能。

参 考 文 献

[1] Anté bi E. The Electronic Epoch[M]. New York:Van Nostrand Reinhold,1997.

[2] Skotnicki T,Hutchby J A,King T J,et al. The end of CMOS scaling[J]. IEEE Circuits and Devices,2005,21(1):16-26.

[3] Deleonibus S. Physical and technological limitations of Nano-CMOS devices to the end of the roadmap and beyond[J]. European Physical Journal Applied Physics,2006,36(3):197-214.

[4] Hisamotod,Le W C,KedzierskiJ,et al. FinFET-a self-aligned double-gate MOSFET scalable to 20nm

[J]. IEEE Transactions on Electron Devices,2000,47(12):2320-2325.

[5] 朱南.英特尔发布最近 IvyBridge 处理器[EB/OL].(2012-04-23)[2012-08-19].htp://tech.163.com/12/0423/16/7VPPC5RIH000915BD.html.

[6] Bohr.英特尔 22nm trigate 晶体管（3D 晶体管）技术探秘[EB/OL].(2011-05-06)[2012-08-10].http://www.etrend.com/forum/100030620.

[7] 黄力,黄安平,郑晓虎.高 K 介质在新型半导体器件中的应用[J].物理学报,2012,61(13):137303-137308.

[8] Skotnicki T,Fenouilet-Beranger C,Galon C,et al. Innovative materials,devices,and CMOS technologies for low-power mobile multimedia[J]. IEEE Transactions on Electron Devices,2008,55(1):96-130.

[9] 郑晓虎,黄安平,杨智超.稀土元素掺杂的 Hf 基栅介质材料研究进展[J].物理学报,2011,60(1):017702-017712.

[10] Los H,Buchanan D A,Taur Y,et al. Quantum-mechanical modeling of electron tunneling current from the in-version layetr of ultra-thin-oxiden MOSFETs[J]. IEEE Electron Device Letters,1997,18(5):209-211.

[11] Chau R,Data S,Doczy M,et al. High-K/metal-gatestack and its MOSFET characteristics[J]. IEEE Electron Device Letters,2004,25(6):408-410.

[12] Fiscihet M V,Neumayer D A,Cartier E A. Effective electron mobility in Si inversion layers in metal-oxide-semiconductor systems with a high-K insulator: the role of remote phonon scattering [J]. Journal of Applied Physics,2001,90(9):4587-4608.

[13] Bohr M T,Chau R S,Gian T,et al. The high-K solution[J]. IEEE Spectrum,2007,44(10):29-35.

[14] 吕长志,冯士维,张万荣.半导体器件电子学[M].北京：电子工业出版社,2005.

[15] Pavanelo M A,Martino J A,Simoen E,et al. Evaluation of triple-gate FinFET swithSiO$_2$-HfO$_2$-TiN gatestack under analog operation[J]. Solid-State Electronics,2007,51(2):285-291.

[16] Alam M A,Kufluoglu H,Varghese D,et al. A comprehensive model for PMOS NBTI degradation: recent progress[J]. Microelectronics Reliability,2007,47(6):853-862.

[17] Hu V P H,Fan M L,Hsieh C Y,et al. FinFET SRAM cell optimization considering temporal variability due to NB-TI/PBTI,surface orientation and various gate dielectrics[J]. IEEE Transactions on Electron Devices,2011,58(3):805-811.

[18] Kim H,Mcintyre P C,ChuiC O,et al. Enginering chemically abrupt high-K metal oxide/silicon interfaces using an oxygen-getering metalover layer[J]. Journal of Applied Physics,2004,96(6):3467-3472.

[19] Sa N,Kang J F,Yang H,et al. Mechanism of positive-bias temperature in stability in sub-1-nm TaN/HfN/HfO$_2$ gatestack with low prexisting traps[J]. IEEE Electron Device Letters,2005,26(9):610-612.

[20] ITRS. The international technology roadmap for semiconductors[EB/OL].(2011-04-23)[2012-08-13].http://www.itrs.net.

[21] 李越,黄安平,郑晓虎,等.金属栅/高 K 基 FinFET 研究进展[J].器件与技术,2012,12:775-779.

[22] HJCBUG.最新晶体管制造技术前瞻[J].微型计算机,2010,7:121-126.

[23] Xiaoyan. Xu,High Performance BOI FinFETs Based on Bulk-silicon Substrate[J]IEEE Transactions on Electronic Devices,2008,55(11):3240-3250.

[24] 朱范婷.FinFET 技术[J].数字技术与应用,2014(1):66-68.

[25] Das U K,Bhattacharyya T K. Corrections to Opportunities in Device Scaling for 3-nm Node and Beyond: FinFET Versus GAA-FET Versus UFET[J]. IEEE Transactions on Electron Devices,2020,67(8):3496-3496.

[26] 赵正平.FinFET/GAAFET 纳电子学与人工智能芯片的新进展[J].微纳电子技术,2022(003):059.

[27] Intel 火力全开：2024 开启埃米时代 2025 或用下一代光刻机 "反超台积电" [EB/OL]. (2021-07-27) [2021-09-08] https://www.cnbeta.com/articles/tech/1158477.htm.

[28] Mertens H, Ritzenthaler R, Hikavyy A, et al. Gate-all-around MOSFETs based on vertically stacked horizontal Si nanowires in a replacement metal gate process on bulk Si substrates [C]//IEEE Symposium on VLSI Technology. IEEE, 2016.

[29] Loubet N, Hook T, Montanini P, et al. Stacked nanosheet gate-all-around transistor to enable scaling beyond FinFET [C]//2017 Symposium on VLSI Technology. IEEE, 2017.

[30] Weckx P, Ryckaert J, Putcha V, et al. Stacked nanosheet fork architecture for SRAM design and device co-optimization toward 3nm [C]//2017 IEEE International Electron Devices Meeting (IEDM). IEEE, 2017.

[31] Bae G, Bae D I, Kang M, et al. 3nm GAA Technology featuring Multi-Bridge-Channel FET for Low Power and High Performance Applications [C]//2018 IEEE International Electron Devices Meeting (IEDM). IEEE, 2019.

第 11 章 微电子新型封装技术

CHAPTER 11

11.1 微电子封装技术

11.1.1 微电子封装技术概述

随着科技的发展,微电子封装技术日益普及。如今,微电子封装正在蓬勃发展中,其发展方向是裸芯片及 FC,目前各大产能正在大力发展 FC 的工艺技术及相关材料,且微电子封装从 2D 向 3D 立体封装发展。在不久的将来,微电子封装技术在各个产业中的应用将越来越广泛。

随着科学技术的发展到 1975 年世界上第一只晶体管的诞生,尤其是近年来封装技术的发展,微电子封装技术在国民经济中的作用越来越明显,甚至越来越成为衡量国民经济发展的一项重要指标。在这样的时代背景下,对于微电子封装技术的研究变得特别重要。

微电子封装技术有着悠久的历史,其起源、发展、革新都是随着 IC 产业的发展而变化的。一种 IC 的出现,会随着一代微电子封装技术的发展。最早的微电子封装技术出现在 20 世纪六七十年代,是比较小规模的微电子封装技术。80 年代出现了 SMT,这一技术的发展极大推动了计算机封装技术的发展。由于微电子封装技术的不断革新,经过微电子技术行业专业人员多年的研究,开发出了 QFP、PQFP 等,不仅解决了较高 I/OLSI 的技术封装问题,还与其他的技术合作,使得 QFP、PQFP 成为微电子封装的主导型技术。

近年来,微电子封装技术又有了新的发展,新的微电子封装技术,不仅具有传统裸芯片的全部优良性能,还突破了传统微电子封装技术的阻碍,使得 IC 达到了"最终封装"的境界,是微电子封装领域的一大发展。

随着科学技术的不断发展,推动高质量发展,构建新发展格局,促进生态文明建设的需求不断提升。如何进行科技创新,实现高质量发展,建设世界科技强国,抢占事关长远和全局的科技战略制高点成为了亟待解决的问题。微电子封装行业也在进行着前所未有的变革,为了增加微电子产品的功能,达到提高电子产品的性能和可靠性及降低成本的需求,在先进封装技术的基础上,进一步向 3D 封装技术发展。特别是近年来,微电子封装领域的专家学者正在研究由原来的三层封装模式向一层封装的简洁模式过渡。相信在不久的将来,随着科学技术的进一步发展,借助高科技的助力,微电子封装技术还将继续在新的领域向着多元化与开阔的方向发展。

11.1.2 微电子封装技术发展及其方向

30多年前，IC以其牢固、可靠、散热好、功耗大、可承受苛刻的环境条件等优点，被广泛应用于消费类电子产品和军用电子产品中。不过，由于其在重量、成本、密度和引脚数方面的缺点而使其应用受到一定程度的限制。

20世纪60年代中期，业界开发出了有8条引线的塑料双列直插式封装(PDIP)。随着硅技术的发展，芯片尺寸越来越大，管壳也随之变大。到了20世纪60年代末，四边有引线的器件问世。那时还不太注重器件的尺寸，因此，大一点的管壳是可以接受的。由于较大的管壳占用PCB面积较大，因此开发出了有引线的陶瓷芯片载体(LCCC)。其改型的产品塑料有引线芯片载体(PLCC)面市，其引线数在16~132个。

到20世纪80年代中期，开发出的扁平四方形封装(QFP)取代了PLCC。当时有两种QFP：有凸缘的QFP(BQFP)和公制MQFP(metric QFP)。随后出现了各种不同类型QFP，如薄型的QFP(TQFP)、细引线间QFP(VQFP)、缩小型QFP(SQFP)、塑料QFP(PQFP)，金属QFP(Metal QFP)和载带QFP(Tape QFP)等。这些QFP都适用于表面组装技术(SMT)。但是，这些类型QFP的共同缺点仍是占用PCB的面积较大，满足不了小型化的要求。此后会将重点放到芯片的小型化上。

实际上，1968—1969年已开发出小外形封装(SOP)。随后相继派生出J型引线小外形(SOJ)、薄小外形(TSOP)、极小外形(VSOP)、缩小型SOP(SSOP)、薄的缩小型SOP(TSSOP)封装，及小外形晶体管(SOT)和小外形集成电路(SOIC)等。这样，IC的塑封壳就被分为两大类：扁平四方形和小型管壳。前者适用于多引线电路，后者适用于少引线电路。

由于时代的进步和科学技术的发展，各行各业对于电子产品的技术要求越来越高。在目前领域中，无论是信息技术产业、汽车行业、交通运输行业，还是关系到国家安全的军事、航空航天行业，均对微电子封装技术提出了更高水平的要求。特别是PC及通信信息产业的高速发展，使得对于微电子封装技术的要求越来越高。为了满足各个行业的要求，微电子封装技术领域的革新变得日益重要。基于以上背景，美国半导体工业协会于1997年制定并发表了半导体技术未来发展的蓝图，为半导体行业的发展指明了方向，拓展了新的道路。

由于IC技术的不断发展，微电子封装技术是不断革新的，这就要求在微电子封装领域的技术革新时必须考虑芯片的问题，一块芯片的重量、体积，直接关乎微电子封装技术的成败。因此，对于芯片的特征尺寸问题要非常留心，增加芯片的晶体管数及集成度，保证芯片的性能达到最优。在设计开发微电子封装技术时，要将芯片的开发与微电子封装技术的研究作为一个有机的系统去考量，只有这样，才能在开发芯片的同时充分考虑到微电子封装技术，在研究微电子封装技术的同时，对于芯片的要求提出更为准确细致的描述，以便能大大提高工作效率。此外，还要注重对新技术的应用，比如现在较为流行的3D技术，可用于芯片制作和微电子封装技术的开发中，从而安排各个零件的功能单元时可以更加灵活，优化连线布局，提高芯片的性能，可使微电子封装技术的发展迈上一个全新的台阶。

回顾微电子封装技术的发展，可以看到微电子封装技术在随着时代的发展不断革新，并对国民经济的发展有着越来越重要的影响。在裸芯片及FC成为IC封装产业的发展方向的情况下，大力发展FC的工艺技术及相关的材料研究，促进微电子封装技术从二维向三维的方向发展，是如今微电子封装技术的发展方向。

裸芯片及 FC 在未来的十年内将成为一个新的工业标准,微电子封装技术在这种科技的助力下,将从有封装、少封装向无封装的方向发展。如今,利用 SMT 技术,可以将裸芯片及 FC 直接复制到多层基板上,这样不但可以缩小芯片的基板面积,而且制作成本也较低,无疑在微电子封装技术领域是一大进步。但是,在目前领域中,裸芯片及 FC 仍有很多的缺陷,例如,在很大的程度上,FC 裸芯片还没有解决测试及老化筛选等问题,目前的科技水平还难以解决一些技术上的疑难问题,难以达到真正 KGD 芯片的标准。但是,随着科学技术的发展,一些新的技术将会应运而生,例如 CSP 芯片,不仅具有封装芯片的一切优点,而且又具有 FC 裸芯片的所有长处,因此,CSP 芯片可以进行较为全面的优化与筛选,可以成为真正意义上的 KGD 芯片。

微电子封装技术要想在未来的科技发展领域中占有一席之地,大力发展 FC 芯片的工艺技术变得极为迫切。在当下的科技领域中,FC 的工艺技术主要包括了芯片凸点的形成技术及 FCB 互连焊接技术和芯片下的填充技术等。

芯片凸点技术主要是在原有芯片的基础上形成的,形成这一芯片的技术需要重新在焊接区域内进行布局,形成一个又一个的凸点。其中,形成凸点的方法主要有物理和化学两种。物理方法包括电镀法、模板焊接法及热力注射焊接法,而化学的凸点形成法相对来说就比较单一,在如今的微电子封装领域的应用还不是很广泛。FC 互连焊接法也是在如今的微电子封装领域应用比较广泛的一种方法,具体的操作方法较为复杂,一般来说,是将 Au 通过打球而形成的钉头凸点涂抹到基层金属焊接区域中。这种金属焊接区域中,往往会涂有导电胶状物,再通过加热的办法对这些胶状物进行凝固处理,从而能够使得这些凸点和基板金属焊接区域粘贴紧密,形成牢固的连接。这种方法制作成本比较低,在熟悉了制作流程之后,制作的过程也较为简单,因此,这一工艺在微电子封装领域的应用较为广泛。此外,芯片下填充技术作为微电子封装产业的一大组成部分,在技术的研发层面也面临着巨大的挑战。

三维技术的发展与普及,给微电子封装技术带来了极大的革新,在三维技术的带动下,微电子封装技术从二维空间向三维空间发展,使得微电子封装技术产品的密度更高、性能更加优良,信号的传输更加方便快捷,可靠性更高,微电子封装技术从二维走向三维,大大节省了微电子封装技术的成本。在如今的微电子封装技术领域中,大体上来说,实现三维微电子封装的途径主要有以下几种类型:埋置型三维结构、源基板型三维结构、叠装型三维结构。这三种三维微电子封装技术已经开始广泛应用于经济领域中,三维微电子封装技术将会成为封装领域的一大趋势。

IC 的发展促进了微电子封装技术的不断革新,同时,微电子封装技术领域的创新性研究也作用于 IC 产业,促进了它的变革与发展。在不久的将来,微电子封装技术在新技术的推动下,还会取得一系列更加显著的成果,但是如何将新型技术与微电子封装技术实现完美融合,以及微电子封装技术在应用的过程中出现的问题如何解决,这些都需要微电子封装领域的专家和学者做出不懈的努力和艰苦卓绝的探索。

11.2　MEMS 封装

11.2.1　MEMS 封装技术

微电子机械系统(Micro Electro Mechanical Systems,MEMS)是近年来发展迅速的高

新科学技术,是一种集成微电子和微机械、具有微观尺寸的静止或移动部件的装置。1959年,美国物理学家 Feynmam 提出了制造微型机械的设想。1962 年第一个硅微型压力传感器问世,其后微梁、微齿轮等微型机构又开发成功。1988 年,美国加州大学伯克利分校研制出直径为 $60\sim120\mu m$ 的硅微型静电电机,引起了人们的极大关注。1989 年,NSF 召开了研讨会,其总结报告提出了"微电子技术应用于电子、机械系统",自此 MEMS 成为一个新的学术用语。到 20 世纪末,MEMS 技术已逐渐形成一门独立学科,得到广泛的应用。根据 NEXUS2002 年市场调查结果,目前商业 MEMS 及其应用发展迅速,每年可销售一亿多个 MEMS 产品,2000 年 MEMS 的销售额更是达到 300 亿美元。2002 年 5 月在 San Jose 召开的 MEMS 传感器世界博览及研讨会提出了 BioMEMS/BioSensor 的新观念,并探讨了 MEMS 在生物工程中的应用前景及所面临的挑战。

MEMS 的设计主要分四类,即器件设计、电路设计、系统设计和封装设计。设计必须考虑到 MEMS 制造对结构尺寸和材料性质的影响,要用微观科学来对 MEMS 进行计算分析。尽管可利用半导体设备来制造 MEMS,但 MEMS 有与 IC 完全不同的失效机制和可靠性分析。设计 MEMS 需要反复试验修改直到达到较为满意的结果,而要使 MEMS 成为一种成熟的技术,就必须加速发展一套设计规则、开发软件和模拟优化工具。MEMS 发展初期,往往采用微电子和机械方面的设计工具,如 VLSI、AutoCAD 和 ANSYS。随着相应基础研究的深入和 MEMS 设计经验的不断积累,MIT、MEMScaP、MCNC 等研究机构开发了专门针对 MEMS 设计的软件。它们基本都包含了电子、机械、热影响以及其他的物理机理,但在材料参数、设计细节、模拟等方面差异很大。只有像 VLSI 一样具有从系统、器件到工艺、版图直至各级验证程序的整套设计工具,才可以快速设计和试制各种专用 MEMS。

现在 MEMS 的制备材料种类很多,如硅、硅的氧化物、氮化物、金属、塑料等,如何从众多材料中选择合适的材料是生产 MEMS 的重要环节。起初半导体的制造工艺促进了 MEMS 的发展,之后,利用非硅材料制备了 MEMS 标志着 MEMS 的出现。现在 MEMS 材料与工艺的发展已经超越了 IC 领域,国外已成功制得了金砂钢为基体的 MEMS,而且试验结果证实金砂钢是一种优秀的基体,比硅具有更高的工作温度。同样,人们利用塑料、玻璃以及陶瓷制得了 MEMS。铝、铜、钴以及铁等已经被应用到 IC 领域,LALiew 利用 SiCN 制得了 MEMS。对其他金属和合金的微加工也已实现。形状记忆合金、磁性材料和压电材料已用在了多种 MEMS(如微流体泵和微阀)的制动器上,如氧化锌和锆钛酸铅(PZT)是微泵中首选的压电材料。

MEMS 的制备材料愈来愈多,相应的 MEMS 加工工艺要比 IC 复杂得多。不过目前 MEMS 加工工艺尚不完善,还受 MEMS 结构和材料的限制,尤其复杂结构加工的可靠性、成品率、可重复性还不理想。硅基 MEMS 制备工艺与 IC 制备基本兼容,但不全同于 IC 加工工艺。MEMS 与微电子的最大不同是 MEMS 部件之间可以相对移动,因此制备相对移动微部件的工艺是制得 MEMS 的突破点。MEMS 工艺大体可以分为以下几类:

(1) 表面微机械加工技术,包括通过沉积、喷射和腐蚀工艺在基体表面构建 MEMS 结构,其主要步骤是:在硅衬底上先沉积一层最后要被腐蚀掉的薄膜,在此薄膜上沉积制造运动机构的膜,然后利用光刻技术制造出机构图形和腐蚀下层膜的通道。待一切完成后就可以腐蚀牺牲层释放微机构。最常用的牺牲层材料是二氧化硅,在机构图形下利用 HF 酸很容易将其腐蚀掉。最新又出现了五层多晶硅表面加工工艺 SUMMITV。利用表面微加工技术可以制备大量的微机械装置,其中微加速计和角速度传感器等MEMS得到成功应用。

(2) 体微机械加工,是利用各种腐蚀技术对本体材料(硅和石英)进行加工的工艺。现已用这种工艺制备了各种MEMS结构。腐蚀技术可分为湿腐蚀法和干腐蚀法,又可分为各向同性腐蚀和各向异性腐蚀。有两种体微机械加工工艺比较重要,一个是方向腐蚀工艺(ODE),它主要利用湿化学腐蚀单晶硅在某晶向的腐蚀速率是其他方面的600多倍这一特性,适合于生产压力传感器中的薄膜;另一个是等离子腐蚀工艺,其中主要包括反应离子刻蚀技术(RIE)和深反应离子刻蚀技术(DRIE),利用该工艺可以制作纵横比大于5的叉指式振动陀螺结构。

(3) LIGA技术,是利用X射线光刻、电铸成型和塑料铸模等手段进行操作的非硅基微机械加工技术,被认为是MEMS制备技术中极有发展前途的一种。利用LIGA技术可加工出较大纵横比的微结构产品,且其加工温度低,这使得它在微传感器、微执行器等微结构加工中显示出突出的优点。然而昂贵的X射线源、同步回旋加速器和复杂的掩膜制造工艺限制了它的广泛应用,目前不需要同步辐射X射线的LIGA技术得到大的发展,利用准LIGA工艺可制成镍铜、金和银等金属结构。结合准LIGA工艺和牺牲层腐蚀技术可制得可动微结构。美国HenryGuckel教授在LIGA技术的基础上开发了SLIGA技术,可以制备能自由摆动、旋转、直线运动的可动微机构器件。日本还提出一项IH工艺,即集成聚合物固化立体光刻,其原理是应用了紫外聚合物在紫外光照射下产生的固化现象。此外,MEMS制备工艺还有激光诱导腐蚀、硼扩散、微波键合、电腐蚀植入、超微细放电加工、激光CVD、溶解硅片、电镀、化学镀层和硅-硅直接键合等。

封装是制备MEMS的一项关键技术,MEMS封装由于机械运动或其他的原因要比IC封装复杂得多。MEMS封装技术还处在初期发展阶段,尚未成熟MEMS的封装不像IC那样有相对统一的封装标准、外形尺寸、封装结构以及工艺规范,几乎每一种新设计的MEMS都需要一种新的特定封装技术,因而封装成为整个MEMS制造过程中最昂贵的环节。有些MEMS可以像普通IC芯片一样在预设计的空气里进行封装,如微加速计等;为了减少气体的减振效应和避免融入热传导介质,许多MEMS需要真空封装,如标准频率微传感器和非冷却红外线传感器阵列等;用于测量环境影响的传感器则必须以某种方式与空气接触,如压力传感器就需要合适的封装来传送压力而不是湿度和化学介质。此外,在使用寿命期间的性能维护同样也是一个很重要的问题,一些MEMS(如安置在结构表面控制振动和空气流的MEMS)并不是一个单独的封装,它对MEMS封装提出了另外的难题。MEMS一旦封装完毕就无法进行再冲洗,MEMS模具必须避免吸附因激光雕刻所产生的泥浆和颗粒,来自机器或环境的灰尘同样有可能阻止MEMS的运动和影响控制运动的电磁场。因此制备MEMS模具像MEMS封装一样都必须在可控的、密封的、绝对无尘室中完成。比较常用的封装技术有真空封装、高压静电封装、多芯片封装(MCM)、低温硅直接键合(SDB)、单体封装、混合集成式封装、阻尼控制封装、保护涂层封装以及全片钝化封装等。

集微电子和微机械于一体的MEMS的测试要比IC芯片的测试更复杂。IC的测试可以在制造过程中和封装之后进行,而对大多数MEMS来说,性能测试只能在封装之后进行。对于IC芯片,尽管辐射和温度等因素会对其产生一定的影响,但测试主要针对电子信号的输入/输出。对于MEMS,测试所需要的输入条件要复杂得多,输入有时是振动、加速度、特定的压力和湿度条件或其他的环境参数,有时又是各种参数的混合输入,例如温度和湿度对化学传感器的影响。MEMS 的微观性和系统性使传统的机械测试很难用上,不同的 MEMS 的测试差异也很大,MEMS 的测试主要包括对 MEMS 工艺、材料结构特征、动静态特性和微小物理量等方面的测试。

MEMS 构件和装置主要分为四大类,即非活动构件、传感器、制动器和系统构件。这些构件都具有较大的应用价值,下面分别介绍其在信息、医疗等领域的应用。

通过微加工制造的非活动构件通常用来引导信号或液体的流动,如传送电信号的光波导、对流体或气体分析的微通道。一些新成立的 MEMS 公司开发了"芯片实验室"对 DNA、蛋白质和细胞等进行临床生物分析,利用塑料和玻璃微流体系统对样品和反应剂进行混合和分离,微流体结构可嵌入台式机械中完成所需的控制和显示功能,微流体结构可以避免污染而任意使用,微流体结构尺寸小使制得便携系统成为可能,这意味着可以在事故现场进行医学分析。

传感器是应用最广泛也是最成熟的 MEMS,大多数 MEMS 传感器都含有活动部件,没有活动部件的传感器主要用来感应光、红外线以及微波信号。红外线传感器阵列已经获得了巨大的商业成功。红外射线检测能够产生夜视效果,在民用特别是军用领域具有广泛的应用。Honeywell 公司已经开发出非冷却式微加工的热成像技术,最近 Raytheon 系统公司又为通用汽车公司开发了一种非冷却式红外检测器,这样司机能看到车灯照射范围以外的人或者动物。带有活动部件的微加工装配是 MEMS 传感器的核心,从根本上讲 MEMS 传感器可以感应物理、化学和生物引起的 MEMS 运动,现在主要的应用领域是微型卫星、汽车工业和医药工业等。美国 NASA 成功发射了成本为 10 万美元的纳米卫星,汽车工业采用微加速计和微压力传感器等 MEMS 器件在节油和安全方面取得了明显的效果。MEMS 传感器在生物医学上的一个主要应用是测量体内血管压力。微加速度计可以检测从百分之几到 1000 倍的重力加速度,有的研究者把 MEMS 微加速计应用于对人类睡眠和其他人体运动的研究上,商业加速度计的显著特征是质量特别小,运动部件的质量仅为毫克级。ADI 公司生产的 MEMS 加速度计全部采用集成电容结构的静电制动器,当施加电压时,运动部件倾斜产生一个与特定输入相对应的信号。微加速计最初是单轴装置,后来又开发了三轴微加速度计。

许多 MEMS 通过构件的移动来完成特定有用的功能,对于静电制动器,产生运动的信号为电信号;有些情况是把电能转换为热能而引起的微观运动;还有的通过金属或合金的材料性能来引起微观的运动。微镜是最初开拓市场的令人注目的微致动器,Texas 最早开发出用于图像显示的数字微镜(DMD),国内西安电子科技大学贾建援等较早开展了这方面的研究。微镜将是 Internet 光纤通路的核心,可以重载 100 个不同光波信号。2000 年,ADI 公司拥有了 BCO 技术,成为基于单晶 SOI(缘体上硅)技术开发和制造结合芯片的创始公司。

结合芯片可用于制作硅基 MEMS 光开关,正在开发的芯片微波频率电信号转化器,将对无线通信系统和汽车短程雷达产生巨大的冲击。Michigan 大学已经开发出最高频率为 92MHz 的谐振器,将其应用于微波电路中。MEMS 制动器应用的另一个重要领域微流体系统,现已出现商品化微泵和微阀。不过 MEMS 制动器产生的力过小,限制了微泵和微阀的驱动压力和流动速率。尽管如此,MEMS 驱动的"芯片实验室"的性能已经不错了。2002 年

Lindeman 等制作了微旋转风扇。

尽管 MEMS 本身就很复杂了,但 MEMS 仅仅是更复杂系统的一个部件而已,应用于虚拟机器人、可变形射频天线、智能材料打印系统、汽车气囊中的传感器或制动器就属于系统构件。自从发明扫面隧道显微镜(STM)和原子力显微镜(AFM)以来,给人们提供了操纵原子的有力手段,有可能生产 $1cm^2$ 集成一万亿位信息系统。如果研制成功,MEMS 有可能占领很大一部分硬盘市场,除了 IBM 公司还有几家新公司正在进行这方面的探索,初步设定 MEMS 的数据存储系统密度为 $30Gb/cm^2$。

MEMS 是一个多学科交叉的前沿研究领域,对 MEMS 的研究理论如微电子学、微机械学、微流体动力学、微热力学等都很不成熟,限制了其发展应用;MEMS 起源于微电子工业,由于 MEMS 是微电子和微机械的集成,再加上相关的机制在微观和宏观领域完全不同,这使得 MEMS 的设计和模拟十分复杂;与微电子相比,更多的材料和工艺可以制备 MEMS,但硅基微机械加工技术很难制备三维、任意形状的构件,非硅基微机械加工与 IC 集成的困难又未妥善解决;MEMS 除了电信号还有光、声等物理信号,这样一方面要气密封,另一方面又不能全密封,使得 MEMS 的封装和校准变得十分复杂;没有统一的 MEMS 质量评价标准。尽管面临巨大的挑战,MEMS 具有高性能、小尺寸、低能耗等优点必将显著提高已有系统的性能,并能带动新产业的蓬勃发展,特别是汽车、生物医学、信息的 MEMS 新产业。MEMS 被认为是微电子技术的又一次革命。

微机电系统技术、加工工艺等正在快速发展,但封装的发展却相对滞后,成为 MEMS 市场化和产品化的瓶颈。MEMS 封装的功能主要表现为:机械化学保护——保护芯片以免由环境和传递引起损坏;电功能——为芯片的信号输入和输出提供互连;散热功能——及时散发芯片内所产生的热量;接口功能——为实现系统内外相关物质、能量和信息的交换提供接口。目前 MEMS 封装的研究还处于初级阶段,其面临两方面的问题,首先是如何对 MEMS 进行正确、可靠的封装,这是 MEMS 发展面临的主要挑战。MEMS 封装技术大多是在微电子封装技术基础上发展而来的,与微电子封装相比有较大的差异,也远没有微电子封装技术成熟。其次是封装成本问题。由于 MEMS 的封装比微电子封装更为复杂,并没有统一的标准,不同的 MEMS 器件封装差别很大。MEMS 器件的封装成本一直较高,一般占总成本的 75% 左右,MEMS 要有更大的发展,必须解决好封装面临的问题。

MEMS 封装技术是在微电子封装的基础上发展起来的,但其与微电子封装存在一定的差异,具有自己的一些基本特点和要求,所以在设计 MEMS 器件或系统的封装时,不能简单地用微电子封装技术直接去封装 MEMS 器件,还需要考虑其他各种因素。

MEMS 封装与微电子封装的差异如下。

微电子封装:封装成本占总成本的比重一般不大;所用的封装材料种类不多,常用塑料和陶瓷;大多为二维结构,且结构固定;少量元件封装;封装技术成熟完善,有工业标准;仅用来实现电子功能,封装的复杂程度不大。

MEMS 封装:封装成本占总成本的比重较大;所用的封装材料种类较多,除了塑料和陶瓷外,还有硅、玻璃、氧化硅、金属、聚合物等;复杂的三维立体结构,一般都有活动部件;由很多元件封装在一起;尚处于初级阶段,没有工业标准;功能目标具有多样性,封装的复杂程度较大。

MEMS 封装等级一般分为芯片级、器件级和系统级三类,不同级别的封装,其目的、内容及封装策略都有所不同。芯片级封装的主要目的是保护芯片或其他核心元件避免塑性变形或破裂,保护系统信号转换电路,对部分元件提供必要的电和机械隔离等。器件级封装需要包含适当的信号调节和处理,该级封装的最大挑战就是接口问题。系统级封装主要是对芯片和核心元件及主要的信号处理电路的封装。

湿度、温度及化学毒性等环境因素常常使器件的可靠性降低,甚至使器件失效。在设计封装时,必须考虑在非友好环境下如何保护 MEMS 芯片等核心元件,延长器件的使用寿命。如用于检测气体成分的化学传感器,长期被置于化学毒性环境中,对芯片的腐蚀作用极大,需要采用钝化等措施,确保芯片的正常使用。

MEMS 芯片多为立体结构,如微型腔体、微梁和薄膜元件等,这些微结构的尺寸很小、强度低,容易因机械接触而损坏,封装起来难度极大。选择合适的封装结构及封装材料,对于 MEMS 器件的正确、可靠封装是十分重要的。在选择封装材料时,需要考虑材料的机械物理性能,及在相应的封装工艺条件下材料性能可能发生的变化,比如 RF-MEMS 在射频条件下,封装材料的介电特性将会影响系统的高频性能,基板材料、互连材料及封装材料的选择,都是封装过程中必须要考虑的。用于 MEMS 封装的材料种类较多,如环氧树脂、陶瓷、氧化硅、氮化硅、玻璃及硅凝胶等。

MEMS 与外部环境进行数据、信息和能量的交换,要靠接口功能来实现。在 MEMS 中,常见接口有生物医学接口、光学接口、机械接口、微流体接口等。接口是 MEMS 封装必须解决的关键技术问题,直接决定器件或系统功能能否实现。对于生物医学接口,要求系统封装与人体系统生物兼容,在使用中能抵抗化学腐蚀,对周围细胞组织无损害,具有一定的使用寿命。

大多数 MEMS 器件的外壳上需要有非电信号的通路,所以不能简单地把 MEMS 芯片密封在管芯里,必须留有同外界环境直接相连的通路,用来传递光、热、力学及化学信息。德州仪器公司(TI)生产的数字微镜器件(DMD),是由成千上万个小镜片构成的 MOEMS,其封装外壳的一个基本要求就是必须要有透明窗,并且要求光线经透明窗传入/传出时损耗要很小。

对 MEMS 器件自身产生的热量进行散热,是封装设计必须解决的问题。热性能对 MEMS 器件性能有重要影响,在较高温度和较大温差下,电参数将下降,热环境的不均匀性将引起电性能的很大差异。同时,热应力集中将导致部分微结构、微元件失效。随着 MEMS 结构的日益复杂化,封装热设计将变得更加重要。

MEMS 的可靠性问题很大程度上来自封装,MEMS 芯片对封装残余应力非常敏感。在封装过程中,热膨胀系数(CTE)不匹配会引入热应力,机械振动也会产生机械应力,从而使 MEMS 微结构产生变形甚至破坏。在封装设计时,需要了解应力的变化、分布以及可能引入的残余应力对器件本身的影响,采用合理的工艺避免或者减少封装过程中残余应力的产生。

封装成本在整个生产成本中占有很大比例,一般约占 75%,这个比例随产品的不同而不同,开发较低成本的封装技术已成为市场的急切需求。

11.2.2 键合技术

MEMS 封装经过多年的发展,出现了一些比较完善的封装技术和封装形式,比如键合技术、倒装芯片技术、多芯片封装技术以及 3D 封装等。

键合技术是 MEMS 中最为关键、最具挑战性的技术。由于 MEMS 器件包含多种立体结构和多种材料层，MEMS 元件的键合要比微电子元件困难得多。键合技术分为引线键合和表面键合两种。

引线键合的作用是从核心元件引入和导出电连接。根据键合时所用能量的不同可分为热压键合、楔-楔超声键合和热声键合几种形式。引线键合要求引线具有足够的抗冲击和振动的能力，并且不会引起短路，常用的引线有金丝和铝丝。引线键合形成的内引线具有较大的引线电阻和电感，对电性能有重要的影响。

表面键合是实现 MEMS 封装的基本技术，可以用来进行密封、微结构的黏结和固定，以及产生新的 MEMS 微结构。表面键合包括阳极键合和硅熔融键合、低温表面键合等。目前，硅-玻璃键合和硅-硅键合是两种主要的表面键合形式。硅-玻璃阳极键合原理如下：把要键合的硅片接电源正极，玻璃接负极，将硅与玻璃贴合在一起，加热至一定的温度后，在外加高压直流电场作用下，硅和玻璃之间形成牢固的化学键，使硅-玻璃界面形成良好的封接。阳极键合技术不使用任何黏结剂，键合界面有良好的气密性和稳定性。"三明治"结构微加速度计就是利用这种表面键合技术，按照玻璃-硅片-玻璃的顺序键合在一起。

11.2.3 倒装芯片封装技术

倒装芯片封装技术比引线键合技术更先进，具有很大的发展潜力，已成为 MEMS 封装技术中很有吸引力的选择。倒装芯片封装技术是将芯片的有源面面向基座的粘贴封装技术，为芯片和基座之间提供了最短的互连路径，其特点如下：为信号提供了良好的电连接，更有效地利用芯片面积，具有超高封装密度；重量轻，外形尺寸较小；引线电感变小，串扰变弱，信号传输时间缩短，因而具有卓越的高频性能。

控制塌陷芯片连接(C4)是最常用的倒装芯片连接形式，除具有一般凸点芯片倒装焊的优点外，它的凸点还可在整个芯片面阵布局，既可与陶瓷或硅基板金属焊区互连，也能与 PCB 上的金属焊区互连。芯片的 C4 焊料凸点制作通常采用蒸发或者溅射法淀积在硅片压点上，整个工艺过程可以分为三步：①在芯片的压点上淀积有特殊要求的冶金阻挡层 (BLM)，它包含 Cr/Cr＋Cu/Cu-Sn 等金属膜层，BLM 具有提供到压点的良好的 C4 焊点黏附并禁止扩散的功能；②在 BLM 上淀积 Pb/Sn 焊料层；③回流工艺，在回流过程中，铅锡焊料形成焊球。

倒装芯片封装的工艺流程主要包括上助焊剂、芯片贴装、回流、底部充胶和固化等过程：①上助焊剂，这是倒装芯片工艺的第一步，助焊剂有助于将芯片保持在正确的位置上，减少氧化和加速共晶焊球的回流；②芯片贴装，利用自动对准装置，将芯片的 C4 焊料凸点贴装；③回流，在贴装工艺之后，通过回流设备来回流焊料球，形成电学和物理连接；④底部充胶，有助于解决由于硅片和基座之间的热膨胀系数(CTE)失配引入的应力问题；⑤固化的目的是使胶剂聚合，固化时间和温度是两个重要的工艺参数。

倒装芯片封装技术得到了广泛的应用，光学 MEMS(MOEMS)变应器装配时就使用了倒装芯片技术。目前倒装芯片封装还面临着一些需要解决的问题，如高性能无铅焊料的研制及可靠性等。

11.2.4 多芯片封装技术

多芯片封装是为适应现代电子系统短小轻薄、高速、高性能、高可靠性和低成本的发展方向，在 PCB 和 SMT 的基础上发展起来的，它的优点包括：缩短了封装延迟时间，易于实现模块高速化；提高了封装的可靠性和封装密度；节省了封装材料和成本，减小了模块的封装尺寸和重量；芯片具有良好的散热环境。

多芯片封装已经成为 MEMS 封装的另一发展趋势，将传感、控制和信号处理等芯片固定在同一基板上，然后封装在一个管壳内。常用的基板有陶瓷基板和具有高芯片密度的印制电路板。

三维封装是利用倒装、引线键合等混合互连技术，把不同功能的微装置和信号处理芯片通过层叠的方式，堆积成紧凑的三维立体结构。三维封装的层叠是在垂直于芯片表面的方向上进行的，采用混合互连技术的目的是适应不同层、不同器件间的互连需要。三维封装技术已经进入实用化阶段，微加速度计是一个典型的三维封装实例。将 X 和 Y 方向上的两个平面微加速度计和信号处理单元"堆积"在一起，实现了三维封装，因此具有诸多优点，如体积小、重量轻、多功能、低成本、可靠性高、封装各层间有良好的导热性，能够实现层间的隔离，信号在层间传输延迟时间减小，低噪声，低功耗，还可以通过共用 I/O 端口减少封装的引脚数，提高组装效率和互连效率等。

压力传感器是一种用来检测压力的器件，当有压力作用时，硅振动膜应力和应变会发生变化，这种变化由相应的电参数反映出来，通过测量电参数间接测出压力。在进行封装设计时，既要考虑芯片与被测压力的接口问题，还要考虑芯片隔离、芯片固定以及芯片保护等工序，主要有以下封装步骤：

（1）芯片准备。这是装配和封装的准备阶段，包括芯片的清洗、背面减薄等工序。

（2）芯片隔离。在芯片和基座之间加上隔离层，主要目的是解决芯片和基座因热胀系数（CTE）不匹配而引起的热应力集中问题。

（3）芯片固定。用键合的方式将芯片固定在基座上，玻璃、陶瓷或金属等都可用作基座材料。

（4）芯片保护。微型压力传感器可能会面临恶劣环境中有害化学物质的侵蚀，必须将压力传感器的芯片保护起来，以免受到损坏。

通常有三种方式用来保护芯片：

（1）用 LPCVD 技术在芯片表面沉积一层钝化膜保护芯片。

（2）用充油不锈钢隔膜将芯片与压力环境隔离，薄不锈钢膜代替硅振动膜接受外界压力，再由硅油将外加压力传递给硅振动膜，进而对压力进行测试。

（3）在要保护的芯片表面覆盖一层硅凝胶，硅凝胶固化后会起到保护芯片的作用。

MEMS 封装设计向系列化和标准化发展。目前还没有统一标准的封装方法和材料，市场对 MEMS 的需求也大不相同，大多数 MEMS 封装仍然是面向特定应用的。虽然不乏成功的例子，如 AD 公司的微加速度计、TI 公司的数字微镜器件（DMD）等，但是封装成本较高。MEMS 封装向系列化、标准化发展，是满足未来大需求量生产、降低封装成本的最有效的途径。

MEMS 封装趋于微型化和复杂化。微型化是对 MEMS 封装的基本要求，特别是在生物医学方面要求器件微型化,如花生米大小的直升机,直径仅有 1mm 的静电发动机等。未来的 MEMS 封装级数会逐渐降低,即从三级降到二级或一级,大大减小封装的外形尺寸。随着 MEMS 封装向微型化发展,器件内各部分结构及功能单元之间的距离会变得越来越小,相互间的影响会逐渐增大,封装将会变得更加复杂,封装难度也会随之增加。由于封装材料对器件或系统的性能、封装形式以及封装成本都有较大的影响,新材料的应用往往会带来出人意料的效果。20 世纪 80 年代初,IBM 采用改进的陶瓷材料开发出的热导模块(TCM),不仅使封装级数降低了一级,还大大改善了器件的性能。因此在进行先进的 MEMS 封装技术研究的同时,加强对新型封装材料的开发和利用,既是解决 MEMS 封装的一个有效的途径,也满足了无毒害绿色封装的要求。封装设备和工具(包括相关软件)的开发和利用,对 MEMS 封装也十分必要,有利于缩短 MEMS 开发周期。随着 MEMS 特征尺寸不断减小,结构日益复杂,微尺度效应更加明显,容易产生黏附现象和机械接触损坏,因此对 MEMS 的装配和封装提出了更高要求。如何对产品进行精确的定位和定向,以及怎样将加工好的 MEMS 元件准确地放置在封装系统的相应位置上,不仅需要在装配机理、测量手段等方面加以解决,还需要不断加强对新工具和新设备的开发和利用。

11.3　叠层 3D 封装

　　随着电子产品朝小型化、高密度化、高可靠性、低功耗方向发展,将多种芯片、器件集成于同一封装体的 3D 封装成为满足技术发展的新方向,其中叠层 3D 封装因具有集成度高、重量轻、封装尺寸小、制造成本低等特点,具有广阔的应用前景。

　　随着各种智能设备小型化的发展,要求作为终端的传感器更便携化、多功能化。这些要求使得作为终端核心器件的芯片封装体必须具有更为强大的功能及更小的尺寸。叠层式 3D 封装突破传统平面封装的概念,在 2D 封装的基础上,把多个芯片、元件、封装体甚至元片进行叠层互连,构成立体封装,使组装密度大幅提高。叠层式 3D 封装作为一种新的封装形式,推进封装产品朝着高密度化、高可靠性、低功耗、高速化以及小型化方向发展。国际半导体技术路线图(ITRS)显示,叠层式 3D 封装技术能更好实现封装的微型化,其突出的优点是:尺寸小、Si 效率高,满足新器件的应用需求。另外,3D 封装采用的工艺基本上与传统的工艺相容,经过改进可以很快生产并投入市场,使得其发展更为迅猛。

　　叠层式 3D 封装主要分为两种形式:芯片叠层、封装叠层。芯片叠层的集成包括两个方向:一种是多芯片通过四边引线逐层键合;另一种是通过 TSV 技术的垂直堆叠。封装叠层包括 PIP 技术、POP 技术以及 POP 与 PIP 混合封装技术。

11.3.1　芯片叠层

　　3D 芯片叠层封装根据堆叠方法,有三种形式:芯片与芯片的堆叠(Die to Die,D2D),芯片与圆片的堆叠(Die to Wafer,D2W),圆片与圆片的堆叠(Wafer to Wafer,W2W)。

1. 芯片与芯片的堆叠

　　D2D 芯片叠层指利用传统的引线键合技术,将多个芯片在垂直方向上堆叠起来,然后再进行封装,形成整体的封装结构。其主要流程如下:晶圆研磨/减薄—晶圆贴膜—晶圆切割/划片—粘片/贴片—打线/键合—芯片堆叠打线/键合—目视检测—塑封—电镀—打标—

切筋成型。

芯片叠层最关键的技术在于如何实现芯片与芯片、芯片与基板之间的互连。现在最普遍的实现方式是引线键合,其最主要的问题是必须有足够的面积和空间用以实现键合。根据提供空间与面积的方式不同主要分为三种:①金字塔形叠层封装,使用大小不同的芯片,下层芯片的面积要大于上层;②垫板式叠层封装,通过在上下层芯片之间加入一块面积小的普通硅片,使得上下两层间存在实现引线键合所需的空间;③错位式叠层封装,使用大小相同的芯片,将紧连的两层进行错位贴装,从而产生面积及空间以实现引线键合,根据错位方式又可分为滑移式与交替式。

2. 芯片与圆片的堆叠

D2W 的堆叠主要利用 Flip-Chip(倒装)方式和 Bump(置球)键合方式实现芯片与圆片的互连。与 D2D 相比,具有更高的互连密度和性能,并且可与高性能的 Flip-Chip 键合机配合,可以获得较高的生产效率。

3. 圆片与圆片的堆叠

W2W 的堆叠是将完成扩散的晶圆研磨成薄片,逐层堆叠而成。层与层之间通过直径在 $10\mu m$ 以下的细微通孔而实现连接。此种技术称为 TSV(through silicon via)。与常见 IC 封装的引线键合或凸点键合技术不同,TSV 能够使芯片在三维方向堆叠的密度更大、外形尺寸更小,并且大大改善芯片速度和降低功耗,成为 3D 芯片新的发展方向。

11.3.2 封装叠层

1. 封装内封装

PIP(Package in Package)是在同一个封装腔体内堆叠多个芯片形成 3D 封装的一种技术方案。实际是在 BAP(Basic Assembly Package,基础装配封装)上部堆叠多个封装芯片,整体形成封装的一种结构。

PIP 封装技术最初是由 KING MAX 公司研发的一种电子产品封装技术,该技术整合了 PCB 基板组装及半导体封装制作流程,可以将小型存储卡所需要的零部件(控制器、闪存集成电路、基础材质、无源计算组件)直接封装,制成功能完整的 Flash 存储卡产品。PIP 一体化封装技术具有下列技术优势:超大容量、高读写速度、坚固耐用、强防水、防静电、耐高温等,因此常运用于 SD 卡、XD 卡、MM 卡等系列数码存储卡上。早在 2007 年业内人士就分析指出,PIP 封装技术的出现使数码存储产品的封装技术得到突破性发展,可能成为小型存储卡的主流封装技术。现在看来,这一预测已成为事实。

2. 封装外封装

POP(Package on Package)是以多层封装进行堆叠实现 3D 封装的一种技术方案。实际是在一个处于底部的封装件上面再叠加另一个与其相匹配的封装件,组成一个新的封装整体。两者之间的连接可依靠引线或基板,由此可分为引线框架型与基板型封装,其中基板型封装相对而言具有更高的封装密度、更薄的封装外形和更大的工艺灵活性。与 PIP 区别在于 POP 是两个独立的封装器件被绑定在一起,而 PIP 是多个芯片被绑定在一个封装体内。

POP 的各封装件之间相对比较独立,可对底部和顶部的封装器件进行单独测试,因此能保证良好的成品性能,同时满足 KGD(known good die)的要求。

POP 封装优点：①器件的选择具有很大的自由度。只要确保各封装体测试过关后就可将不同厂商的封装器件堆叠在一起，两者或者多者相互独立，使得用户使用时具有极大的选择性。②返修、检测、测试方便可行。在封装体出现问题时可以拆开单独检修、测试。上述两方面的优势使得 POP 封装技术成为主要的 3D 封装技术。最简单的 POP 封装包含两个叠层芯片。

第一代 POP 是将引线键合互连技术用在 90～130nm 的 CMOS 制造工艺中，上层封装体 BGA 锡球 Pitch 是 0.65mm，下层封装体 BGA 锡球 Pitch 是 0.5mm，POP 高度为 1.5mm。2007 年，POP 技术进入 65nm 级 CMOS 制造工艺中，整个封装高度下降 0.2mm。2009 年，CMOS 制造工艺已达到 45nm 级，上层封装体 BGA 锡球 Pitch 是 0.5mm，下层封装体 BGA 锡球 Pitch 是 0.4mm，可以集成更多高速处理器。

2009 年后的 POP 可称为第二代 POP。最新的封装工艺 TMV（塑封通孔），可进一步降低封装高度。正是看到 3D 芯片的巨大优势，许多企业也将发展 3D 芯片作为重点研究方向。

3D 封装拥有无可比拟的组装密度，组装效率高，从而使单个封装体可以实现更多的功能，并使外围设备 PCB 的面积进一步缩小。

具体而言，3D 封装具有以下优点：

(1) 降低体积和重量。叠层式 3D 封装是在垂直于芯片或封装表面的 Z 方向上实现的多层堆叠封装，与传统的封装相比，具有尺寸小和重量轻的特点，3D 封装可以使系统的尺寸和重量降低为原来的 1/40～1/50。

(2) 提高硅片效率。硅片效率是指叠层中总的基板面积/焊区面积，和 2D 封装（如 MCM）相比，3D 封装技术硅片效率提高幅度超过 100%。

(3) 减少信号延迟，降低噪声。3D 封装可最大限度地缩短互连长度，降低寄生电容和电感，减小信号的传播延迟。一般 MCM 可使信号延迟降低 300%，而 3D 封装中的电子元件非常紧凑，其信号延迟比 MCM 更低。

(4) 降低功耗。电子系统的寄生电容与互连长度成正比，3D 封装缩短了互连长度从而减小寄生效应，使系统功耗降低。

(5) 提高跃迁速度。由于 3D 封装降低了系统功耗，因此在不增加功耗的情况下，三维器件的跃迁速度会更快。

(6) 提高互连效率。使用 3D 封装结构可为叠层中的中心元件提供 16 个相邻元件，而在二维封装中可提供的仅为 8 个，3D 封装的垂直互连可最大限度利用互连效率。

(7) 增加带宽。低延迟、宽母线是高性能系统必须具备的特点。3D 封装可用来将 CPU 和存储器芯片集成在一起，增加带宽，避免使用高成本的多孔 PGA。

在过去的几年里，计算机的扩容成为信息系统的瓶颈问题，使得 CPU 不得不采用倍频技术来适应频率比其低得多的内存。3D 封装技术的出现，提供了解决此类问题的另一种途径。早在 2005 年，Cray Research 公司在其新的 T3E 定标的并行处理机（SPP）计算机系统已提到使用 3D 扩容方案解决计算机内存问题。随后，世界各主要公司均有使用 3D 封装技术解决扩容问题的相关报道。如：ST Microelectronics 在 2006 年推出了采用 POP 技术的存储器封装，专门为支持分隔总线与共享总线架构而设计；2007 年 2 月，TAEC（Toshiba America Electronic Components, Inc）采用 POP 技术，推出的新型大容量存储器封装，尺寸仅为 14mm×14mm 与 15mm×15mm；SPANSION 是一家闪存产品供应商，在 2006 年推出 POP 存储器封装，其封装尺寸分别为 12mm×12mm 与 15mm×15mm；KINGMAX 公司近期推出的 Clas10 MICROSDHC 卡，采用独家 PIPTM 封装技术，拥有超高速传输速度、高兼容性、高存储量，其市面流通的容量已超 16GB。

3D 封装可使设计人员在几周内将支持 POP 内存封装和支持 POP 的逻辑芯片堆叠在一起，提高了产品合格率，简化了产品测试，缩短了产品上市时间并提高了效率。2013 年，闪存厂 SPANSION 和无线厂商 ATHEROS 共同推出面向双模手机的闪存+WLAN（无线局域网）的 POP 封装。上述表明，3D 封装技术在多媒体内存领域发挥着重要作用。

系统级封装 SIP 是将一个电子功能系统或其子系统中的大部分内容，甚至全部内容安置在一个封装内，或是指把多个半导体芯片组装在一个封装体中的半导体回路。一般而言，一个独立模块能够实现的功能相对单一，如处理器单元只能实现数据分析而不能实现数据的存储，存储单元只能实现数据的存储而不能进行数据的分析。若要实现一个系统，就需要在 PCB 上通过导线连接若干模块，这样不但信号之间容易相互干扰，而且互连线制约着频率的提高，同时较大面积的 PCB 又使电子设备的大小得不到有效控制。3D 封装的特点恰好弥补了上述不足，它在封装体内采用芯片间的互连技术使得芯片之间连线长度显著缩短，将几个不同功能的模块叠层在一起，使单个封装拥有更强大的功能，同时有效减小了 PCB 大小。

博通公司采用 3D 封装技术推出了 BCM21982 系统芯片，它支持 20 个频带，不但集成了 Wi-Fi 蓝牙，还集成了电源管理和射频电路，此外体积缩小了 30%；RAMBUS 公司 2013 年宣布首个专门面向移动领域的 DDR3 方案"R+LPDDR3"。该方案推出的内存，整合控制器和 DRAM 接口，数据传输率支持 1600~3200Mb/s，带宽最大速率为 12.8GB/s；蓝魔 W32 是全球第一款采用 IntelAtomZ2460 处理器的 Android 平板电脑，IntelAtomZ2460 处理器是一颗系统级芯片，其采用 32nm 工艺制造，除了 CPU 核心以外，IntelAtomZ2460 整合了 PowerVRSGX540 图形处理器，工作频率为 400MHz。显而易见，采用 3D 封装并结合系统芯片的封装技术，必将使芯片的性能更上一个台阶。

IC 封装作为支持电子信息产业发展的关键技术之一，其主流技术正在向高速、多功能、低功耗、窄间距、小型化、轻量化和低成本的方向发展。利用叠层 3D 封装实现微系统将是未来技术发展的必然趋势之一。

11.3.3　晶圆叠层 3D 封装

3D 封装一般分为 3 种形式：叠层 3D 封装、芯片叠层 3D 封装（Chip On Chip, COC）和晶圆叠层 3D 封装（Wafer On Wafer, WOW）。叠层 3D 封装在欧洲，晶圆叠层 3D 封装在美国，芯片叠层 3D 封装在日本均有不同程度的应用。

芯片叠层的 3D 封装主要分为通用芯片 3D 封装和专用芯片 3D 封装。叠层 3D 封装技术是最早发展起来的 3D 技术，已有几十年的发展历史。而晶圆叠层的 3D 封装是近些年发展起来的新技术，能够更进一步缩小芯片尺寸，因此是未来主要的发展趋势和方向。

晶圆叠层 3D 封装的主要形式是将完成扩散的晶圆进行叠层、加工，完成封装。目前在叠层后有两种加工工艺，一种是将研磨得很薄的晶圆叠层、划片，形成小叠块，然后在小叠块侧面进行布线，实现各层之间的连接。目前这种工艺已达到实用水平。其叠层的 LSI 芯片以存储器为主。从结构上看,由于芯片之间的连接都要引到侧面实现互连,因此连接线稍长。另一种工艺是在完成扩散的晶圆厚度方向,形成直径在 $10\mu m$ 以下的微细孔,通过通孔导体实现不同层晶圆的互连。这种结构,是将完成扩散的晶圆研磨得非常薄,逐层叠层,逐层形成通孔并实现层间连接。因此,在所有 3D 封装中,这种结构的连接线是最短的,并将会发展成 3D 封装的主要形式。

韩国三星电子有限公司已经制造出采用 TSV 工艺的晶圆级 3D 全 DRAM 叠层式存储器封装,位于铝衬底内以避免因重新分层造成性能下降。包括用于 2Gb 高密度存储器的 4 个 512Mb 双倍速率(DDR2)DRAM 芯片,这些 DRAM 堆叠起来,与 TSV 互连,构成 4GB 双列直插式存储器模块。

美国 Tezaron 公司推出的 FaStack 晶圆叠层技术,可以实现在一个薄的 3D 封装内将传感器、信号调理、存储器以及处理器芯片叠层放置。

日本 AkitaElpida 存储器公司称其开发出了世界上密度最大的 MCP 模块,在一个 1.4mm 厚的封装之内有 20 个裸片叠层。为此,该公司将单个裸片限制到 30nm 厚,开发了处理如此薄裸片的设备,并使用 $40\mu m$ 低环路引线键合工艺。

1. 晶圆键和技术

所有 3D 封装面临的共同难题是构建正确的互连技术。一种比较有效的解决晶圆叠层 3D 封装互连问题的方案就是晶圆键合。

晶圆键合一般采用对准晶圆键合技术。对准晶圆键合技术是一种晶圆到晶圆的 3D 互连技术。晶圆首先被面对面或者背对背对准并键合在一起,之后进行减薄和制作互连。可以继续重复这一过程,将其他晶圆继续对准、键合、减薄和制作晶圆内互连。由于不用转移减薄后的晶圆,这种方法不需要在运送晶圆时进行特殊考虑。大部分的 3D 封装应用都需要 2~3 层晶圆。

对准晶圆键合技术使得不同种类的功能模块可以叠层集成在一起,例如将逻辑电路同存储器电路、混合信号电路或无线收发器等集成在一起。将互连长度从毫米量级减至微米量级,则可以显著地改善由互连引起的信号延迟。类似地,还可以利用这项技术将不同种类的材料集成在一起,例如硅与化合物半导体的集成。

晶圆键合及晶圆与晶圆对准的工艺在 MEMS 制作中已经比较成熟,但要与 CMOS IC 制作的后道工艺兼容还需要对工艺和设备进行一些调整,比如制作 3D IC 所需的微米尺寸的互连。

目前,晶圆键合技术支持小于 $10\mu m$ 互连间距,典型互连宽度为 $2\mu m$,键合精度 $1\mu m$ 的技术应用。

2. 晶圆键合工艺方法

晶圆叠层 3D 封装互连主要采用 3 种晶圆键合方法,即熔解(或分子)键合、胶黏剂键合和金属-金属热压键合(包括使用铜键合、焊料或微凸点等)。每一种工艺方法都有其特性及优点。

熔解晶圆键合包括两个工艺步骤:室温预键合和高温下的退火。为 SOI(绝缘衬底上的硅)晶圆制造开发的典型退火工艺要求退火温度在 800~1100℃。目前有一种新颖的表面预处理工艺,即低温等离子活化,可以使晶圆表面显著改进,因而退火温度能够降低到 200~400℃。由于这种低温等离子活化技术的出现,使得熔解晶圆键合工艺能够被应用到

3D集成中。

熔解晶圆键合采用两步工艺,包括室温键合和高温退火工艺。室温键合完全消除了由于晶圆热膨胀而可能引起的对位不准现象。在澳大利亚晶圆键合与光刻设备制造商EVGroup公司推出的GeminiFB系列晶圆键合系统中可获得亚微米后键合对准精度。

熔解晶圆键合与胶黏剂或金属-金属热压键合相比,是三者中产量最高的。由于熔解晶圆键合是一种室温工艺,因此它既能执行在对准模块内的原位对准,又能执行在真空环境下键合模块的外部对准。之后的退火工艺可在炉体内进行。

预键合后的检查能力优于最后的退火。在室温预键合后,键合强度已足够高,可以观察键合质量和对准精度。如果这时发现未对准或键合质量问题,如空洞等,则可以将已预键合的两片晶圆片分离,进行返修。这样的工序优于已在SOI晶圆制造中应用多年的最终退火工艺。

用胶黏剂实现晶圆键合的方法主要有两个优点:①表面粗糙度要求显著降低。与金属热压键合比较,由于在两个晶圆表面没有直接接触,因而粗糙的表面不会减小键合中间层的接触面积。②大部分胶黏剂在加热时都经过了回流,晶圆表面的粒子嵌入胶黏剂,因此,这种键合方法对粒子度也不敏感。

金属-金属热压键合比较常用的是铜-铜晶圆键合。

作为高性能元件的金属层一般由铜构成,用顶部铜层作为晶圆键合的中间载体是比较好的选择。另外,由于铜-铜键合在TSV集成中非常具有优势,因为它同时具有机械强度和电连接性能。这就使得设计时可以综合考虑,如"via-middle",也就是说TSV在堆叠之前就被处理了。

金属键合需要高温度和高压力,完成金属-金属热压键合的工艺设备主要是实现金属扩散和蠕变。扩散率取决于温度、压力和时间。目前晶圆键合设备的键合压力能达到100kN。最高键合温度一方面受设备的最大允许温度限制,另一方面,过高的键合温度会增加循环时间,主要是加热和冷却的时间增加了。

晶圆键合工艺设备是实现晶圆键合工艺必不可少的,晶圆键合工艺设备的关键指标是对位精度、可达到的键合温度、键合压力等。

晶圆叠层3D封装要求的晶圆键合对位误差主要取决于3D产品的应用。不同晶圆的对位精度是不同的,目前设备可达到的最佳晶圆对位精度是$1\mu m$。如EV Group公司面对面晶圆键合机的对位方式是基于安装在晶圆层上方和晶圆层下方的两个摄像头,彼此校正,摄像头先对晶圆上的对位标记摄像,对晶圆进行定位校准,然后再对两个晶圆进行键合。

在键合温度和键合压力方面,德国SUSS公司的技术比较先进。该公司新推出的CB系列晶圆键合机主要用于金属键合,键合力可达90kN,温度最高600℃,具有控温精度高、压力控制精度高的特点,可保证晶圆面的温度、压力均匀性。对于大尺寸晶圆,这些特点更具有优势。

因为具有适应性强的特点,目前晶圆键合是晶圆叠层3D集成的首选方案。但是还需要在各技术方面做更多的工作,使之成为可靠的技术,能够应用到更多潜在的3D堆叠应用中,更好地提高器件密度、性能和功能。

3. 晶圆级芯片尺寸封装

根据定义,晶圆级芯片封装(WLCSP)就是芯片尺寸的封装,其尺寸与芯片原尺寸相同。

基本概念是，在制造后，通常在测试之前，马上取出晶片，再增加一些步骤（金属和电解质层）产生一种结构，就可将产品组装到电路板上，而不需要在底部填充材料。简单地说，WLCSP与传统的封装方式不同，传统的晶片封装是先切割再封测，而封装后约比原晶片尺寸增加20％；而 WLCSP 则是先在整片晶圆上进行封装和测试，然后才划线分割，因此，封装后的体积与 IC 裸芯片尺寸几乎相同，能大幅降低封装后的 IC 尺寸。WLCSP 系列产品的存储器模块预期将会成为 DRAM 下一代的市场主流封装技术。

由于尺寸和成本优势，晶圆级 CSP(Wafer Level CSP)逐步走进电子组装厂家。这种技术是在划线分割之前，在芯片上形成第一级互连和封装 I/O 端子，不但缩短了制造周期，而且提供了在晶片阶段就完成测试的产品，这种封装简称为 WLP 或 WLP CSP。WLP 是 CSP 技术的延伸，CSP 技术的应用已有约十年的历史，其有许多种结构形式。目前，面阵列型的 FPGA 为主流，第一代 FPGA 是塑料类型的面朝下型，第二代 FPGA 是载带类型的面朝下型，其都采用引线框架塑料膜板封装。而最新的 FPGA 是以晶片作为载体进行传送、切割的最终组装工艺方式，即 WLP 方式，其取代了以往封装采用的连接技术（线焊、TAB 和倒装焊），而是在划线分割前，采用半导体前工序的布线技术，使芯片衬底与外部端子连接，其后的焊球连接和电气测试等都在晶片状态下完成，最后才实施划线分割。显然用 WLP 方式制作的是实际芯片尺寸的 FPGA，外形与 FC 无差别。

晶片级组装 CSP 是在 IC 晶片的基础上制作的，在 Micros SMT 或 MSMT 晶片级组装的 CSP 中，可将微切削加工用于制作芯片周边的接线柱。为了保护环境，使用密封剂来密封，将少许硅、玻璃或陶瓷施加到较大的芯片上，便于散热，并使相互间在 $\pm 3\mu m$ 之内的接线柱满足平面度的要求。

采用晶圆级封装主要考虑到以下三方面的因素：尺寸、经济性和性能。超细芯片规模或芯片尺寸封装的成功应用，有力地说明了当今半导体封装领域中尺寸的重要性。在许多便携式产品中形状因素的要求和其他产品在更小的面积上实现更多的功能要求，使得 CSP 投入批量生产中，并吸引着众多的用户，晶圆级的 CSP 这是这场技术竞争的延续。National Semiconductor 公司生产的 micros-MD 封装取代了 MSOP-8，明显地说明了只有 8 个引脚元件的尺寸优势。

另外，还要考虑到至关重要的经济方面的因素。客观上，组装作为晶片制造过程的延续，可节省时间，满足供应关系和降低制造成本。在某些情况下，如输出端子较少的元件和其他低引脚数的元件，封装成本可能实际上要比硅芯片的成本高。在集成无源元件的情况下，可通过在一个封装上容纳几个无源元件来节省组装成本。

改进性能是广泛应用新型封装的另一个主要动力。倒装芯片作为互连方法而被采用，就是由于高档的 ASIC、微处理器和快速 SRAM 性能上的推动作用。由于快速地向着铜，而不是铝的发展趋势，推动 IC 对晶圆级封装的需求。晶圆级封装实现了高性能的电源和接地在 IC 上的应用，解决了在 1V 以下电压的高性能 IC 上实现清洁的电源和接地越来越困难的问题。

随着 IC 外形的缩小，甚至要求低引脚数的封装增加电气性能。铜工艺可使电阻特性提高 30％，使用多金属层弯曲的晶圆级封装结构可使性能得到更多的改善。

传统的 IC 结构在技术发展及获利上均趋近于饱和，而市场上对小型化、高性能及低成本的先进结构的需求日益增长。自 1996 年 CSP 开始普及以来，其使用既有表面贴装备，普遍使用于便携式电话,产量呈成倍上升趋势。而 WLCSP 除具有 CSP 的固定优点之外,在尺寸上可达到更加轻、薄、小的要求,工艺更为简单,产品呈现出优异的电气特性,更具备价格较低的潜力,因而被 JEITA 及 ITRS 视为极为重要且深具潜力的技术。

目前,晶圆级的 CSP 的种类繁多。根据封装结构可将各种封装分为 4 种类型:第一类为再分布,其与倒装芯片类似。事实上,许多使用晶片连接的公司将其自身的产品称为晶圆级封装,如果必须使用底部填充剂来满足其可靠性的要求的话,那么,就不应将其分类为晶圆级封装。第二类是覆铜/环氧树脂焊料凸点,第三类为密封线焊结构,最后一类为密封的梁式引线。

晶圆级芯片封装方法的最大特点是其有效地缩小了封装体积,故可用于便携式产品中,并满足了轻、薄、小的要求,信息传输路径短、稳定性高、散热性好。

由于 WLCSP 少了传统密封的塑胶或陶瓷封装,故 IC 晶片在运算时热量能够有效地散发,而不会增加主机的温度,这种特点对于便携式产品的散热问题有很多的好处。

目前,晶圆级封装已被用于 EEPROM、控制器、传感器、运算放大器和无源元件的生产中,这些产品均是小型的芯片尺寸和低引脚数(一般少于 30)的元件。晶圆级 CSP 还将被用于 DRAM、闪存和 SRAM、无线射频(RF)元件中,而且其在微处理器这样的较高引脚数的封装中也将得到应用。

与其他任何新技术一样,晶圆难封装在早期的应用中存在着诸多障碍,包括封装的经济因素/成本、可靠性和缩小 IC 的能力等。其中,包括把细间距元件贴装到相应高密度的板上,还必须考虑到合格率的问题,以及对制造、测试和组装工艺变化的影响等。如果晶圆级封装要达到尽善尽美的程度,就应使晶片的整个制造过程中的每一步都应保证获得完善的效果。

随着芯片、晶圆和封装水平的提高,3D 层叠技术继续受到欢迎。两种最热门的封装趋势是叠层封装(PoP)和多芯片封装(MCP)。低产率芯片似乎倾向于 PoP,而高密度和高性能的芯片则倾向于 MCP。另一个扩展方面是以系统级封装(SiP)技术为主,其中逻辑器件和存储器件都以各自的工艺制造,然后在一个 SiP 封装内结合在一起。晶圆叠层技术,使 WSP 甚至得到更进一步的发展,此技术可以实现在一个薄的 3D 封装内将传感器、信号调理、存储器以及处理器芯片叠层放置。

尽管板级倒装芯片(FCOB)在理论上是一种理想的技术,不过在实际的组装操作中是很难推广传感器的一种技术。从半导体 IC 的发展历程中不难看出,电子元器件的生产技术是围绕轻、薄、小、高密度和多功能而发展的,而晶圆级 CSB 封装技术是实现小型化的一个里程碑。

11.4　chiplet 封装

近年来,随着摩尔定律逼近极限,片上系统(system on chip,SoC)的发展已经遇到瓶颈。更多功能单元的集成和更大的片上存储使得芯片面积急剧增大,导致芯片良品率降低,进而增加了成本。

近年来,随着芯片功能的复杂化,按照摩尔定律的规律,SoC 芯片的成本正在大幅提高。首先,在最先进的工艺下完成芯片所有功能单元的设计,这样会极大增加设计成本;其次,更多的功能单元和更大的片上存储,将会导致芯片所需的面积大幅增加,进而导致芯片良率下降,最终造成芯片的生产成本提高。于是,各大研究机构和芯片制造厂商开始寻求使用先进的连接和封装技术,将原先的芯片拆成多个体积更小、产量更高且更具成本效益的小芯片(chiplet)再封装起来,这种封装技术类似于芯片的系统级封装(system in package,SiP)。

目前 chiplet 的封装方式没有统一的标准,可行的方案有通过硅桥进行芯片的拼接或是通过中介层进行芯片的连接等,按照封装结构可以分为 2D,2.5D,3D。

11.4.1 chiplet 简介

chiplet 的概念最早出现在 2014 年海思(Hisilicon)与台积电(TSMC)的晶圆级封装(chip-on-wafer-on-substrate,CoWoS)产品上,不过真正得到推广是在美国国防高级研究计划局(Defense Advanced Research Projects Agency,DARPA)的公共异构集成和 IP 重用战略(common heterogeneous integration and IP reuse strategies,CHIPS)项目。chiplet 是指一种 IP 核,也指代一种设计模式,为了将 IP 核重复利用而将其芯片化并单独封装起来。与传统的单芯片方案相比,chiplet 的设计良品率更高,成本更低。研究表明,当芯片面积小于 $10mm^2$ 时,单芯片和 chiplet 方案的良品率差别很小,但是一旦芯片面积超过 $200mm^2$,单芯片方案的良品率会比 chiplet 方案低 20% 以上。

可以预期,在 $700\sim 800mm^2$ 的面积上,单芯片方案的良品率可能不超过 10%。chiplet 的另一个优势是允许将不同工艺下的芯片封装连接起来,对于模拟电路来说,在先进工艺的约束下设计放大器将变得十分困难。如果采用 chiplet 方案,则可以在合适的工艺节点使用最先进的工艺设计计算核心设计模拟电路,提高先进工艺的利用效率的同时也降低了成本。例如 Intel 在其 chiplet 方案 Foveros 中,将计算芯片使用先进工艺实现,将电源管理、模拟电路及各类传感器使用大节点工艺实现。chiplet 还可以将不同公司的芯片结合起来,例如采用 AMD Radeon Graphics 技术的 IntelCore 处理器。

目前 chiplet 的发展很快,各大芯片厂商已经设计出基于 chiplet 的设计产品,如 AMD 的第 1 代 EPYC 处理器、第 2 代 EPYC 处理器和第 3 代 Ryzen 处理器,Intel 的 Stratix 10 FPGA 和 Lakefield 处理器,Nvidia 的 MCM-GPU,法国 CEA 的 96 核处理器,赛灵思(Xilinx)的 Vertix-7 FPGA,Marvell 的 MoChi 架构等。这些芯片都是基于 chiplet 设计的,但是它们的封装方式各不相同。目前主要用于集成电路封装芯片的 3 种互连技术分别是:引线键合技术(wirebond,WB)、倒装芯片技术(flipchip,FC)和硅通孔(Through Silicon Via,TSV)技术。

现有的封装结构区分主要通过 2 方面:①多个芯片是堆叠还是大面积拼接;②芯片的拼接是否通过额外的中介层。基于这 2 个方面标准封装结构可以分为 2D,2.5D,3D。

11.4.2 chiplet 封装结构

目前 chiplet 主流的封装方式为通过硅通孔技术进行堆叠,使用硅桥完成芯片的大面积拼接或采用中介层来完成芯片的连接。其中中介层可以分为有源中介层和无源中介层。这些封装方式按照结构又可以分为 2D,2.5D,3D。

1. 2D 结构

我们将不通过额外中介层,直接互连芯片的封装形式称为 2D 封装,也叫多芯片模块

(multi-chip module,MCM)化封装,其中最具代表性的是 AMD 采用其称为无限结构(infinity fabric,IF)的互连方式将多个 chiplet 连接在一起,无限结构主要是由可扩展数据结构(scalable data fabric,SDF)和可扩展控制结构(scalable control fabric,SCF)组成。SDF 中 chip to chip 的通信方法是这种多芯片封装方法的关键,该方法由 SDF 的相关 AMD 套接字扩展器(coherent AMD socket extender,CASE)组件实现。

2. 2.5D 结构

我们将通过硅中介层来实现芯片连接的封装方式称为 2.5D 封装。具体来说,就是将芯片水平堆在硅衬底上,硅衬底上带有 TSV 垂直互连通孔和高密度金属布线,这种只带有 TSV 和金属连线的硅衬底平台被称为无源中介层(passive interposers)。2.5D 封装是目前主流的封装形式,Intel 的嵌入式多硅片互连桥(embedded multi-die interconnect bridge,EMIB)技术、TSMC 的 CoWoS 架构、Marvell 的 MoChi 架构都是典型的 2.5D 封装结构,其中 EMIB 技术没有使用全硅中介层,而是在衬底上安装了 1 个很小的嵌入式硅桥,允许主芯片和辅助 chiplet 以高带宽和短距离连接在一起,和大型中介层相比,这种方案实现的花费显然更小。

对于采用无源中介层的 2.5D 封装结构,无源中介层只作为芯片之间的连接层,无源中介层中不含有源器件,仅包含芯片和 TSV 之间的金属布线用于芯片信号的传递。

2.5D 的封装设计方式有利之处在于,将多个制造商不同工艺的芯片组合起来的同时,无须协调组成芯片的设计方式。但是中介层只有连接芯片的作用,造成了资源上的浪费。因此越来越多的芯片制造商开始在中介层中使用有源逻辑,以进一步优化系统来减少资源上的浪费。

3. 3D 结构

3D 封装是指利用 TSV 将芯片像积木一样垂直堆叠起来,其中利用有源中介层(active interposer)的芯片堆叠方式。法国 CEA 提出的 96 核处理器,就是采用基于有源中介层的封装方式,Intel 提出的 Lakefield 架构,采用 Foveros 封装技术,在 2D 平面上通过 EMIB 实现芯片互连,在 3D 垂直方向通过 TSV 实现芯片的堆叠,且内存芯片 HMC 也是采用 3D 封装技术。TSMC 基于扇出(fan-out,FO)技术提出的 InFO 封装技术去掉了硅中介层,直接将芯片埋进塑料里,以铜柱实现 3D 封装互连,此技术应用到手机处理器的封装中可以减少 30%的厚度,苹果公司的 A10 处理器首次使用了这个技术,并在之后的 A11,A12 处理器中也使用了此技术,与完全采用 3D 堆叠的芯片散热问题相比,用有源中介层实现的封装芯片,降低了功率密度,简化了输电网络,因此其散热可以与标准的 2D 封装媲美。并且有源中介层可以实现电源管理、充当部分模拟电路以及系统输入/输出等功能,可以实现 SoC 的基础架构逻辑(时钟、测试、调试)和传感器。

11.5 小结

集成电路产业已成为国民经济发展、全局科技战略制高点、高质量发展、科技强国实现供给侧结构性改革,加强科技文化建设的关键,而作为集成电路产业发展的三大产业之一的微电子封装,不但直接影响着集成电路本身的电性能、机械性能、光性能和热性能,影响其可靠性和成本,还在很大程度上决定着电子整机系统的小型化、多功能化、可靠性和成本。

随着 SoC 的集成度不断增加，先进工艺制成的芯片研发成本和制造成本呈几何式增长，摩尔定律已经接近极限。为了拓展摩尔定律，芯片设计者将 IP 硬核逐渐芯片化，形成 chiplet，然后以 SiP 的形式封装形成系统，这也将是摩尔定律的一次革命。未来，工艺技术的创新会推动封装结构的创新，新型引线键合技术、圆片键合技术的开发应用将会推动封装结构由 2D 向 3D 的转换。

微电子封装与电子产品密不可分，已经成为制约电子产品乃至系统发展的核心技术，是电子行业先进制造技术之一，微电子封装越来越受到业界的普遍重视，在国际和国内正处于蓬勃发展阶段。同时，随着多门学科的研究突破，chiplet 的 3D 封装散热问题可能随着满足集成电、热、力特性的新材料开发得到解决。因此，谁掌握了微电子封装技术，谁就抢占了事关全局的科技战略制高点，谁就将掌握电子产品和系统的未来。

参 考 文 献

[1] 张泽霖.RoHS2.0 指令对微电子封装材料的要求及对策[J].新材料产业，2016，11.
[2] 孙道恒，高俊川，杜江，等.微电子封装点胶技术的研究进展[J].中国机械工程，2011，20.
[3] 付家翰.迈向新世纪的微电子封装技术[J].科技前沿，2017，5.
[4] Tery S C. A Miniature Silicon Accelerometer with Built-in Damping[J]. Digest of the IEEE Solid-State Sensor and Actuator Workshop，1988，1：114-116.
[5] Schiler P，Pola D L. Integrated Piezoelectric Microactuators Based on PZT Thin Films[J]. Technical Digest，Transducers，1993：154-157.
[6] Danele M T，Jeremy A W，Stephen M B，et al. Reliabilty of a MEMS Torsional Ratcheting Actuator [J]. Procedings of IRPs，2001：81-90.
[7] Schiele L，et al. Surface-Micromachined Electrostatic Microrelay[J]. Sensors and Actuators，1998，A 66：345-357.
[8] Kuehnel，Sherman S. A Surface Micromachined Silicon Accelerometer with on-chip Detection Circuitry [J]. Sensors and Actuators，1994，45(1)：7-16.
[9] 崔天宏.IH 工艺在微机械中的应用[J].光学精密工程，1994，2(6)：18-23.
[10] 丁衡高.微机电系统的科学研究与技术开发[J].清华大学学报，1997，37(9)：1-5.
[11] Lemkin M，Ortiz M，Wongkomet N，et al. A 3-axis Surface Micromachined Sigma-delta Accelerometer[J]. Proc. ISSCC，1997：202-203.
[12] Peter Y A，et al. Optical Fiber Switching Device with Active Alignment[J]. Proc. SPIE Design，Test and Microfabrication of MEMS and MOEMS，1999，3680：800-809.
[13] Didier M，et al. A High Performance Silicon Micropump for an Implantable Drug Delivery System [J]. Technical Digest MEMS99，Orlando，FL，January1999. 541-549.
[14] 李秀清.亚洲加速 MEMS 研发和微系统组装[J].电子与封装，2003，18(6)：20-24.
[15] Le C，Parviz B A. Packaging for microelectromechanical and nanoelectromechanical systemsY[J]. IEEE Transactions on Advanced Packaging，2003，26(3)：217-226.
[16] Shivkumar Bharat，KiC J. Microrivets for MEMS packaging：Concept，fabrication，and strength testing[J]. Journal of Microelectromechanical Systems，1997，6(3)：217-222.
[17] 徐泰然.MEMS 和微系统——设计与制造[M].北京：机械工业出版社，2004.
[18] LeiL Mercado，LeTien-YuTom. Thermal solutions for discrete and wafer-level RF MEMS switch packages technology[J]. IEEE Transactions on Advanced Packaging，2003，26(3)：318-326.
[19] 杰克逊 K A.半导体工艺[M].屠海令，译.北京：科学出版社，1999.

[20] 林忠华,胡国清,刘文艳,等.微机电系统的发展及其应用[J].纳米技术与精密工程,2004,2(2):117-123.

[21] 王琪民.微型机械导论[M].合肥:中国科学技术大学出版社,2003.

[22] Herbert R,Volker G. Overview and development of MEMS packaging[J]. IEEE Transactions on Advanced Packaging,2001,18(4):1-5.

[23] Jin YuFeng,WeiJun. Hermetic of MEMS with thick electrodes by silicon-glasanodic bonding[J]. International Journal of Computational Enginering Science,2003,4(2):335-338.

[24] Rajesh S,Harish B. Reliability asesment of delamination in chip-to-chip bonded MEMS packaging[J]. IEEE Transactionson Advanced Packaging,2003,26(2):141-151.

[25] Kenny T W,Candler R N. Single wafer encapsulation of MEMS devices[J]. IEEE Transactions on Advanced Packaging,2003,26(3):227-232.

[26] 田斌,胡用.MEMS封装技术研究进展与趋势[J].传感器技术,2003,22(5):58-60.

[27] 涂苏龙,黄新波.MEMS技术及应用[J].青岛建筑工程学院学报,2003,3:73-77.

[28] 廖凯.堆叠/3D封装的关键技术之一——硅片减薄[J].中国集成电路,2007,5:79-81.

[29] 郎鹏,高志方,牛艳红.3D封装与硅通孔(TSV)工艺技术[J].电子工艺技术,2009,30(6):323-326.

[30] 童志义.3DIC集成与硅通孔(TSV)互连[J].电子工业专用设备,2009,(3):27-34.

[31] Roger A.3D封装技术解决芯片封装日益缩小的挑战[J].半导体国际,2010,(8):23-25.

[32] Peter Singer. Semiconductor International. Consortiums Adres Advanced Packaging Requirements[J]. Electronic Packaging & Production,2003,43(3):18.

[33] Scot J,Amkor T. IC封装发展趋势[J].电子制造 China,2004,(01):28-32.

[34] 刘林.系统级封装技术综述[J].半导体技术,2002,(8):20-34,20,34.

[35] 侯瑞田.晶圆级CSP技术的发展展望[J].电子工业专用设备,2008,5:64-67.

[36] 田芳.晶圆叠层3D封装中晶圆键合技术的应用[J].电子工业专用设备,2013,1:5-7.

[37] 王彦桥,刘晓阳,朱敏.叠层式3D封装技术发展现状[J].电子元件与材料,2013,(10):67-69.

[38] 陈桂林,王观武,胡健,等.Chiplet封装结构与通信结构综述[J].计算机研究与发展,2022,59(1):9.

[39] Chaware R,Nagarajan K,Ramalingam S. Assembly and reliability challenges in 3D integration of 28nm FPGA die on a large high density 65nm passive interposer[C]//2012 IEEE 62nd Electronic Components and Technology Conference. IEEE,2012:279-283.

[40] Tai K L. System-in-package(SIP) challenges and opportunities[C]//Proceedings of the 2000 Asia and South Pacific Design Automation Conference. 2000:191-196.

[41] Lin L,Yeh T C,Wu J L,et al. Reliability characterization of chip-on-wafer-on-substrate(CoWoS) 3D IC integration technology[C]//2013 IEEE 63rd Electronic Components and Technology Conference. IEEE,2013:366-371.

[42] Green D. Common heterogeneous and IP reuse strategies(CHIPS) [EB/OL]. Defense Advanced Research Projects Agency (DARPA),2020 [2020-01-11]. https://www.darpa.mil/program/common-heterogeneous-integration-and-ip-reuse-strategies.

[43] Gomes W,Khushu S,Ingerly D B,et al. 8.1 Lakefield and Mobility Compute:A 3D Stacked 10nm and 22FFL Hybrid Processor System in $12 \times 12mm^2$,1mm Package-on-Package[C]//2020 IEEE International Solid-State Circuits Conference-(ISSCC). IEEE,2020:144-146.

[44] Intel Corp. New Intelcore processor combines high performance CPU with custom discrete graphics from AMD to enable sleeker,thinner devices [EB/OL]. (2017-11-06) [2020-01-09]. http://newsroom.intel.com.

[45] Beck N,White S,Paraschou M,et al. 'Zeppelin':An SoC for multichip architectures[C]//2018 IEEE International Solid-State Circuits Conference-(ISSCC). IEEE,2018:40-42.

[46] Naffziger S,Lepak K,Paraschou M,et al. 2.2 AMD Chiplet Architecture for High-Performance

Server and Desktop Products[C]//2020 IEEE International Solid-State Circuits Conference-(ISSCC). IEEE,2020. 6-7.

[47] Hutton M. Stratix® 10: 14nm FPGA delivering 1GHz[C]//2016 IEEE Hot Chips 27 Symposium. IEEE,2016. 1-24.

[48] Arunkumar A,Bolotin E,Cho B,et al. MCM-GPU: Multi-chip-module GPUs for continued performance scalability[C]//44th Annual International Symposium. IEEE,2017. 320-332.

[49] Vivet P,Guthmuller E,Thonnart Y,et al. 2.3 A 220GOPS 96-Core Processor with 6 Chiplets 3D-Stacked on an Active Interposer Offering 0.6ns/mm Latency,3Tb/s/mm^2 Inter-Chiplet Interconnects and 156mW/mm^2 @ 82%-Peak-Efficiency DC-DC Converters[C]//2020 IEEE International Solid-State Circuits Conference-(ISSCC). IEEE,2020: 46-48.

[50] Dorsey P. Xilinx Stacked Silicon Interconnect Technology Delivers Breakthrough FPGA Capacity, Bandwidth,and Power Efficiency. Xilinx WP380(V1.0),2010.

[51] Jack G. Xilinx's Virtex-7 2000T FPGAs[EB/OL]. (2011-11-14)[2011-02-11]. https://www.embedded.com/xilinxs-virtex-7-2000t-fpgas/.

[52] Marvell. MoChiarchitecture[EB/OL]. (20150318)[2020-02-13]. http://www.Marvell.com/architecture/mochi/.

[53] DoeP. 2.5D interposers look increasingly like the near-term high-performance solution[J]. 3D Packaging,2012,(23): 6-9.

[54] Seemuth D P,Davoodi A,Morrow K. Automatic die placement and flexible I/O assignment in 2.5D IC design[C]//International Symposium on Quality Electronic Design. IEEE,2015.

[55] Zheng L,Zhang Y,Bakir M S. A Silicon Interposer Platform Utilizing Microfluidic Cooling for High-Performance Computing Systems[J]. Components,Packaging and Manufacturing Technology,IEEE Transactions,2015,5(10): 1379-1386.

[56] Greenhill D,Ho R,Lewis D,et al. 3.3 A 14nm 1GHz FPGA with 2.5D transceiver integration[C]//Solid-state Circuits Conference. IEEE,2017.

[57] Lin M S,Goel S K,Fu C M,et al. A 7-nm 4-GHz Arm^1-Core-Based CoWoS^1 Chiplet Design for High-Performance Computing[J]. IEEE Journal of Solid-State Circuits,2020,PP(99): 1-11.

[58] Lin M S,Huang T C,Tsai C C,et al. A 7-nm 4-GHz Arm^1-core-based CoWoS^1 chiplet design for high-performance computing[J]. IEEE Journal of Solid-State Circuits,2020,55(4): 956-966.

[59] Hayashi,Takahashi,Shintani,et al. A novel Wafer level Fan-out Package(WFOP^{TM}) applicable to 50μm pad pitch interconnects[C]//Electronics Packaging Technology Conference. IEEE,2012.

[60] Santos C,Vivet P,Colonna J P,et al. Thermal performance of 3D ICs: Analysis and alternatives [C]//3d Systems Integration Conference. IEEE,2014.